# DAVID MACAULAY'S
## GROSSES BUCH DER
# BAUTECHNIK

earth

# INHALT

# VORWORT

Am Anfang des *Großen Buchs der Bautechnik* standen fünf Filme über den Bau von Brücken, Tunneln, Wolkenkratzern, Kuppelbauten und Staudämmen. Zwei Jahre lang tummelte ich mich mit verschiedenen Filmproduzenten und Aufnahmeteams auf vier Kontinenten und sprach mit Leuten, die solche Konstruktionen entwerfen, bauen oder sie studieren. Während sich die Filmemacher ebenso sehr der menschlichen Seite – den ehrgeizigen Plänen, den kleinen Tragödien, dem abschließenden Triumph – widmeten wie der technischen Seite, war ich mehr und mehr von dem Wie und Warum fasziniert. So bin ich nun mal. Warum genau diese Form und keine andere? Warum lieber Stahl und nicht Beton oder Stein? Warum an dieser Stelle und nicht dahinten? Diese Fragen führten mich zurück zum eigentlichen Ausgangspunkt der Planungen, nämlich den Bemühungen der Ingenieure und Konstrukteure, die vorrangigen Probleme zu erkennen, zu benennen und zu lösen.

Dieses Buch konzentriert sich ausschließlich auf die Verbindungen zwischen den wichtigsten Planungs- und Konstruktionsproblemen der Bauten und den Lösungen, für die man sich letztendlich beim Bau entschied. Ob sie beim Betrachter nun Bewunderung hervorrufen oder ihn mit ihrer Größe erschlagen, so hat es doch etwas Beruhigendes zu wissen, dass jedes dieser Bauwerke das Ergebnis einer logischen und somit nachvollziehbaren Abfolge von Handlungen ist. Wenn wir uns erst einmal klar machen, dass hierbei Logik und gesunder Menschenverstand eine mindestens ebenso große Rolle spielen wie Fantasie und technisches Fachwissen, dann schrumpfen selbst die gewaltigsten Bauten auf ein menschliches Maß.

# BRÜCKEN

Alle Bauwerke in diesem Buch verraten uns sehr viel darüber, warum und wie sie gebaut wurden, wenn wir nur wissen, wonach wir Ausschau halten müssen. Und von allen großen Konstruktionen sind Brücken wahrscheinlich die mitteilsamsten. In gewisser Weise sind sie dreidimensionale Darstellungen der Arbeit, die sie leisten, und das macht sie zu einem idealen Einstieg ins Thema.

Bei großen modernen Brücken, wo es im Wesentlichen um die Sparsamkeit der Mittel geht, wird kaum etwas von überflüssigen Extras verdeckt. Was diese Brücken einzigartig macht, ist nicht irgendeine Verzierung, sondern ihre Gestalt an sich und das Verhältnis ihrer Konstruktion zu ihrem Standort. Aber selbst an älteren Brücken herkömmlicher Bauart, mit ihren vielen Verzierungen, lässt sich gut ablesen, wie sie funktionieren.

Während die besonderen Erfordernisse jeder einzelnen Brücke verschieden sind, was zu einer Unzahl von Variationen führt, gibt es eigentlich nur fünf Grundtypen: Ständerbau-, Bogen-, Ausleger-, Hänge- und, in jüngster Zeit, seilverspannte Brücken. Die hier behandelten Brücken waren nicht unbedingt die größten ihrer Zeit, aber, wie allen Brücken, ob bescheiden oder gigantisch, lag ihnen der gleiche Entwicklungsprozess zugrunde: das Problem definieren, die Ziele bestimmen und die Grenzen austesten. So spiegelt jedes vollendete Bauwerk das technische Wissen seiner Zeit wider oder stellt für eben dieses einen Sprung nach vorne dar.

Eine andere Gemeinsamkeit dieser Brücken ist, dass sie alle gebaut wurden, um Wasser zu überqueren – zugleich Herausforderung und Anreiz für alle unter uns, die weder Flügel noch Kiemen haben. Über die Jahrhunderte ist man diesem Problem mit Erfindungsreichtum, gesundem Menschenverstand und Mut zuleibe gerückt. So entstanden einige der großartigsten technischen Meisterleistungen auf diesem Planeten.

60 m
TIBER

# PONTE FABRICIO

Rom, Italien, 62 v. Chr.: Die Aufgabe des Straßenbaubeauftragten und seiner Ingenieure bestand darin, eine Brücke von einem Ufer des Tiber zu einer Insel mitten im Fluss zu bauen; die Distanz betrug etwa 60 m. Weil sich auf der Insel medizinische Einrichtungen befanden, musste man die Brücke leicht überqueren können, sie durfte also nicht zu steil sein. Wegen der vielen Schiffe, die den Hafen Ostia anliefen, durfte die Brücke aber auch nicht zu niedrig sein.

Die Baustoffe, die man in Betracht gezogen haben mag, waren Holz für eine Ständerbaukonstruktion aus Pfeilern und Balken (billig, aber nicht feuersicher), Holzbalken, die auf einem einzelnen Pfeiler aus Stein ruhen (nicht völlig feuersicher, aber kein großes Hindernis für den Schiffsverkehr), und ein einzelner steinerner Bogen (absolut witterungsbeständig, absolut feuersicher und absolut unerklimmbar).

Man entschied sich schließlich für eine zweibogige Steinkonstruktion. Sie bot Beständigkeit (in der Tat steht sie noch heute), stellte nur an einer Stelle ein Hindernis im Fluss dar und war hoch genug, um Schiffe passieren zu lassen, und niedrig genug, um eine unbeschwerliche Fußpassage zu ermöglichen. Die drei kleinen Bogen wurden hinzugefügt, um bei Hochwasser den Druck auf die Brücke zu mindern.

Der Straßenbaubeauftragte war offenbar der Meinung, eine achtbare Lösung gefunden zu haben: Er ließ seinen Namen an vier Stellen in die Brücke einritzen.

Den römischen Ingenieuren war klar, dass ein Bau-

FABRICIVS

ICIVS·C·F·CVR·VAR
NDVM·COERAVIT

werk nur so beständig ist wie das Fundament, auf dem es steht. Das Legen eines Fundaments ist immer mühsam, in der Mitte eines Flusses kann es jedoch ausgesprochen tückisch sein. Wahrscheinlich wartete man mit dem Baubeginn bis zum Sommer, weil da der Wasserstand niedrig war. Man wird dann entweder das Wasser mittels einer Art provisorischen Damms umgeleitet oder rund um den Standort des Mittelpfeilers eine wasserdichte Holzwand errichtet haben, einen so genannten Fangdamm. War dieser abgeschottete Raum erst einmal leer gepumpt, konnte er bis zum Flussbett ausgeschachtet werden.

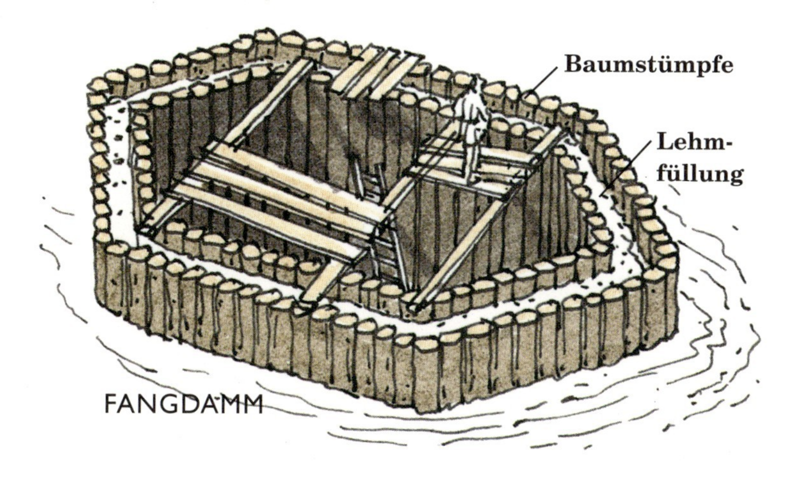


Kaum weniger wichtig als das Fundament sind die beiden Bogen. Sie werden über einer provisorischen Holzform gebaut, dem Lehrgerüst. Ist der letzte höchstgelegene Stein, der Schlussstein, einmal eingesetzt, dann ist der eigentliche Bogen fertig. Würde man das Lehrgerüst jetzt entfernen, dann bekämen die oberen Steine sofort Lust, nacheinander herunterzufallen (das können Steine nämlich sehr gut), und würden so die Seiten des Bogens nach außen wegdrücken. Um das zu verhindern, stützte man die Seiten der Bogen durch zusätzliches Mauerwerk, ehe man das Lehrgerüst entfernte. Das verhinderte nicht nur jegliche Bewegung zwischen den Steinen, sondern presste sie auch noch mehr zusammen. Je stärker die keilförmigen Steine zusammengedrückt werden, desto stabiler wird der Bogen. So kann er das ganze Gewicht von oben an das Fundament weitergeben.

Dass die Brücke nach über 2000 Jahren noch in Gebrauch ist, beweist, wie wichtig die Kombination der richtigen Form mit dem richtigen Material ist.

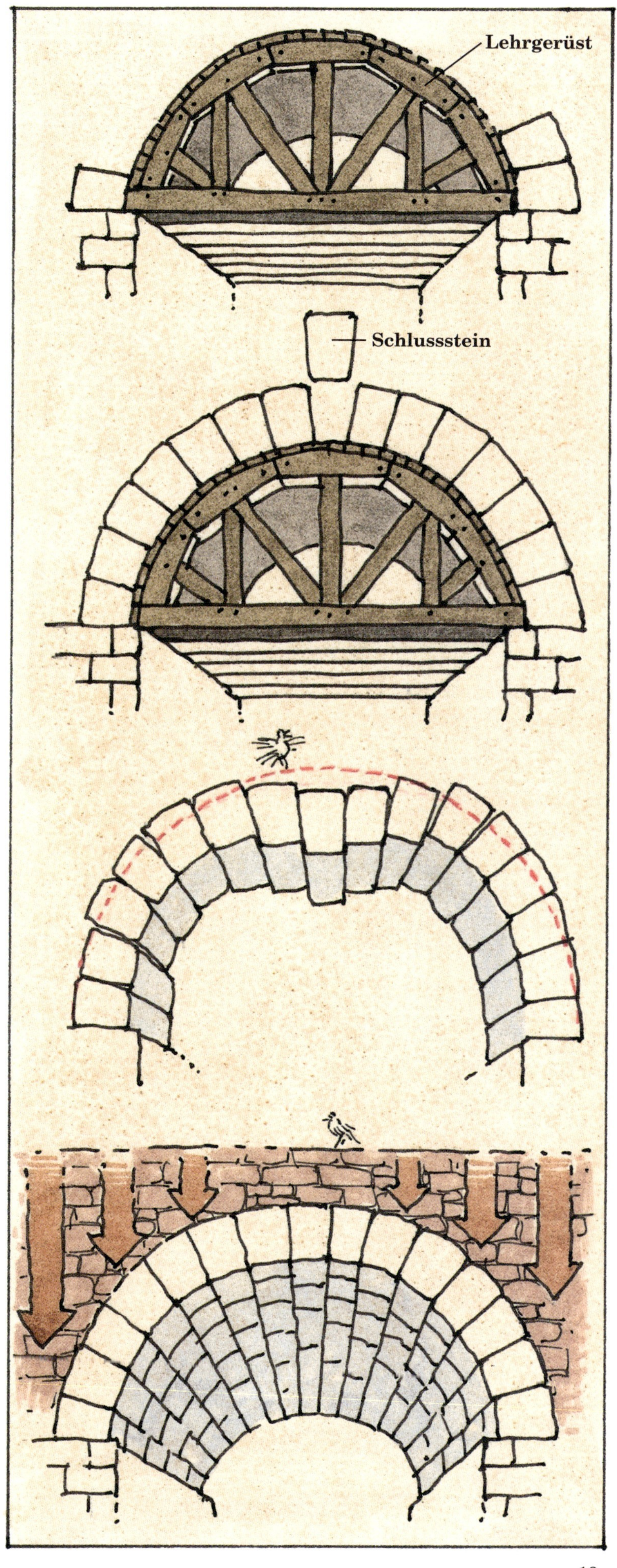

# IRON BRIDGE

Coalbrookdale, England, 1775: Wollte man Rohstoffe von einer Seite dieses wirtschaftlich aufstrebenden Tals auf die andere transportieren, so stellte der Severn, der durch Coalbrookdale fließt, ein beträchtliches Hindernis dar. Wegen des starken Schiffsverkehrs gab es sehr wenige Brücken, und so wurden die Rohstoffe auf dem Wasserweg transportiert. Das Frachtaufkommen dieses produktiven Tals wuchs jedoch beständig; die Fähren konnten es nicht mehr bewältigen.

Eine neue Brücke wurde gebraucht, und zwar eine Bogenbrücke, die den Schiffsverkehr nicht behinderte. Interessierte Bauunternehmer wurden gebeten, Entwürfe in Holz-, Ziegelstein- oder Steinbauweise vorzulegen. Abraham Darby III. jedoch sah in dieser Herausforderung die Gelegenheit, für sein Können und seine Eisengießerei zu werben. Stein war schwer zu bearbeiten, durch sein Gewicht schwer zu transportieren und von daher ein teurer Baustoff. Eisen war da viel kostengünstiger, denn es konnte exakt in die erforderliche Form gegossen und viel näher an der Baustelle bearbeitet werden. Aus vorgefertigten Bauteilen errichtete Darby die erste Ganzmetallbrücke der Welt.

Im Gegensatz zu ihrem Vorgänger aus Stein, dem Ponte Fabricio, wurde die Iron Bridge wie ein überdimensionaler Lego-Bau aus mehr als 800 Teilen zusammengesetzt. Für jedes Einzelteil wurde ein originalgetreues Holzmuster in ein Sandbett gepresst und dann behutsam herausgenommen. Der dadurch entstandene Hohlraum wurde mit geschmolzenem Eisen ausgegossen. So konnten die Bauarbeiter die fertigen Teile mit herkömmlichen, auch im Zimmermannshandwerk gebräuchlichen Verbindungen wie Schwalbenschwanz und Zapfenverbindungen zusammensetzen. Dabei kamen sie mit einem relativ leichten Gerüst aus, anstelle eines schweren hölzernen Lehrgerüstes, das den Schiffsverkehr zum Erliegen gebracht hätte. Die Bogenkonstruktion war nicht nur für den Fluss am besten geeignet, sondern auch für das verwendete Material. Die Konstruktion beruht auf Druck, und genau wie Stein ist Gusseisen am stabilsten, wenn es zusammengepresst wird. Ob Darby das wusste oder einfach nur Glück hatte, spielt keine Rolle. Die Brücke steht noch heute, weil sie das richtige Material mit der richtigen Form vereint. Die offene Bauweise erleichtert darüber hinaus das Hindurchfließen des Flutwassers.

# BRITANNIA BRIDGE

Bangor, Nordwales, 1838: Dem Eisenbahningenieur Robert Stevenson fiel die Aufgabe zu, eine Brücke zu bauen, die gleichzeitig stark und unbeweglich genug war, um Züge zu tragen, die zwischen dem walisischen Festland und der Insel Anglesey verkehren sollten. Neben den gut 270 m Wasser galt es ein weiteres Hindernis zu bewältigen. Da die Brücke über einen Schifffahrtskanal führen würde, musste die Britische Marine Stevensons Entwurf zustimmen. Bogen und Brückenpfeiler kamen nicht in Frage, weil sie die Fahrrinne eingeengt hätten. Ferner sollte der Abstand zwischen Brücke und Wasser mindestens 30 m betragen.

Der Standort, für den sich Stevenson schließlich entschied, hatte den entscheidenden Vorteil, dass sich dort sehr gut platziert, etwa in der Mitte der Menai Strait (Meerenge), eine kleine Insel befand. Es sprach schließlich nichts dagegen, etwas zu benutzen, was bereits da war. Jetzt konnte er wenigstens mit zwei Teilstücken statt einem einzelnen sehr langen Stück arbeiten. Da Bogen nicht in Frage kamen, entwarf er eine Brücke in Ständerbauweise.

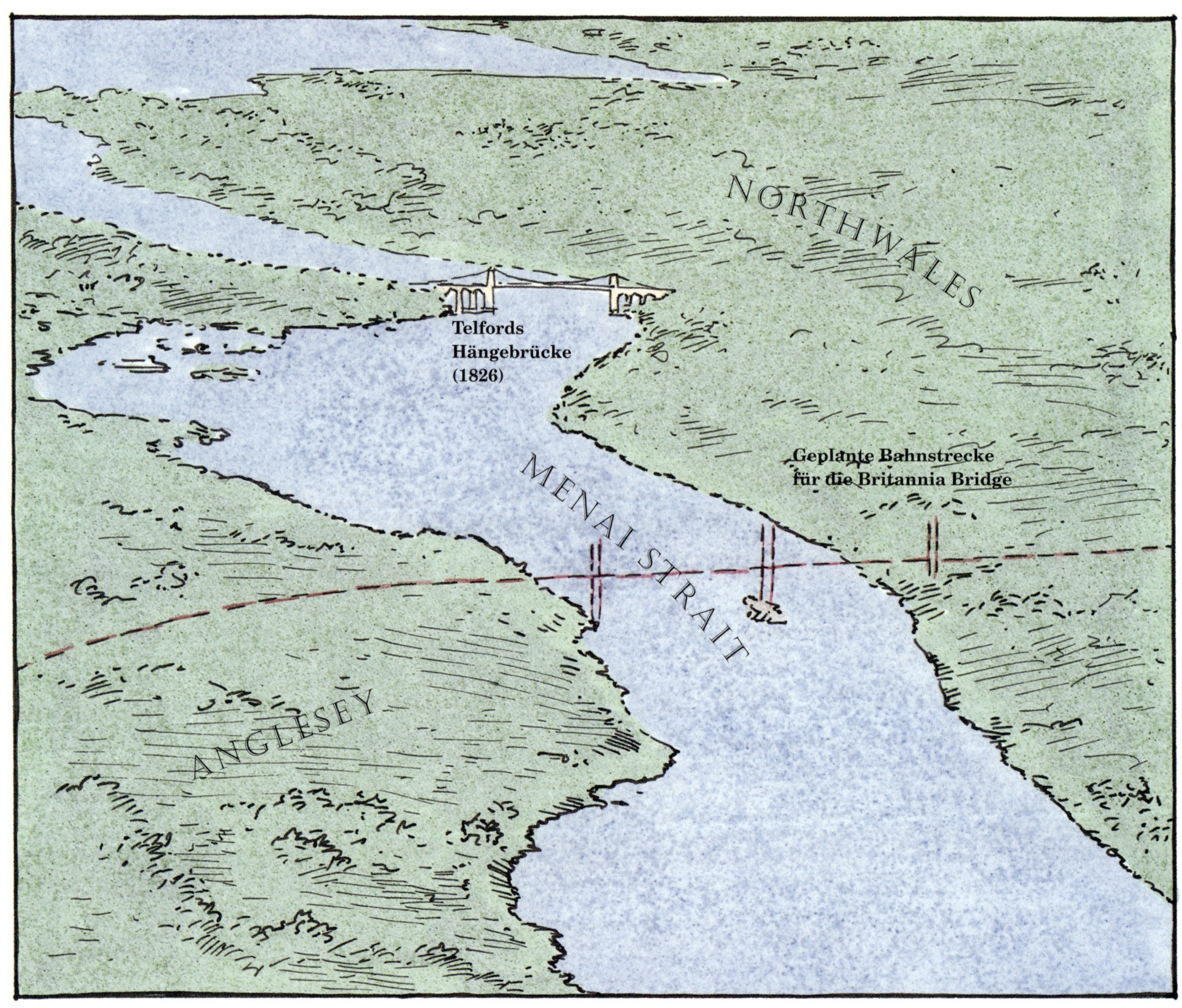

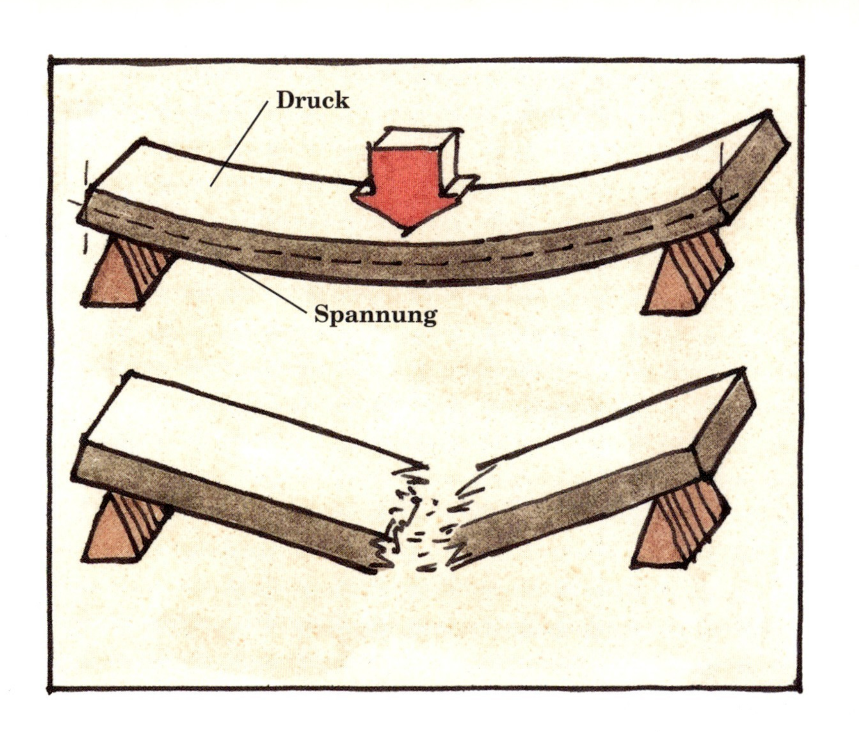


Um zu verstehen, wie ein Träger reagiert, stelle man sich ein Brett vor, das auf zwei Stützen aufliegt. Steht man in der Mitte des Brettes, so wird es sich biegen. Dabei wird die Oberseite des Brettes etwas kürzer, weil sie zusammengedrückt wird; die Unterseite dagegen wird gestreckt, weil sie unter Spannung steht. Wenn das Brett einer dieser beiden Kräfte nicht mehr widerstehen kann, dann bricht es.

Während die Pfeiler von Stevensons Brücke noch gebaut wurden, stürzte eine andere seiner Ständerbaubrücken über dem Dee ein und riss fünf Menschen in den Tod. Ihre gusseisernen Träger waren zu flach, um dem Druck zu widerstehen. Sie begannen sich erst seitlich zu verdrehen und gaben dann schnell nach. Obwohl ein solches Versagen sehr ungewöhnlich war, so lernten Stevenson und seine Kollegen daraus doch, dass ein Träger nicht nur senkrechtem Druck, sondern auch dem seitlichen Ausweichen widerstehen muss.

Um den Auflagedruck über eine Spannweite von 140 m so gering wie möglich zu halten, waren gewaltige Träger nötig. Holzbalken kamen aus verschiedenen Gründen nicht in Frage, Eisenträger wären zu schwer und unhandlich gewesen. Wenn man nun aber unser hypothetisches Brett auf die Seite legt, dann wird zwar immer noch die Oberseite zusammengezogen und die Unterseite gedehnt; das Brett wird sich aber viel weniger verformen, weil die Biegespannung sich über eine viel größere Höhe verteilt. Zusammen mit seinem Kollegen William Fairburn löste Stevenson das Problem, indem er einen so großen Träger baute, dass die Züge statt darüber hinweg einfach hindurchfahren konnten.

Die fertige Brücke bestand aus zwei parallelen Rechteckröhren, jede neun Meter hoch und vierein-

**Die Brücke über den Dee, 24. Mai 1847**

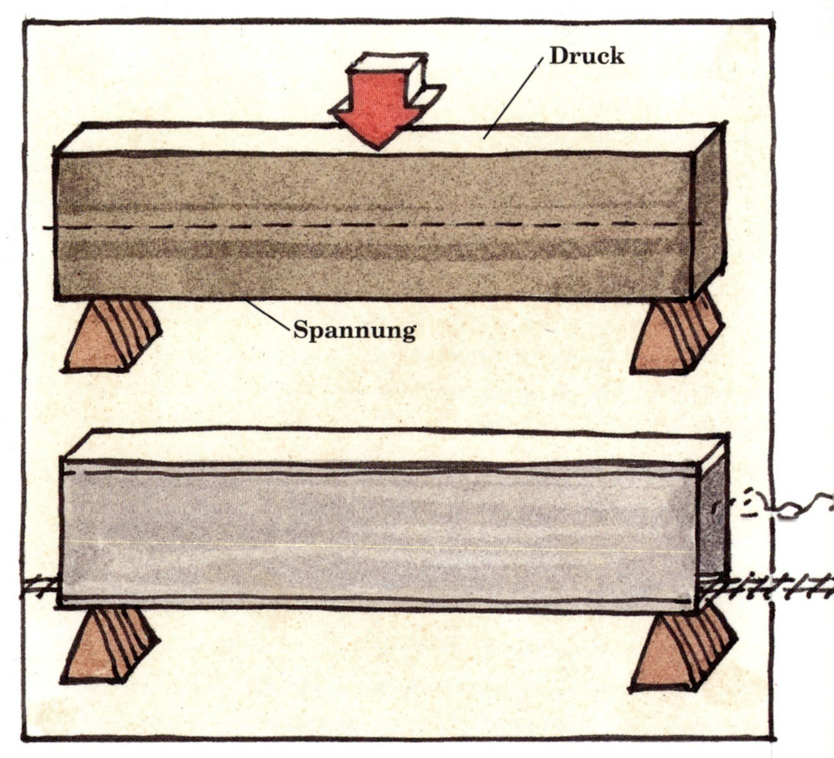

halb Meter breit. Sie waren aus Schmiedeeisen und ruhten auf hohen Steinpfeilern. Während die Seitenwände im Wesentlichen flache Platten waren, bestanden die Ober- und Unterwand aus kleineren zusammengesetzten parallelen Rechteckröhren. Alle Teile waren vernietet. Weil im Gegensatz zu Gusseisen Schmiedeeisen Druck genauso gut wie Spannung aushält, wurde für die Oberseite mehr Material verwendet als für die Unterseite, um ein ähnliches Desaster wie das der Dee-Brücke zu verhindern. Die vier Hauptröhren wurden am Ufer zusammengesetzt und bei Hochwasser in Position gebracht. Nachdem man sie an ihren jeweiligen Pfeilern in senkrechte Schlitze eingepasst hatte, wurden sie langsam und behutsam mit schwerem Hebegerät auf die erforderliche Höhe gehievt.

Von allen in diesem Kapitel beschriebenen Brücken steht die Britannia Bridge als Einzige nicht mehr. Sie war zwar aus feuerfestem Material, aber ihr Metall wurde 1970 durch einen Brand verformt. Die Brücke war nun nicht mehr gerade genug, um Züge zu tragen, und wurde deshalb durch eine Bogenbrücke ersetzt!

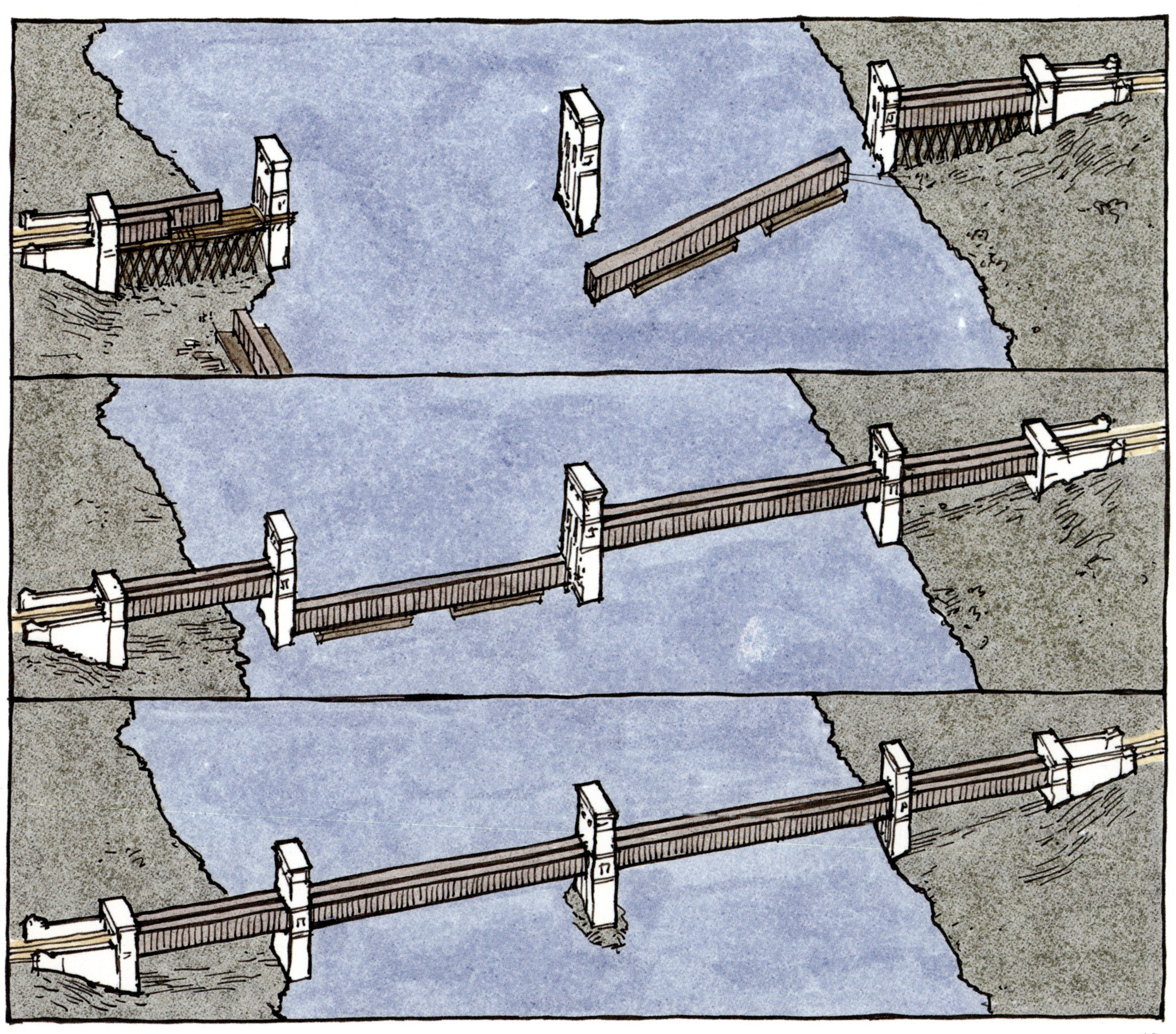

# GARABIT VIADUKT

St-Flour, Frankreich, 1879: Ein anderes Land und wieder eine Eisenbahnbrücke, die über Wasser führen soll – diesmal für Güterzüge auf einer Strecke durchs Zentralmassiv. Im Gegensatz zur Menai Strait in Wales war hier nur ein Fluss zu überqueren – allerdings lag dieser gut 120 m unter der vorgesehenen Bahntrasse. Der Ingenieur war Gustave Eiffel, und dies sollte seine letzte Brücke werden. Hunderte von ihnen hatte er entworfen, darunter auch Bahnbrücken in ebendieser Region. Er verstand die Erfordernisse von Eisenbahnbrücken ebenso wie die natürlichen Gegebenheiten dieser Gegend, zu denen neben unwegsamem Terrain und tiefen Schluchten auch sehr starke Winde zählten.

Anstatt den Wind einfach mit bloßer Masse zu bezwingen, überlistete Eiffel ihn lieber. Er schuf eine offene, luftige Konstruktion, durch die der Wind einfach hindurchwehen konnte und die weniger Baumaterial erforderte – ein wichtiger Aspekt an diesem entlegenen Ort.

Die Struktur des Garabit Viaduktes basiert auf dem Fachwerkprinzip – im Wesentlichen eine Vielzahl miteinander verbundener Dreiecke, deren Seiten die Druck- und Spannkräfte tragen.

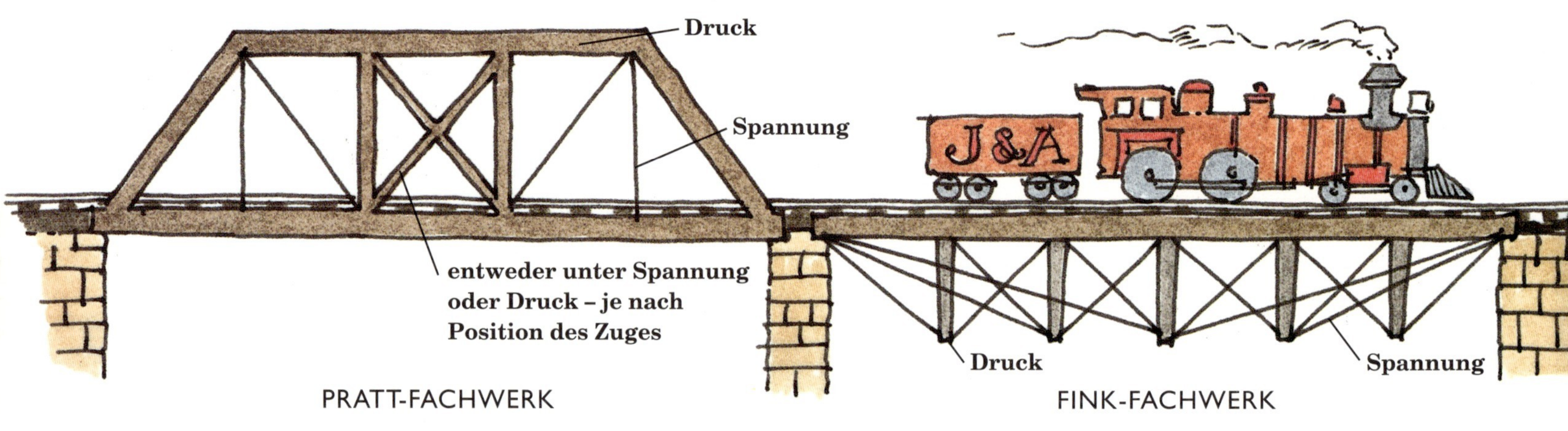

Im Nordamerika des 19. Jahrhunderts waren Fachwerkbrücken besonders auf Bahnlinien sehr verbreitet. Weil Holz reichlich vorhanden war und Grundkenntnisse im Zimmermannshandwerk ausreichten, um es zu verarbeiten, waren sie schnell gebaut. Ebenso schnell brannten sie auch. Mit der Zeit begann man diverse Holzteile durch stärkeres Eisen zu ersetzen. Stahlfachwerkbrücken zählen heute zu den verbreitetsten in Nordamerika. Sie sind sehr robust und können lange Strecken überbrücken.

Zwei der hier abgebildeten Fachwerkarten sind nach ihren Erfindern benannt, die anderen beiden nach ihrer Form. Die meisten Fachwerke werden mit einer leichten Krümmung nach oben gebaut, die man Überhöhung nennt. Wenn eine Nutzlast, wie etwa ein Zug, eine Brücke nach unten drückt, dann streckt sich das Fachwerk gerade, hängt aber nie durch.

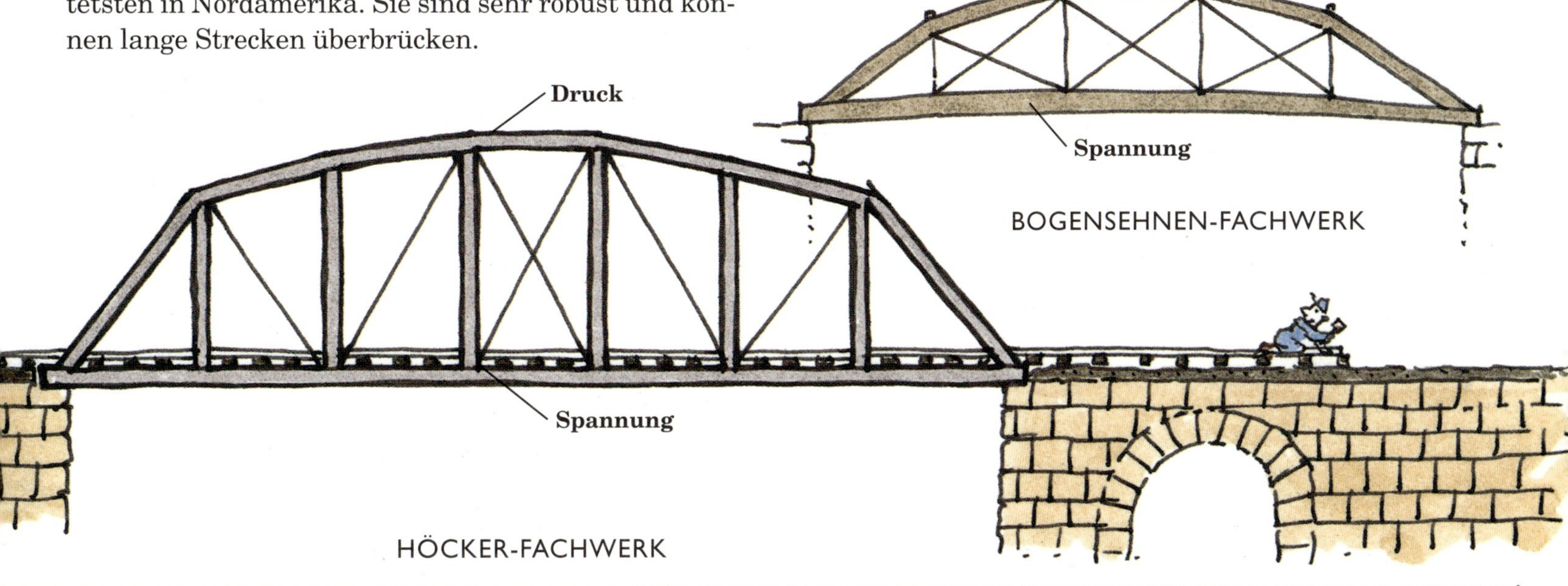

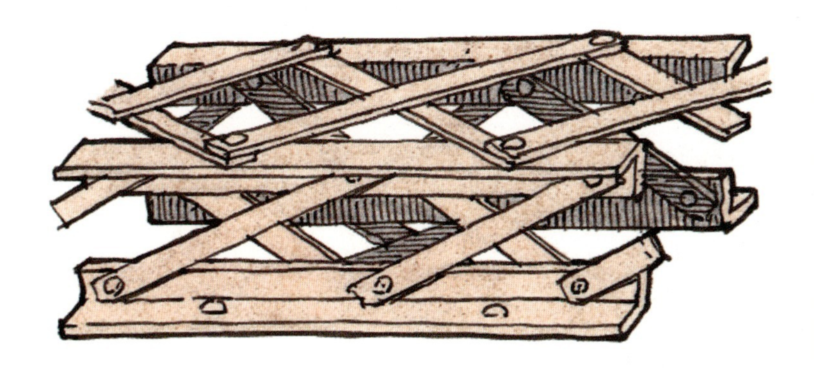

Eiffels Lösung ist im Wesentlichen eine gut 555 m lange Ständerbaubrücke. Wo die Seiten der Schlucht beginnen abzufallen, weichen die Steinbogen einem langen, geraden Fachwerkstück, das auf einer Reihe von Türmen ruht. Anstatt in der Mitte drei hohe Türme zu bauen, spannte Eiffel über den tiefsten Teil der Schlucht einen 160 m breiten Bogen. Darauf stehen zwei kleinere Türme, auf denen das gerade Fachwerkstück aufliegt, und der Scheitelpunkt des Bogens dient als dritter Auflagepunkt.

Gelenkige Verbindungen an den Enden des Bogens ermöglichen das Ausdehnen und Zusammenziehen des Materials. Zur Erhöhung der Steifigkeit sind die Türme sowie der Bogen unten breiter als oben. Um ihren Windwiderstand und ihr Gewicht gering zu halten, sind die Hauptteile des Fachwerks aus vielen kleinen schmiedeeisernen Bändern und Winkeleisen zusammengesetzt und vernietet. Die beiden Hälften des Bogens wurden von außen nach innen gebaut und dabei mit Seilen in Position gehalten, bis sie sich in der Mitte trafen. Man kam ohne Lehrgerüst aus, baute aber zum leichteren Transport von Arbeitern und Material über den Boden der Schlucht eine provisorische Holzbrücke.

# FIRTH-OF-FORTH-BRÜCKE

DAS ZUGUNGLÜCK AUF DER TAY-BRÜCKE AM 28. DEZEMBER 1879

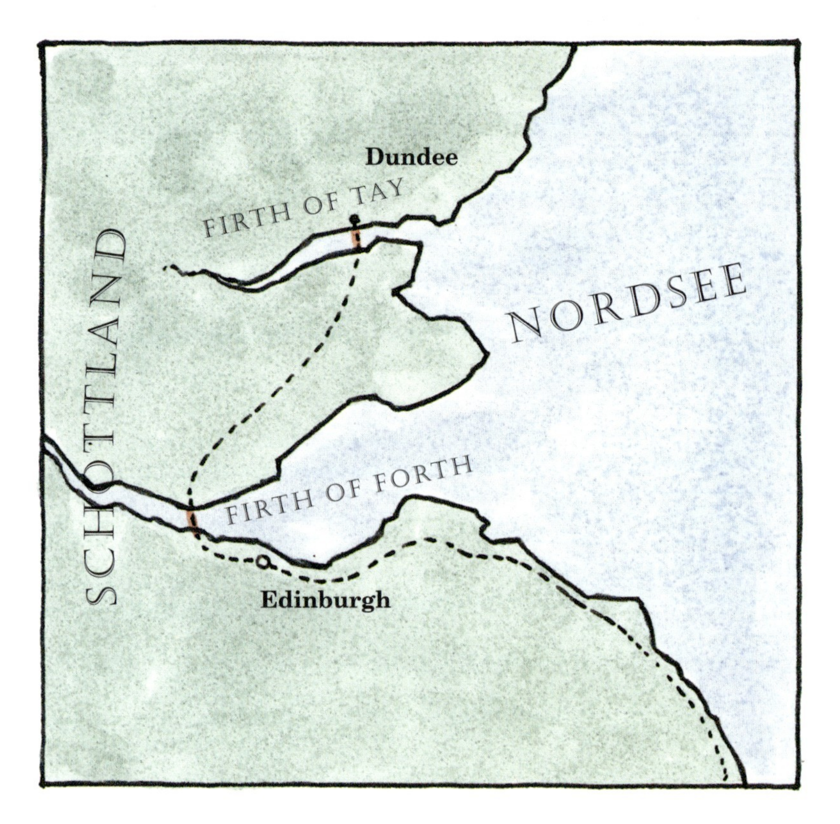


South Queensferry, Schottland, 1880: In der Nacht des 28. Dezember 1879 stürzte ein Teil der Tay-Brücke, einer langen Ständerbaubrücke über den Firth of Tay, während eines schweren Sturms in die Tiefe und brachte siebzig Menschen den Tod. Der Ruf des Brückenbauers war ruiniert, und seine Pläne für eine andere Brücke an derselben Bahnlinie wurden fallen gelassen. Diese Aufgabe fiel jetzt den beiden Ingenieuren John Fowler und Benjamin Baker zu. Sie sollten nicht nur eine Brücke über den Firth of Forth bauen, sondern auch das Vertrauen der Bahnreisenden wiederherstellen. Ihr Bauwerk musste robust sein, und es musste auch robust *aussehen*.

Nachdem sie den geplanten Standplatz vermessen und die Beschaffenheit des Flussbettes erkundet hatten, legten sie eine Trassenführung über den Firth von North nach South Queensferry fest, deren Länge etwa 2,5 km betrug. Rund zwei Drittel hiervon verliefen über das Wasser. Eine Ständerbaubrücke schied schnell aus. Selbst wenn die Pfeiler den Schiffsverkehr nicht behindert hätten, so hätte doch die Wassertiefe von stellenweise fast 70 m ihren Bau unmöglich gemacht. Eine Hängebrücke wurde erwogen. Sie hätte zwar gut die Gleise über das Wasser getragen, doch bezweifelte man, dass sie den Anforderungen der Züge und der Reisenden gerecht werden könnte.

Das Ingenieurgespann entschied sich schließlich für eine Konstruktion aus drei riesigen Auslegerbalken und zwei kleineren Hängeabschnitten. Der mittlere Ausleger sollte in der Mitte der Flussmündung auf der kleinen Insel Inchgarvie liegen. Den südlichen Ausleger platzierten sie so nahe am mittleren, wie es die Wassertiefe eben zuließ. Genau diese Entfernung würde dann auch zwischen dem mittleren und dem nördlichen Ausleger bestehen.

GEPLANTE BAHNSTRECKE ÜBER DIE FIRTH-OF-FORTH-BRÜCKE

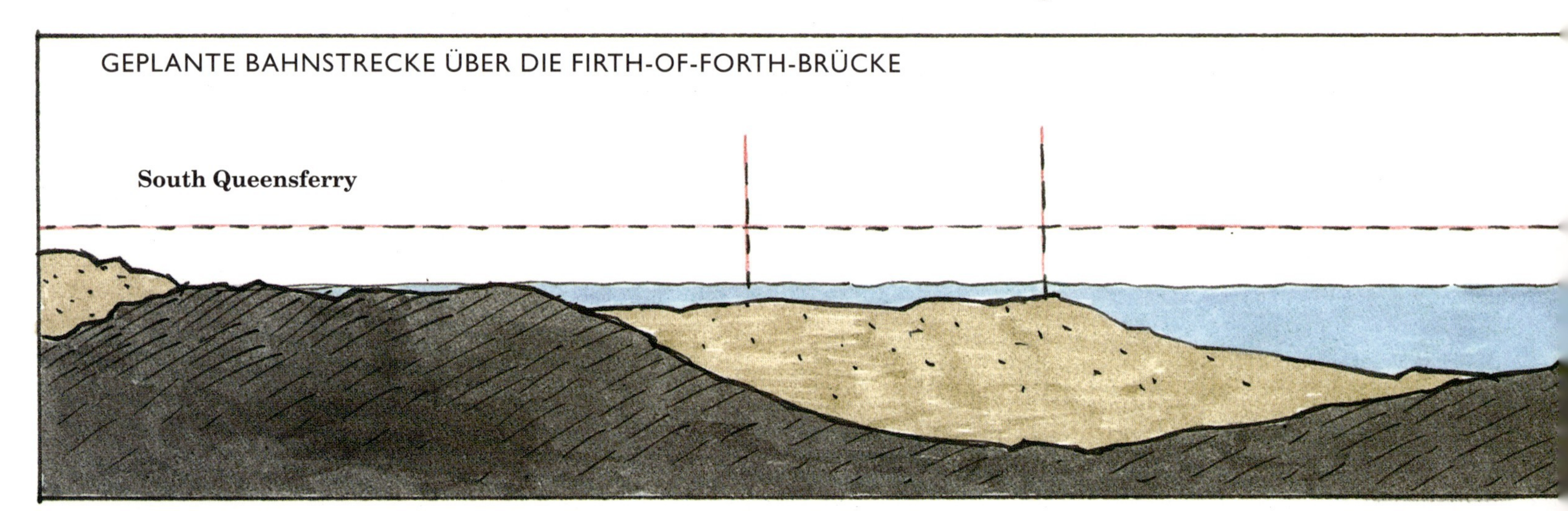

Ein Ausleger ist ein waagerechter Träger, der nur an einem Ende befestigt ist. In der Regel liegen zwei Ausleger einander gegenüber und stützen einen Einhängeträger. Stevensons Britannia Bridge hatte gezeigt, wie man die Biegung verringert, indem man die Dicke des Trägers erhöht. Da die Biegung in der Mitte des Trägers am stärksten ist, sollte dieser hier auch am dicksten sein. Bei den Auslegern der Brücke über den Firth of Forth ist der Auflagepunkt des Trägers zu seiner Mitte gewandert, dort wo er am meisten leisten muss. Die am weitesten vom Auflagepunkt entfernten Stellen tragen weniger Gewicht. Das verringert die Biegung und somit das erforderliche Baumaterial. Von jedem der drei Türme strecken sich die Ausleger in beide Richtungen, um das Gleichgewicht aufrechtzuerhalten. Verbindet man diese drei Konstruktionen durch zwei kleinere Hängebrücken, so bekommt man einen durchgehenden Träger. Die einzelnen Teilstücke haben gelenkige Verbindungen, sodass die größten Kräfte immer noch direkt auf das Fundament übertragen werden.

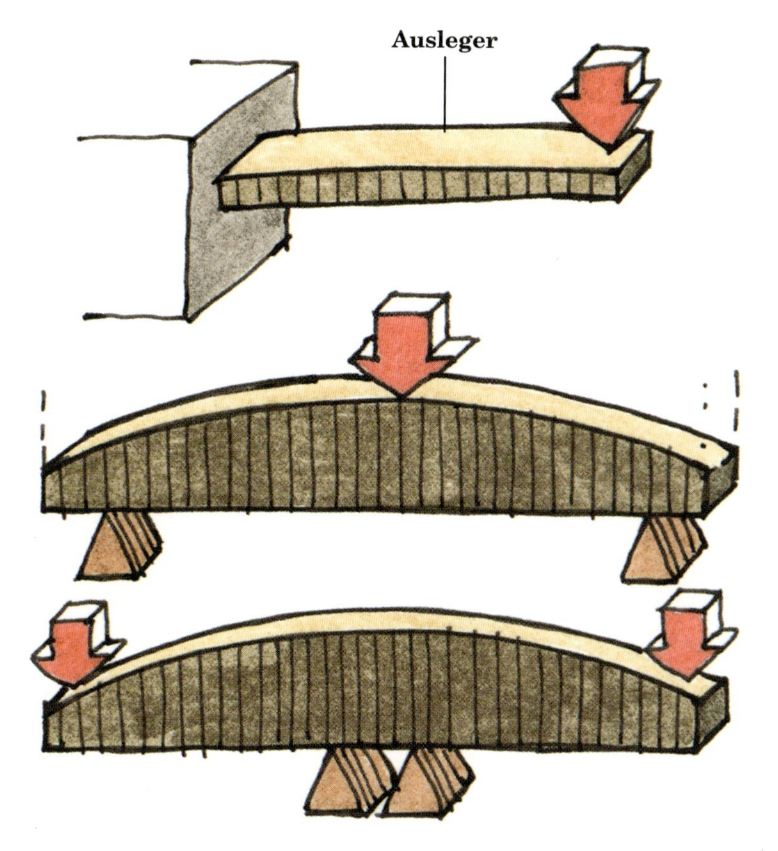


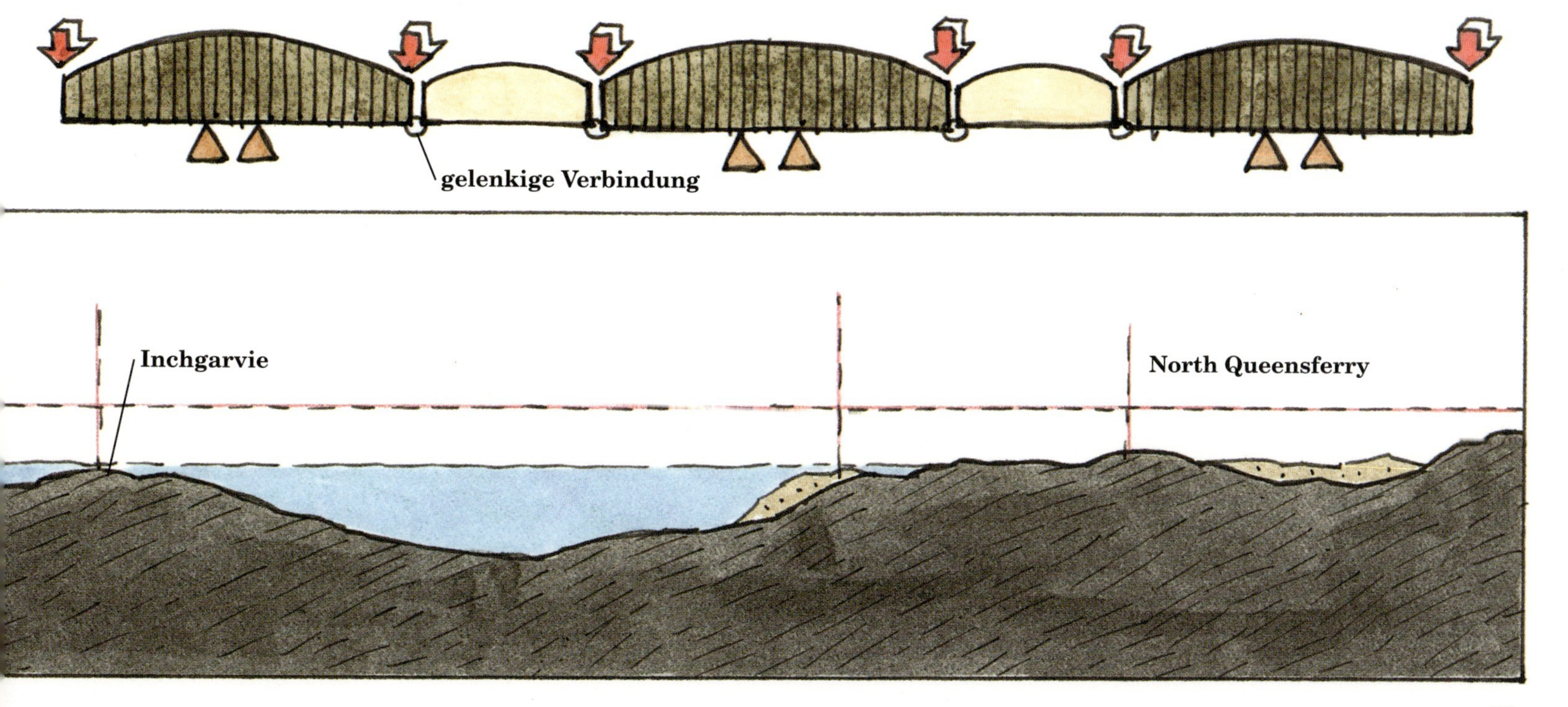

Jeder Turm hat vier röhrenförmige Stahlstandbeine, und jedes steht auf seinem eigenen massiven Pfeiler. Von den insgesamt zwölf Standbeinen mussten sechs so tief ins Wasser gebaut werden, dass man Druckluftkammern benötigte. Diese schmiedeeisernen Zylinder waren 20 m breit und genauso hoch. Sie wurden in Einzelteilen zur Baustelle gebracht und am Ufer zusammengebaut, bevor man sie zu ihrem Standplatz schleppte und versenkte. Die Arbeitskammer am Boden des Senkkastens und die Arbeitsplattformen oben waren durch drei röhrenförmige Schächte verbunden, zwei, um Material zu transportieren, der andere für die Arbeiter. Der Zugang erfolgte durch Druckluftschleusen, die das Wasser aus der Arbeitskammer herauspressten.

Jetzt konnte man einigermaßen sicher im Flussbett arbeiten. Während die Männer Dreck und Geröll aushoben und durch die Schächte nach oben schickten, wurde der Raum über ihnen mit Beton gefüllt. Der Senkkasten wurde schwerer und sank mit seinem keilförmigen Fuß langsam tiefer. Sobald er fest verankert war, wurde auch die Arbeitskammer mit Beton gefüllt. Jetzt hatte man eine sichere Basis für die Mauerpfeiler, die das Stahlgerüst tragen sollten. Die Hälfte der gesamten Bauzeit der Brücke wurde für die Fundamente aufgewendet. Fabricius hätte seine helle Freude gehabt.

Die durch den Wind oder einen passierenden Zug auf die Brücke einwirkenden Kräfte werden von den freitragenden Fachwerkauslegern auf die drei riesigen

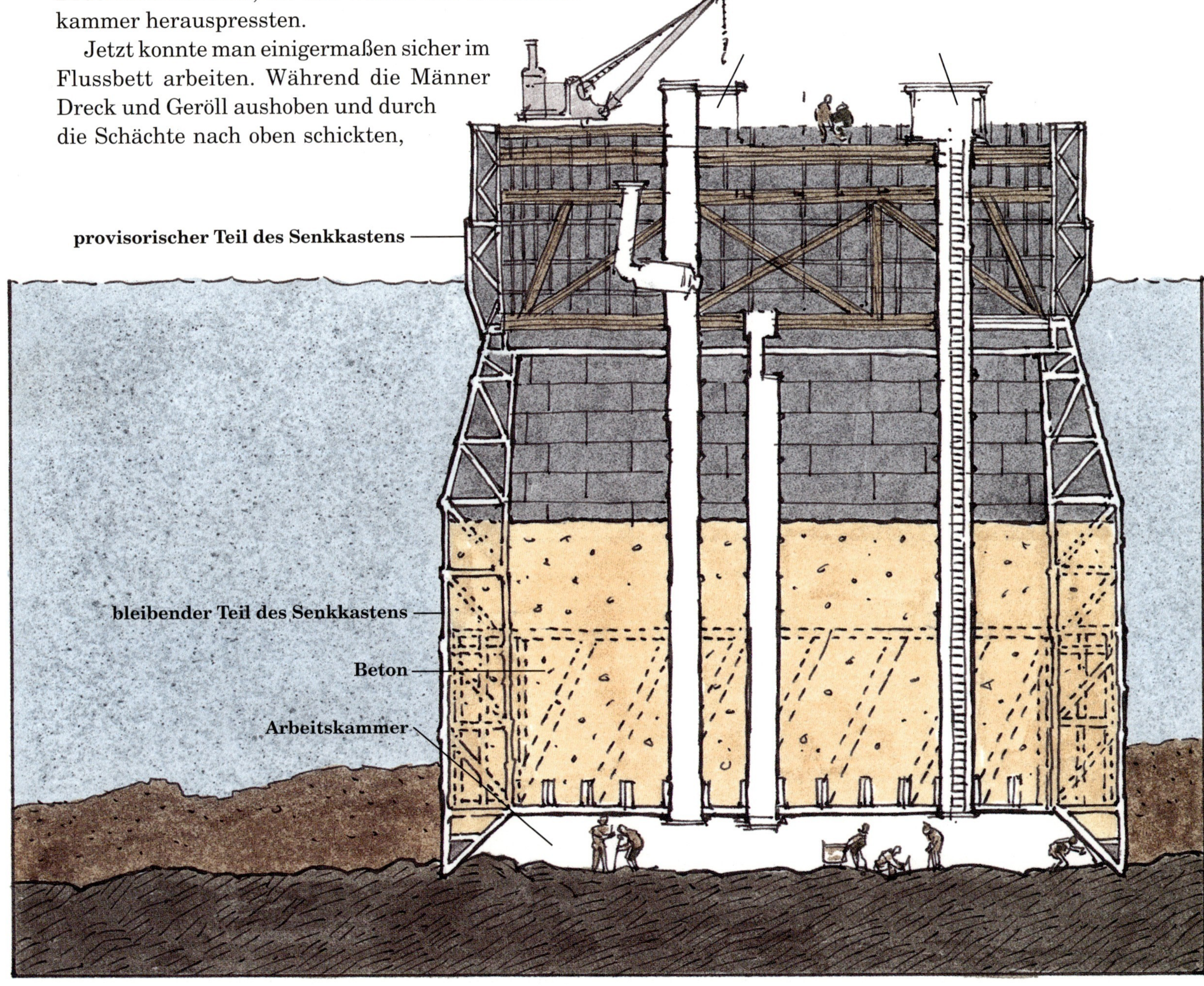

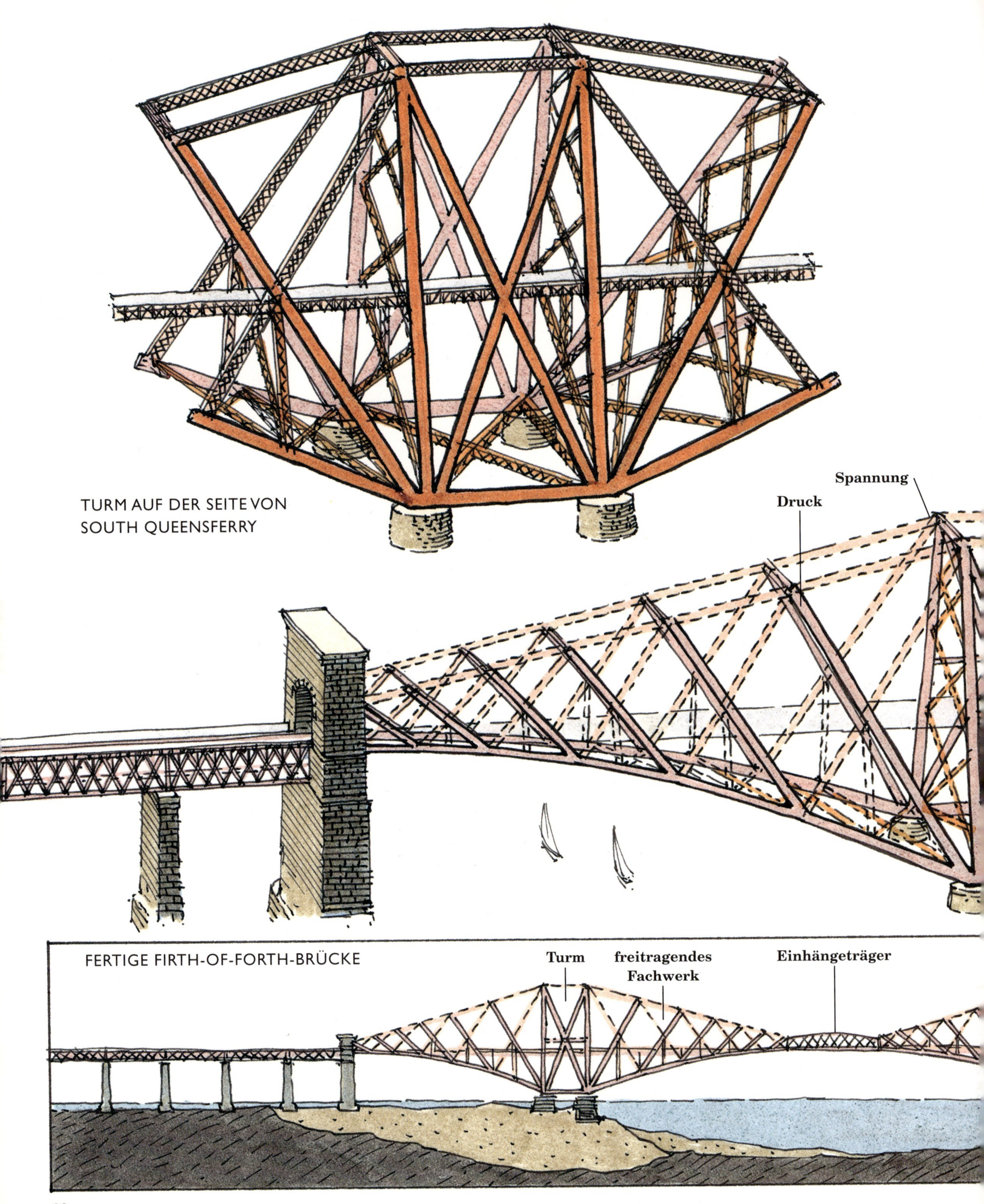
TURM AUF DER SEITE VON
SOUTH QUEENSFERRY
Spannung
Druck
FERTIGE FIRTH-OF-FORTH-BRÜCKE
Turm
freitragendes
Fachwerk
Einhängeträger

Türme übertragen, deren Hauptröhren 3,6 m Durchmesser haben. Die fünf Röhren, die an jeder Ecke eines Turms zusammentreffen, sind miteinander vernietet und im Pfeiler verankert. Um die Stabilität zu erhöhen, ist die ganze Konstruktion, ähnlich wie beim Garabit Viadukt, unten breiter als oben.

Fowler und Baker schufen eine so standfeste Konstruktion, dass der Wind sie niemals umwerfen könnte. Und ein Blick auf den winzigen Zug auf der riesigen Brücke genügt, um sich ihre vertrauensbildende Wirkung auf selbst die skeptischsten Passagiere vorstellen zu können. Fowler und Baker schufen aber auch ein so unglaublich teures Bauwerk, dass es, zumal in dieser Größenordnung, selten kopiert worden ist. Die einzige noch größere Auslegerbrücke ist eine 1917 in Quebec gebaute, optisch weniger geglückte Imitation.

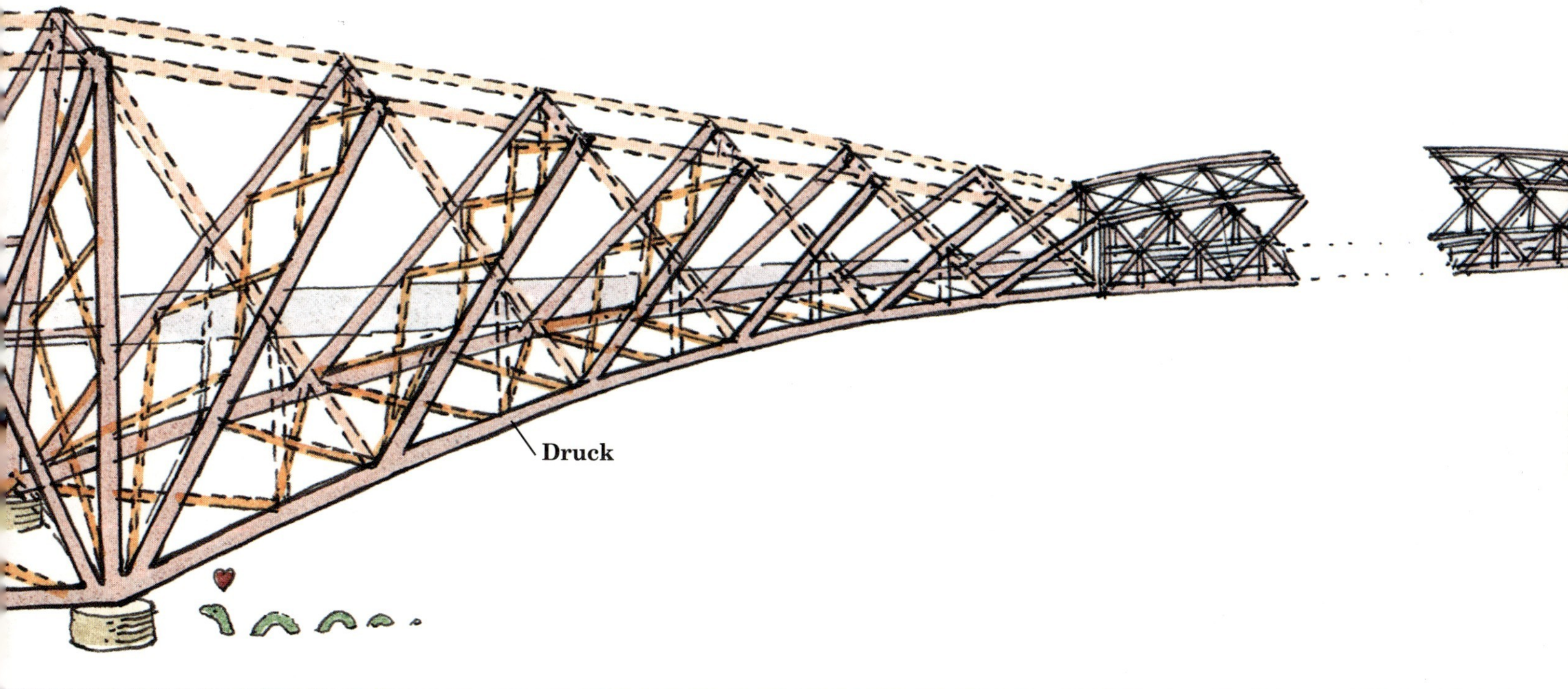

# GOLDEN GATE BRIDGE

San Francisco, Kalifornien, 1930: Das Problem war, dass es zu wenig Fähren und zu viele Autos gab, die über die Bucht nach Marin County und Nordkalifornien wollten. Die Leute standen stundenlang Schlange – manchmal tagelang. Die Lösung war eine Brücke. Eine Reihe möglicher Standorte wurde erkundet, dann entschied man sich für das Golden-Gate-Gebiet, weil dort eine Brücke mit geringerer Spannweite als an jeder anderen Stelle sowie einem kleineren Netz von Zufahrtsstraßen auskommen würde. Aber selbst dann würde die Spannweite größer sein als alles, was bis dahin gebaut worden war. Ein Ingenieur namens Joseph Strauss war bereit, sich der Herausforderung zu stellen. Sein erster Entwurf, eine ungelenke Kombination aus Ausleger- und Hängebrücke, war einer reinen Hängebrücke gewichen.

Die wichtigsten Bestandteile einer Hängebrücke sind – abgesehen von der Fahrbahn – die Türme, die Kabel (Tragseile) und ihre Verankerungen. De facto hängt die Fahrbahn selbst an den Kabeln. Würden die Kabel an den Spitzen der Türme enden, dann würde ihr Eigengewicht in Verbindung mit dem der Fahrbahn und dem der Fahrzeuge die Spitzen der Türme so verbiegen, dass sie sich aufeinander zu bewegen. Um dies zu verhindern, werden die Kabel über die Turmspitzen hinweggeführt und in soliden Gussbetonblöcken verankert. Die Kabel ziehen auf beiden Seiten eines Turmes mit großer Kraft nach unten. Dieser Abwärtsdruck muss vom Fundament aufgefangen werden.

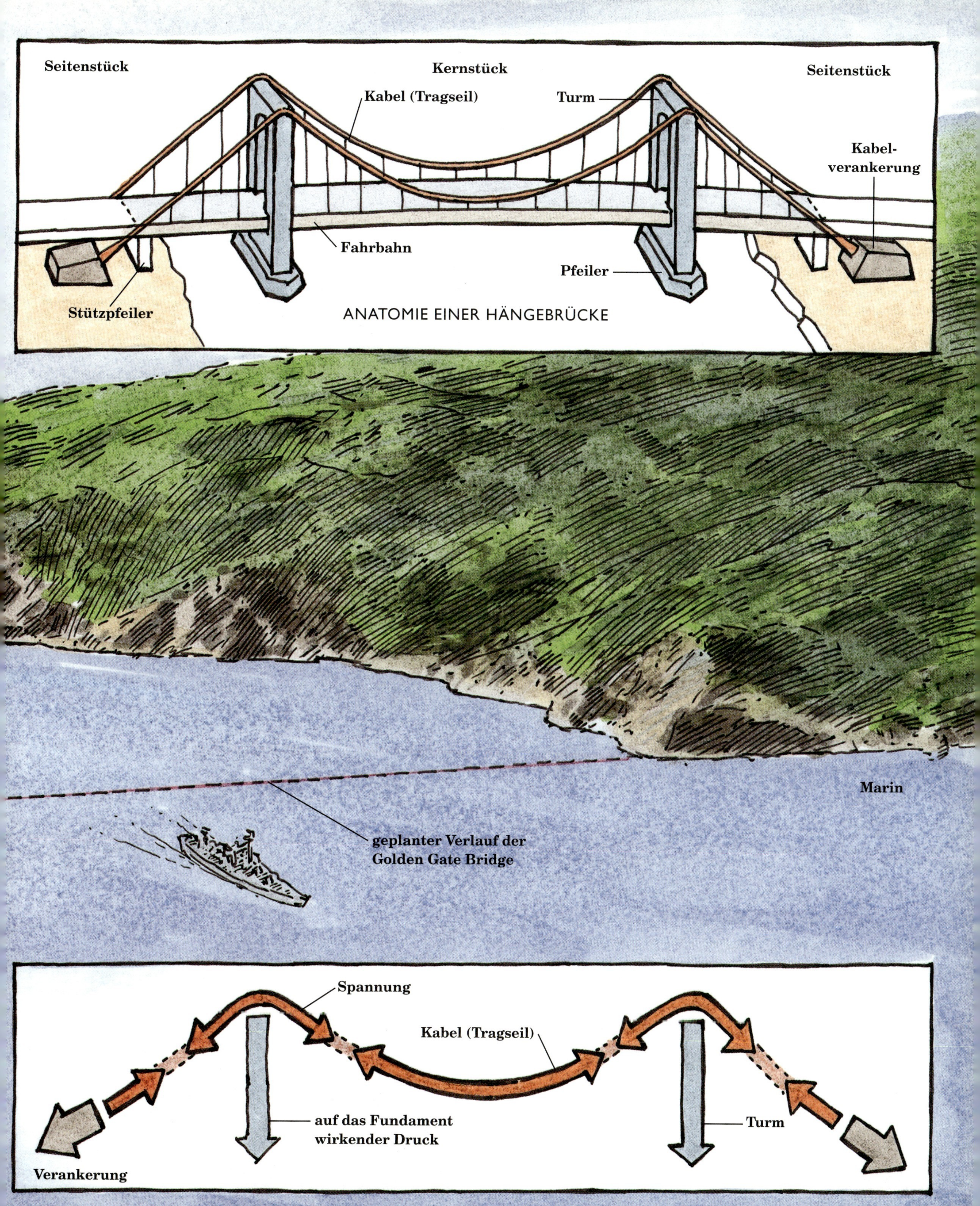
Seitenstück
Kernstück
Seitenstück
Kabel (Tragseil)
Turm
Kabel-
verankerung
Fahrbahn
Pfeiler
Stützpfeiler
ANATOMIE EINER HÄNGEBRÜCKE
Marin
geplanter Verlauf der
Golden Gate Bridge
Spannung
Kabel (Tragseil)
auf das Fundament
wirkender Druck
Turm
Verankerung

Die ersten Schritte der Planung ergaben sich gewissermaßen ganz von selbst. Nachdem die Trassenführung festgelegt worden war, galt es den Standort der Türme zu bestimmen. Sie sollten möglichst nahe beieinander stehen, um die Spannweite des Mittelstücks kurz zu halten. Auf der Seite von Marin wird der Meeresboden sehr schnell tiefer; deshalb wurde der Turm sehr dicht am Ufer errichtet. Weil das Fundament des anderen Turms 6 m tief im Felsuntergrund verankert werden musste und Taucher nicht tiefer als 30 m arbeiten konnten, wurde der Turm da gebaut, wo das Wasser nur 24 m tief war. So ergab sich schließlich eine Kernspannweite von 1280 m.

Um unnötig teure Unterwasserarbeiten zu vermeiden, wurde der Stützpfeiler auf der Seite von San Francisco, dort wo das Seitenstück in die Zubringerstraße übergeht, am äußersten Ende des festen Ufers platziert, 335 m vom San-Francisco-Turm entfernt. Der Symmetrie halber musste das gegenüberliegende Seitenstück genauso lang ausfallen. Die Kabel konnten dann achssymmetrisch hinter den Stützpfeilern verankert werden.

Die Höhe der Brücke sowohl in der Mitte (67 m) als auch bei den beiden Türmen (64 m) wurde von der Kriegsmarine festgelegt, um zu gewährleisten, dass ihre Schiffe passieren konnten. Die ungefähre Tiefe des Fahrbahnbettes sollte bei 9 m liegen; das Hauptkabel sollte an seinem tiefsten Punkt etwa 3 m darüber liegen. Für eine optimale Kräfteverteilung über eine Spannweite von 1280 m ergab sich ein Durchhang von 144 m. Addiert man zu diesen Maßangaben die Höhe der Fahrbahn, dann bekommt man in etwa die Höhe der Türme. Die Fahrbahnbreite wurde schließlich auf 27 m festgelegt; weniger hätte bei einem Bauwerk dieser Größenordnung unangemessen gewirkt.

Turm auf der San-Francisco-Seite
1280 m
67 m
64 m
144 m

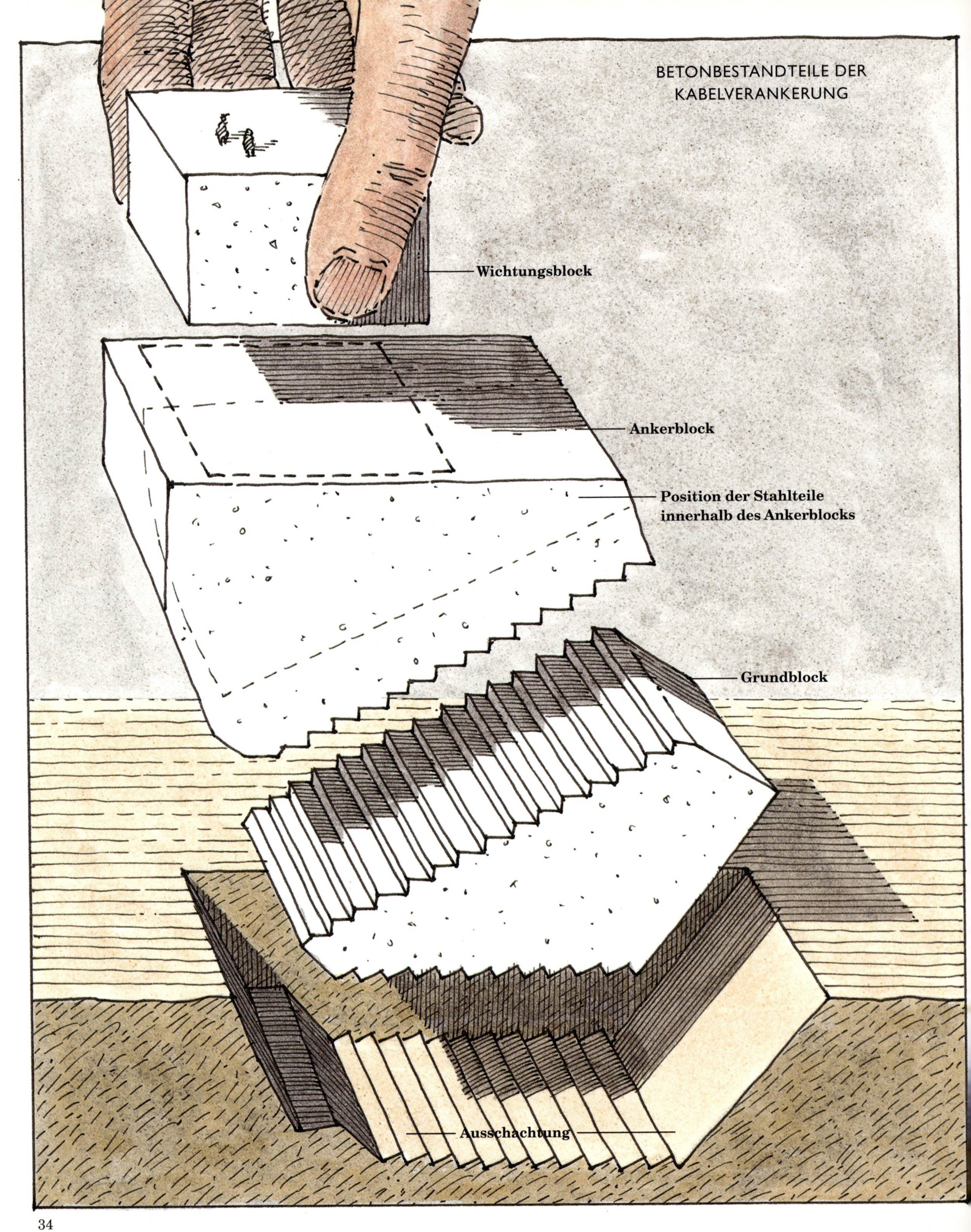
BETONBESTANDTEILE DER
KABELVERANKERUNG
Wichtungsblock
Ankerblock
Position der Stahlteile
innerhalb des Ankerblocks
Grundblock
Ausschachtung

Sobald der Entwurf der Brücke ausgearbeitet war, begann die Arbeit an der Verankerung. Jede Verankerung besteht aus drei Hauptkomponenten: dem Grundblock, der im Felsuntergrund verklinkt wird, dem Ankerblock selbst und einem Wichtungsblock, der einfach oben auf dem Ankerblock aufliegt. Es ist dieses immense Gewicht der Verankerung, das dem Zug des Kabels entgegenwirkt. Die Enden der Kabel sind an einer Reihe riesiger Augenstäbe (für den Brückenzug) befestigt, die ihrerseits in schwere Träger an der Rückwand des Ankerblocks eingelassen sind. Sie werden zusammen mit den Augenstäben in Beton eingebettet.

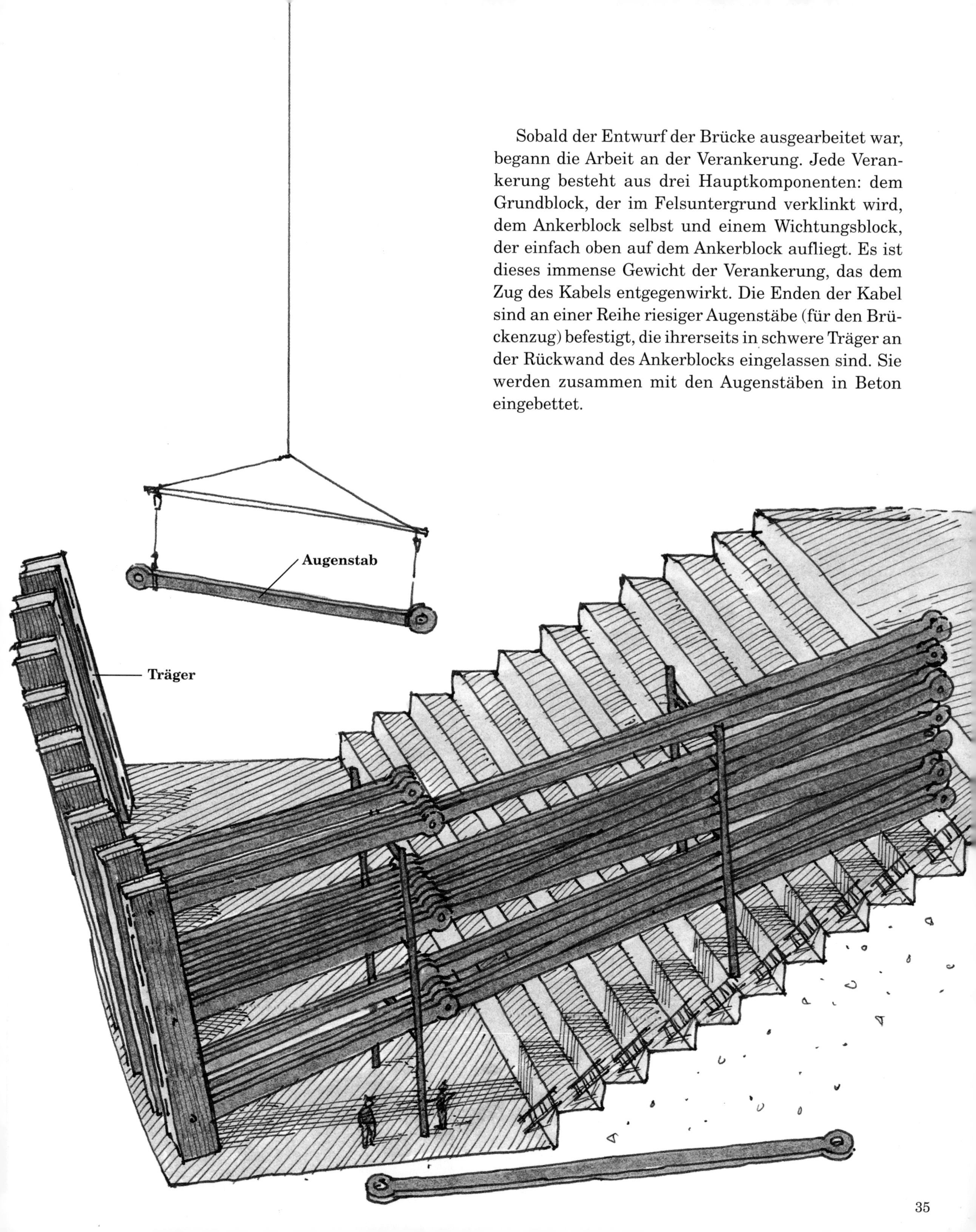

Die beiden Stahltürme stehen auf massiven Betonpfeilern. Weil der San-Francisco-Pfeiler 335 m vom Ufer entfernt ist, wurde zuerst eine Mole gebaut, über die das Material, das Arbeitsgerät und auch die Arbeiter zur Baustelle gelangen konnten. Nachdem sie einen Großteil des Felsens am Ende der Mole weggesprengt hatten, bauten die Arbeiter einen Fender, einen riesigen elliptischen Betonring. Sein Fundament endete bei 6 m Tiefe im Felsuntergrund und sein Rand ragte 4,5 m aus dem Wasser. Er diente nicht nur als Fangdamm während der Bauarbeiten, sondern bot auch dem fertigen Pfeiler dauerhaften Schutz.

Weil der Großteil des Betons nur unter den beiden Standbeinen eines Turms gebraucht wurde, konnte das Mittelstück hohl bleiben. Dieser Hohlraum, sowie der zwischen Pfeiler und Fender, wurde am Ende geflutet, um die Konstruktion zu beschweren. Zur weiteren Stabilisierung wurden Stahlwinkel, die 15 m

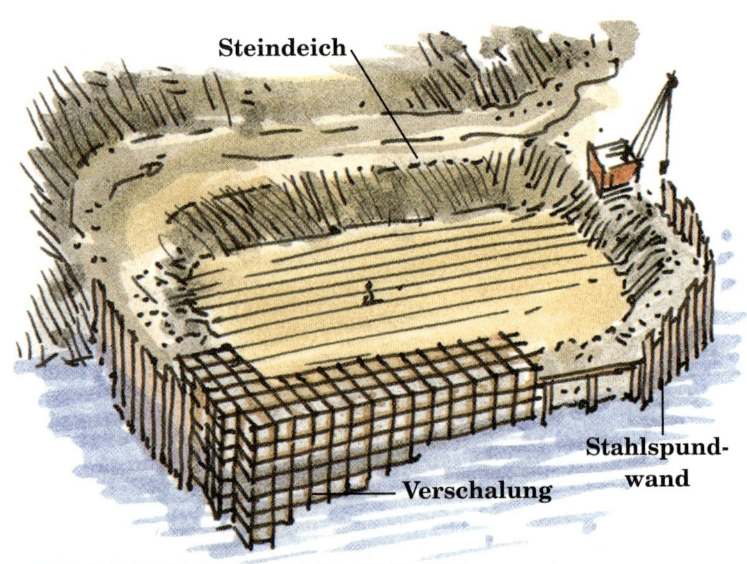

STANDORT DES MARIN-PFEILERS

tief im Beton saßen, an den Standbeinen des Turms befestigt.

Der Pfeiler für den Marin-Turm wurde in flaches Wasser in Ufernähe gebaut, was den Bau erheblich vereinfachte. Zuerst wurde um den Standort ein Fangdamm gebaut. Der Teil, der ins Wasser ragte, hatte eine Verschalung aus mit Felsbrocken gefüllten Holzkisten, die im Wasser versenkt wurden. Die Ränder dieser Holzverschalung wurden über einfache Steindeiche mit dem Ufer verbunden. Dann wurde die gesamte Konstruktion außen mit einer Stahlspundwand

QUERSCHNITT DURCH DEN SAN-FRANCISCO-PFEILER

Winkeleisen zur Befestigung der Standbeine des Turms
Wasserloch zur Flutung des Hohlraums in der Mitte

Detailausschnitt
einer Zelle
Holzverkleidung zum
Schutz des Betons
während des Turmbaus
Grundplatten aus Stahl

ummantelt. Zuletzt wurde das Gelände ausgepumpt und ausgeschachtet, bis man eine solide Basis für den Pfeiler hatte.

Die beiden Türme der Brücke sind identisch. Jeder hat zwei mit Querstreben verbundene Standbeine, die das Bauwerk versteifen, um sie vor der gewaltigen Windkraft zu schützen. Die Standbeine bestehen aus Bündeln von Stahlröhren, die man Zellen nennt. Sie sind gut 1 m im Quadrat und etwa 14 m hoch und bestehen aus miteinander vernieteten Platten und Winkeleisen. Um ihr Gewicht zu verteilen und um zu verhindern, dass sie den Beton direkt unter ihnen zerdrücken, hat man sie auf dicke Platten gestellt, die mit langen Dübeln fixiert sind.

Zellbündel werden von einem Kletterkran (einer Fachwerkbrücke), auf dem zwei Auslegerkräne sitzen, in Position gehoben. Haben die Standbeine der Türme eine gewisse Höhe erreicht, so wird der Kletterkran zwischen ihnen in die Höhe gehievt. Da der Pfeiler für den Marin-Turm ein weit einfacheres Unterfangen war als der auf der anderen Seite, war er lange vor seinem gegenüberliegenden Pendant fertig.

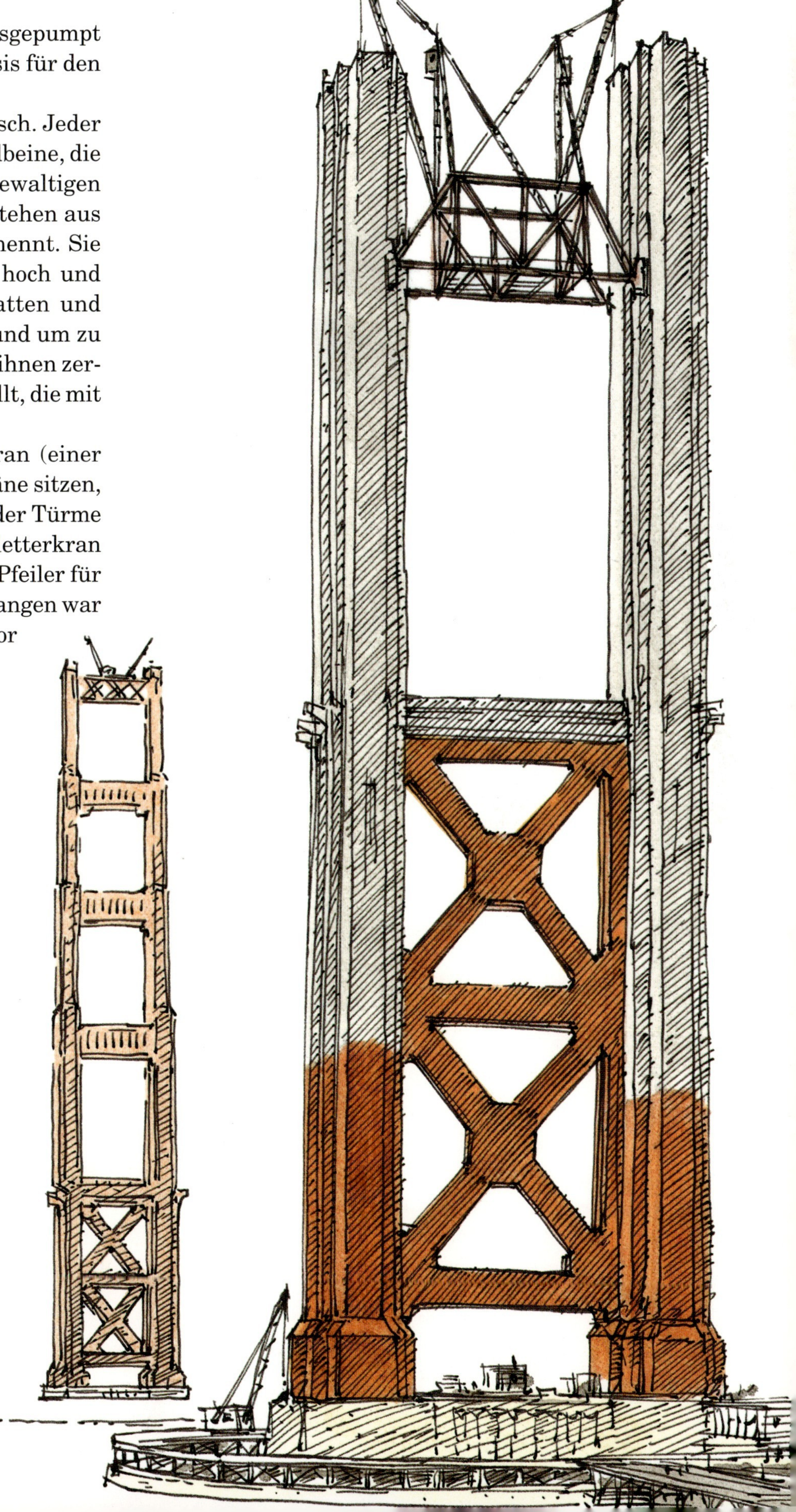

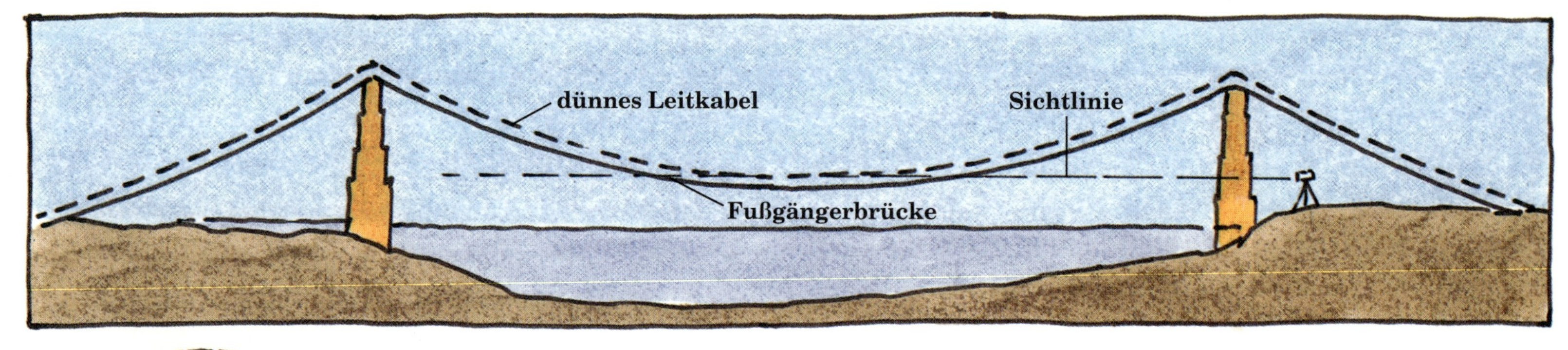


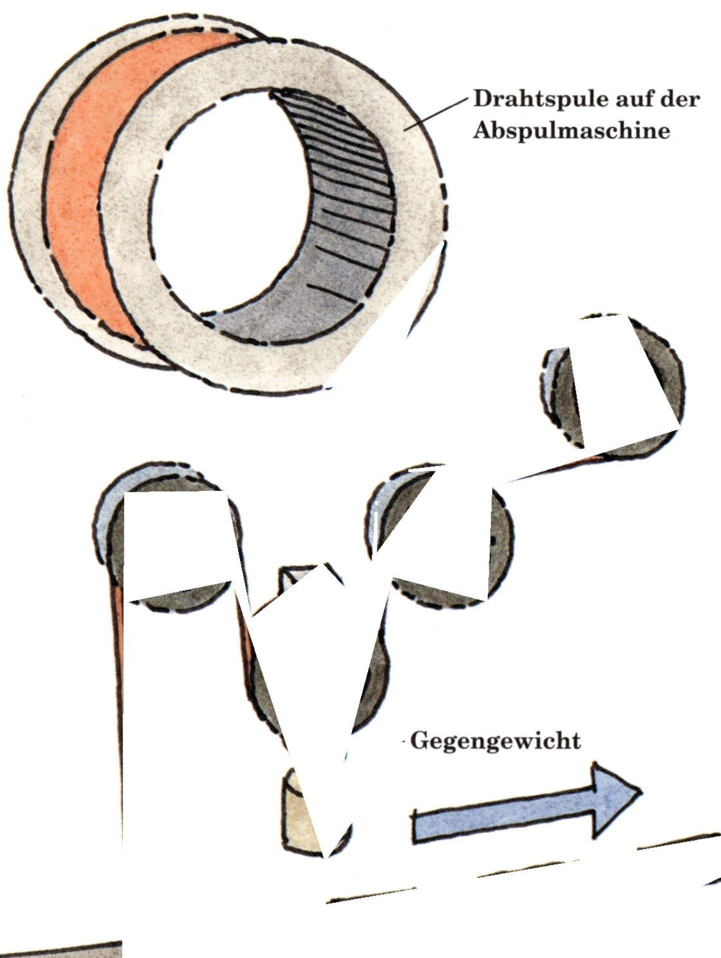


Die ersten über die Bucht führenden Brücken waren provisorische Fußgängerbrücken. Die Arbeiter benutzten sie beim Spinnen und Rüsten des Hauptkabels. Die Oberfläche der Fußgängerbrücke besteht aus Holzplatten, die auf parallelen Stahlseilen liegen. Ungefähr 90 cm darüber befindet sich ein dünnes Leitkabel; es ist so ausgerichtet, dass sein Durchhang später exakt dem der richtigen Kabel entspricht.

Jedes Kabel besteht aus 61 einzelnen Strängen; jeder Strang wird von einem fortlaufenden Draht gesponnen.

Der auf riesigen Spulen zur Baustelle gelieferte Draht wird, um eine gleichmäßige Spannung zu gewährleisten. zuerst in ein System aus Gegengewichten eingeführt, bevor er über ein großes Rad, den Läufer, gelenkt wird.

Das Ende des Drahtes wird um einen Strangschuh geschlungen und provisorisch eingespannt. Der Läufer wird an einem Zugseil befestigt. Auf ein Zeichen hin wird dieses Seil in Bewegung gesetzt und bringt den Läufer und seine Fracht zur Spitze des Turms.

An der Spitze eines jeden Standbeins befindet sich eine speziell entwickelte Konstruktion, der Sattel. Das ist eine präzise geformte Auflagefläche mit Rillen, in denen die fertigen Kabel einmal liegen werden. Wegen des enormen Gewichtes wird jeder der vier Sättel in drei Einzelteilen nach oben gehoben.

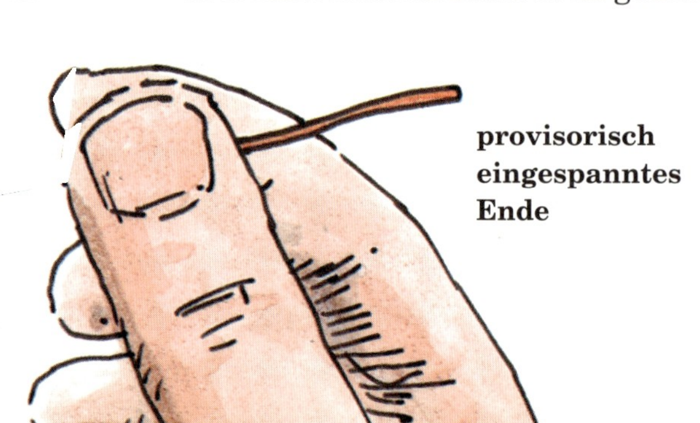

Läufer
Zugseil
Sattel
Fußgängerbrücke
Fred

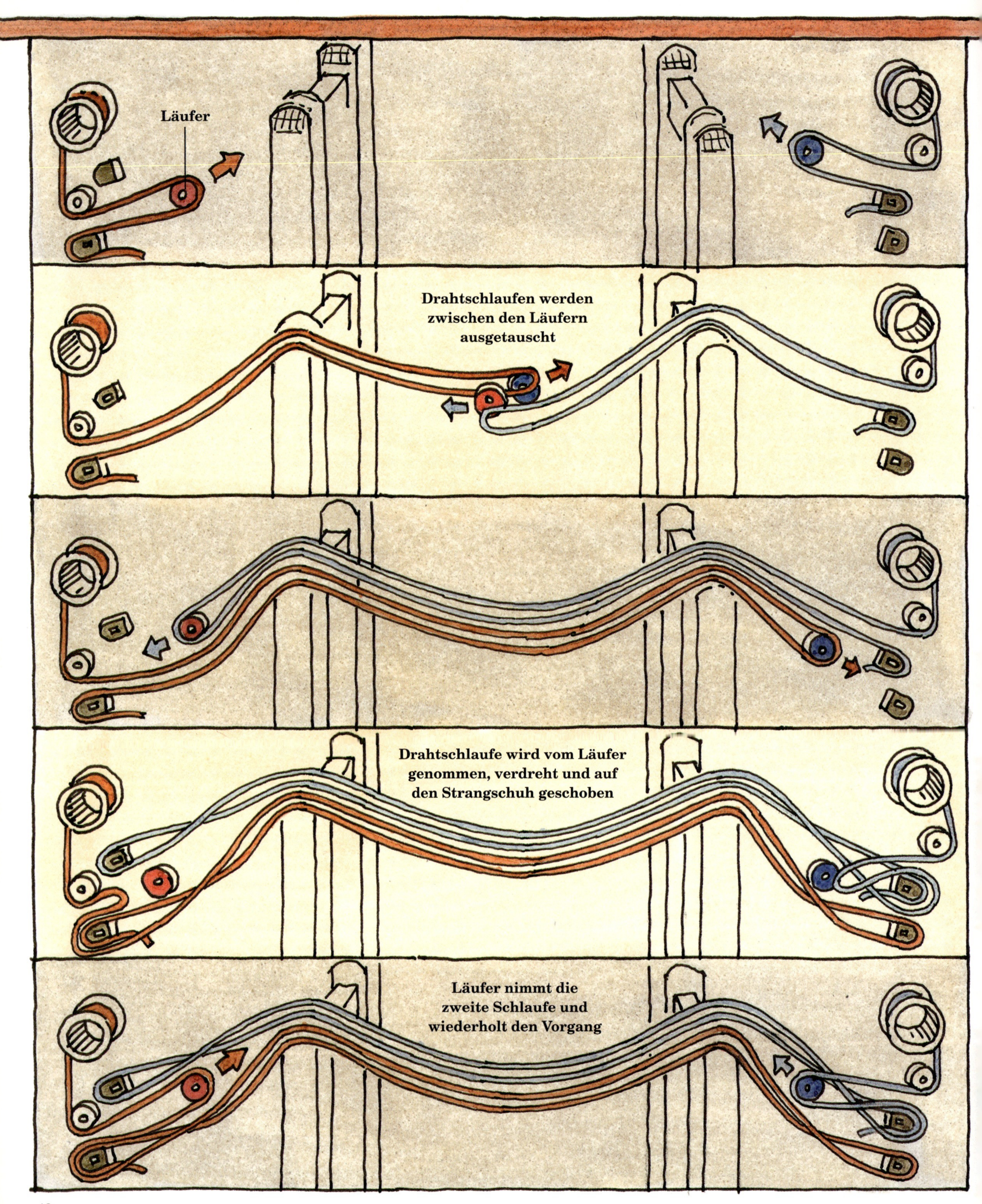
Läufer
Drahtschlaufen werden zwischen den Läufern ausgetauscht
Drahtschlaufe wird vom Läufer genommen, verdreht und auf den Strangschuh geschoben
Läufer nimmt die zweite Schlaufe und wiederholt den Vorgang

Manschette

Draht (tatsächliche Größe)

Zuerst transportierte jeder Läufer vier Drähte. Später wurden es sechs, um den Bau zu beschleunigen. Hier werden nur zwei von ihnen gezeigt.

Zwei separate Läufer, mit jeweils einem Strang, bewegen sich aufeinander zu. Wenn sie sich in der Mitte der zu überbrückenden Spannweite treffen, gleiten die Drähte von einem Rad auf das andere.

Jetzt kehrt jeder Läufer zu seinem Ausgangspunkt zurück, um die Reise des Drahtes von der gegenüberliegenden Seite zu Ende zu führen.

Bei der Ankunft wird jede Drahtschlaufe abgezogen und um ihren eigenen Strangschuh gewickelt.

Dann nimmt sich der leere Läufer eine neue Schlaufe aus der ursprünglichen Spule und beginnt seine Reise aufs neue.

Jeder Strang besteht aus mehr als 400 Längen Draht, die dicht zusammen liegen. Das macht etwa 800 km Draht pro Strang. Wenn eine Spule leer läuft, dann wird ein neuer Draht mit einer röhrenförmigen Manschette, die verhindert, dass die Drähte auseinander reißen, mit dem Ende des alten verbunden. Während die Läufer hin und her fahren, werden die stetig wachsenden Stränge anhand des Leitkabels auf ihre exakte Krümmung hin überprüft.

Wenn die Arbeit an einem Strang beginnt, werden die letzten Augenstäbe an jeder Verankerung angebracht. Sie verbinden die bereits im Beton verankerten Augenstäbe mit jeweils einem Strangschuh. Ist ein Strang fertig, wird der Schuh (der provisorisch vor den Strangschuhen fixiert war, sodass man eine Schlaufe um ihn legen konnte) zurückgezogen und mit einem Stift zwischen den Augenstäben fixiert.

Die fertigen Strangschuhe werden einer nach dem anderen in ihre Endposition gezogen. Sobald der 61. Strang in Position ist, wird der restliche Beton über die Augenstäbe gegossen. Der Ankerblock ist fertig. Zum Schluss werden alle vier Verankerungen von hohen Wänden und einem Betondach eingeschlossen.

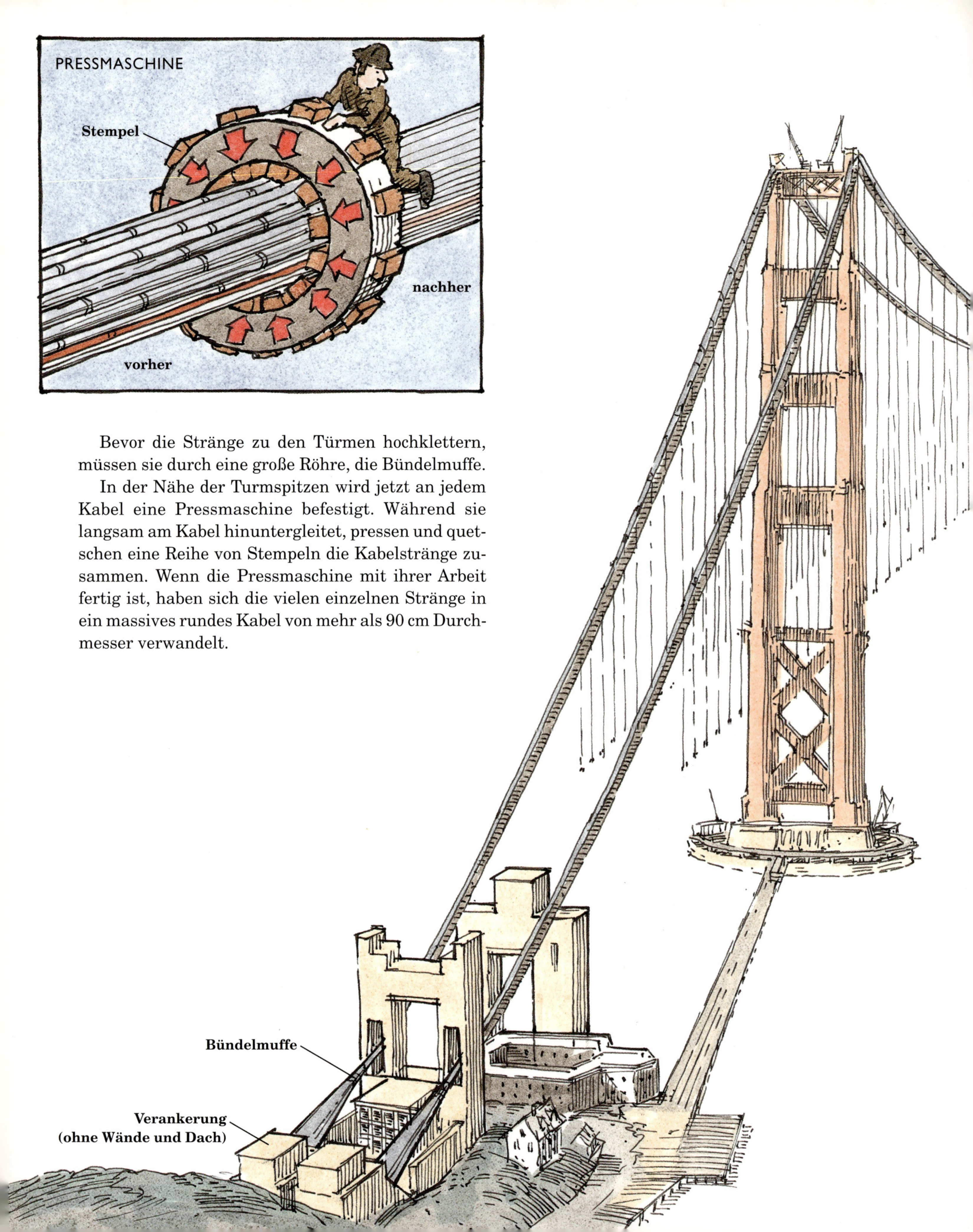


Bevor die Stränge zu den Türmen hochklettern, müssen sie durch eine große Röhre, die Bündelmuffe.

In der Nähe der Turmspitzen wird jetzt an jedem Kabel eine Pressmaschine befestigt. Während sie langsam am Kabel hinuntergleitet, pressen und quetschen eine Reihe von Stempeln die Kabelstränge zusammen. Wenn die Pressmaschine mit ihrer Arbeit fertig ist, haben sich die vielen einzelnen Stränge in ein massives rundes Kabel von mehr als 90 cm Durchmesser verwandelt.

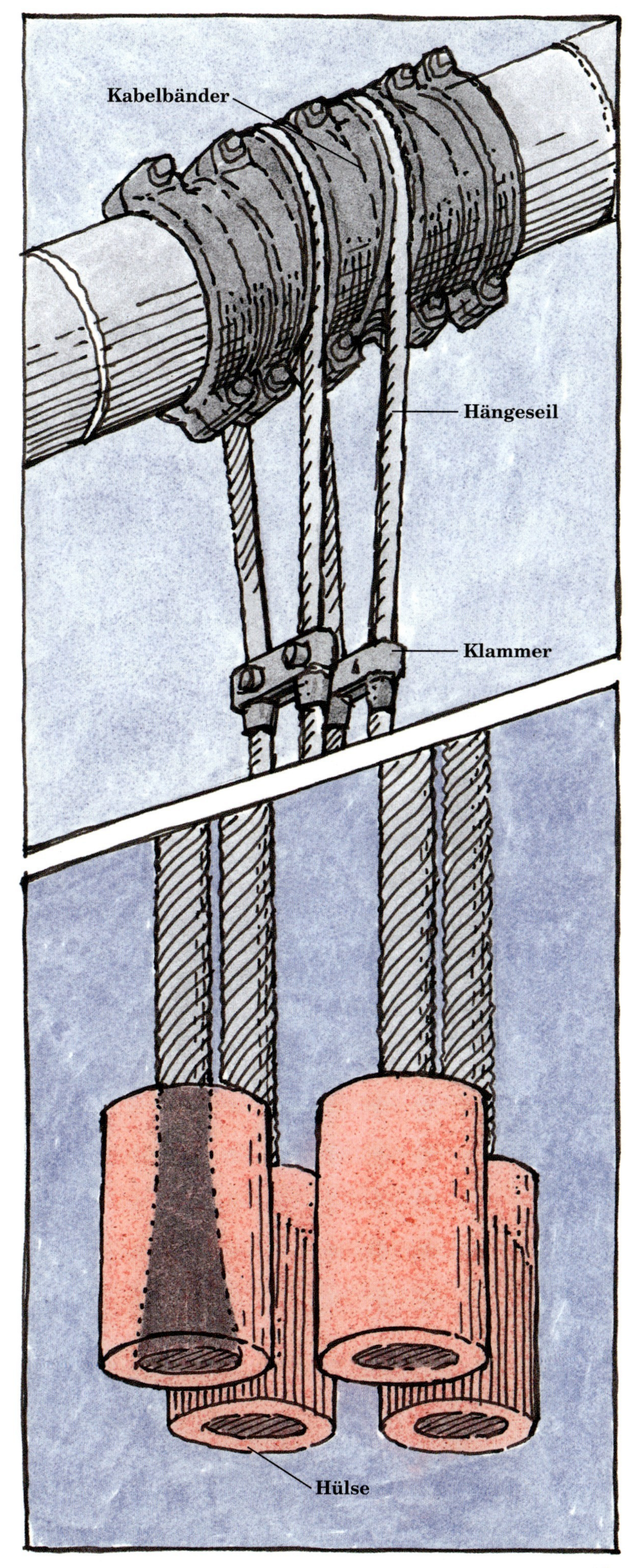


Alle 15 m werden am fertigen Kabel Kabelbänder verklammert. Über diese werden dann Hängeseile von etwa 5 cm Durchmesser gehängt. Diese Stahlseile halten die eigentliche Fahrbahn. Jedes Hängeseil ist auf eine bestimmte Länge zugeschnitten, um zu gewährleisten, dass die Fahrbahn am Ende mit der richtigen Wölbung in genau der richtigen Höhe hängt.

Die Enden der Hängeseile sind in Stahlzylindern, so genannten Hülsen eingebettet. Jedes Seil endet in einem kegelförmigen Hohlraum innerhalb der Hülse, wo seine einzelnen Drähte entflochten werden, bis sie in etwa wie eine Drahtbürste aussehen. Die Hülse wird dann umgedreht und mit geschmolzenem Zink gefüllt. Dadurch werden Hülse und Seil dauerhaft miteinander verbunden.

Jedes Bündel aus vier Hülsen verschwindet in einem 7,5 m hohen Pfosten. Genau genommen liegt der Pfosten auf den Hülsen auf. Er ist mit ihnen weder verschraubt noch verschweißt – er ruht einfach nur auf ihnen. Jeder Pfosten ist mit seinem Pendant auf der anderen Straßenseite durch einen dicken Bodenträger verbunden. Auf diesen Bodenträgern liegen kleinere Längsträger, und die halten dann schließlich die Fahrbahn selbst. Die einzige Verbindung zwischen der Straße und den Kabeln sind die Hülsen.

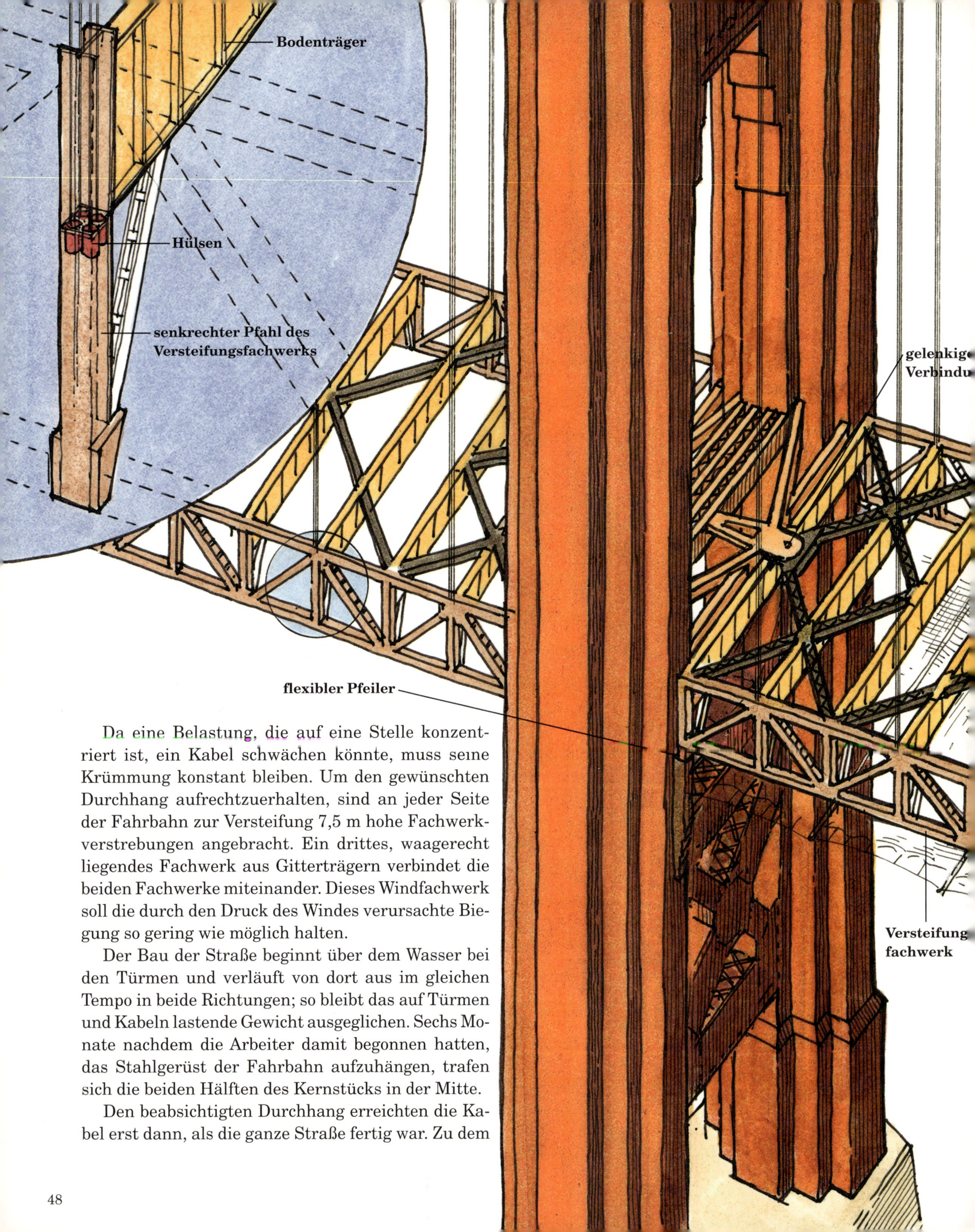


Da eine Belastung, die auf eine Stelle konzentriert ist, ein Kabel schwächen könnte, muss seine Krümmung konstant bleiben. Um den gewünschten Durchhang aufrechtzuerhalten, sind an jeder Seite der Fahrbahn zur Versteifung 7,5 m hohe Fachwerkverstrebungen angebracht. Ein drittes, waagerecht liegendes Fachwerk aus Gitterträgern verbindet die beiden Fachwerke miteinander. Dieses Windfachwerk soll die durch den Druck des Windes verursachte Biegung so gering wie möglich halten.

Der Bau der Straße beginnt über dem Wasser bei den Türmen und verläuft von dort aus im gleichen Tempo in beide Richtungen; so bleibt das auf Türmen und Kabeln lastende Gewicht ausgeglichen. Sechs Monate nachdem die Arbeiter damit begonnen hatten, das Stahlgerüst der Fahrbahn aufzuhängen, trafen sich die beiden Hälften des Kernstücks in der Mitte.

Den beabsichtigten Durchhang erreichten die Kabel erst dann, als die ganze Straße fertig war. Zu dem

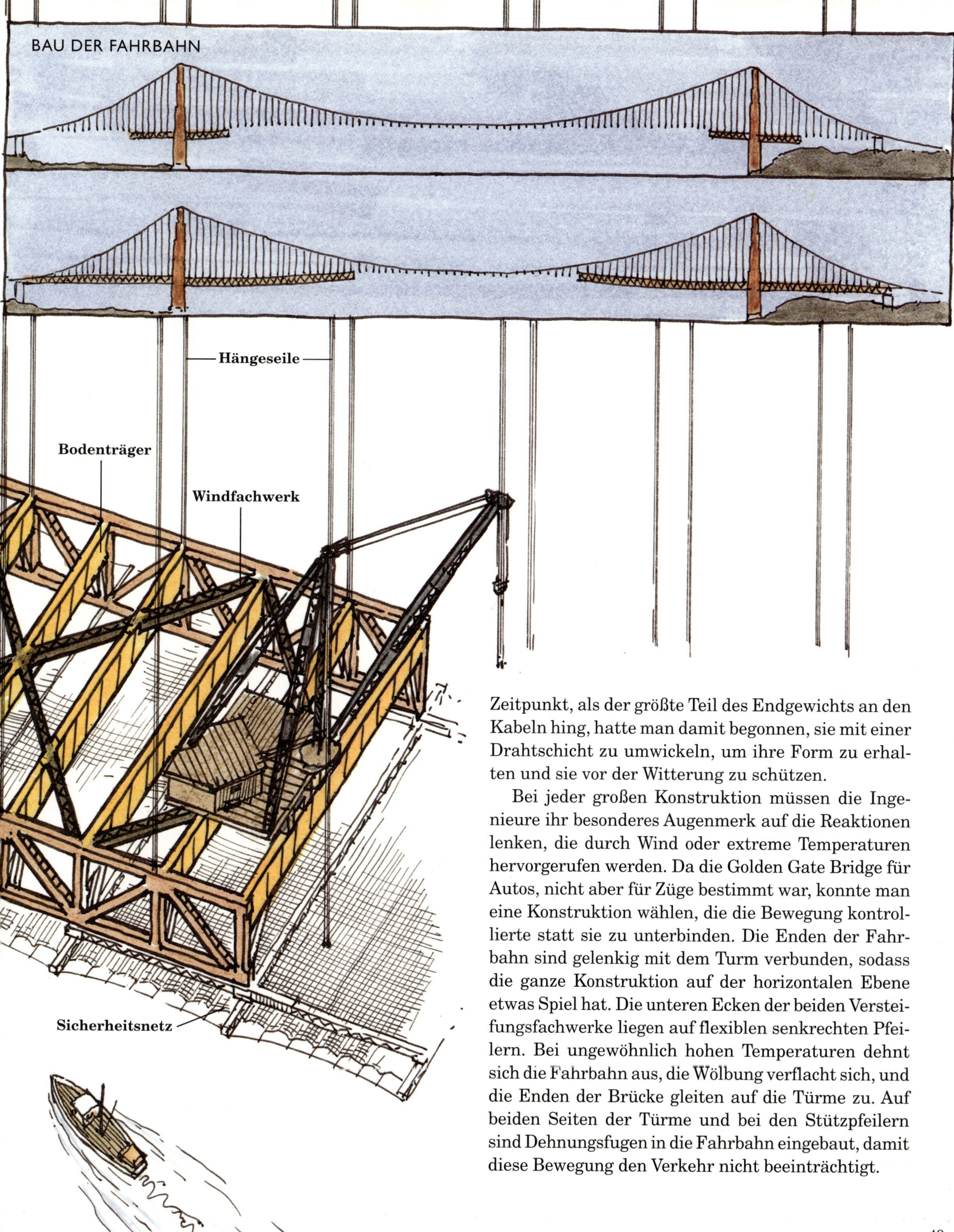


Zeitpunkt, als der größte Teil des Endgewichts an den Kabeln hing, hatte man damit begonnen, sie mit einer Drahtschicht zu umwickeln, um ihre Form zu erhalten und sie vor der Witterung zu schützen.

Bei jeder großen Konstruktion müssen die Ingenieure ihr besonderes Augenmerk auf die Reaktionen lenken, die durch Wind oder extreme Temperaturen hervorgerufen werden. Da die Golden Gate Bridge für Autos, nicht aber für Züge bestimmt war, konnte man eine Konstruktion wählen, die die Bewegung kontrollierte statt sie zu unterbinden. Die Enden der Fahrbahn sind gelenkig mit dem Turm verbunden, sodass die ganze Konstruktion auf der horizontalen Ebene etwas Spiel hat. Die unteren Ecken der beiden Versteifungsfachwerke liegen auf flexiblen senkrechten Pfeilern. Bei ungewöhnlich hohen Temperaturen dehnt sich die Fahrbahn aus, die Wölbung verflacht sich, und die Enden der Brücke gleiten auf die Türme zu. Auf beiden Seiten der Türme und bei den Stützpfeilern sind Dehnungsfugen in die Fahrbahn eingebaut, damit diese Bewegung den Verkehr nicht beeinträchtigt.

Zu ihrer Zeit war die von Joseph B. Strauss und Clifford Paine geschaffene Brücke ein Meisterstück an Ingenieurkunst und bautechnischer Leistung. Die Bauzeit betrug keine fünf Jahre. Aber mag die Golden Gate Bridge auch die berühmteste Brücke auf der Welt sein, die längste ist sie schon lange nicht mehr. Diesen Rekord hält gegenwärtig die Akashi-Kaikyo-Brücke in Japan, die zum Vergleich unten abgebildet ist.

Heutzutage werden nicht nur immer längere Hängebrücken gebaut, sondern auch ständig neue Ideen und Techniken erprobt. Weil große Brücken teure Unternehmen sind, suchen Ingenieure immer weiter nach Wegen, sie kostengünstiger zu bauen.

Den Platz der Versteifungsfachwerke haben aerodynamische vorgefertigte Fahrbahnen eingenommen, was nicht nur die Bauzeit, sondern auch den Einfluss des Windes verringert. Inzwischen gibt es auch vorgefertigte Kabelstränge, wodurch das Verflechten vor Ort entfällt. (Vorausgesetzt man verfügt über ein hinreichend großes Fahrzeug zum Transport der 2,5 km langen Stränge.) Während einige Türme aus Beton sind – schwer, aber sehr steif –, bestehen andere aus viel weniger Stahl als die der Golden Gate Bridge. Anstatt die Bewegung mit dicken Mauern zu unterbinden, dämpft man sie heute mit ausgeklügelten Vorrichtungen im Innern der Türme.

# PONT DE NORMANDIE

Honfleur, Frankreich, 1990: Die französische Autobahnbehörde beschloss, eine neue Brücke über die Seine zu bauen – mit einer Spannweite von 850 m. Sie musste 50 m über dem Wasser liegen, um den Schiffsverkehr nicht zu behindern. Anfangs wurde eine Hängebrücke in Betracht gezogen; aufgrund der geologischen Gegebenheiten verwarf man diese Idee jedoch alsbald. Es gab hier keinen festen Fels, in den man die Verankerungen hätte einbetonieren können, und so hätte jede von ihnen die ganze Arbeit allein mit ihrem Gewicht leisten müssen. Die erforderliche Konstruktion wäre unbezahlbar gewesen. Also entschied man sich für einen Typ Brücke, der ohne solche Verankerungen auskommt, für eine so genannte seilverankerte Brücke. Zum Zeitpunkt ihrer Fertigstellung, 1994, war der Pont de Normandie die längste Brücke ihrer Art in der Welt.

Bei einer seilverankerten Brücke wird die Fahrbahn von einer Reihe von Kabeln gehalten, die in ein oder zwei Ebenen vom Pylon (Standpfeiler der Brücke) ausfächern. Im Gegensatz zum Hauptkabel einer Hängebrücke sind Schrägseile straff gespannt und direkt

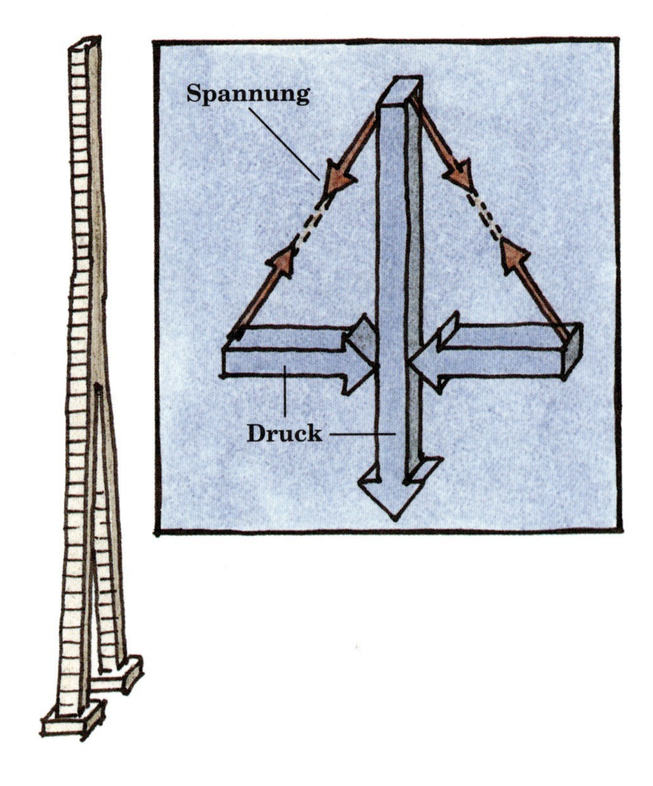

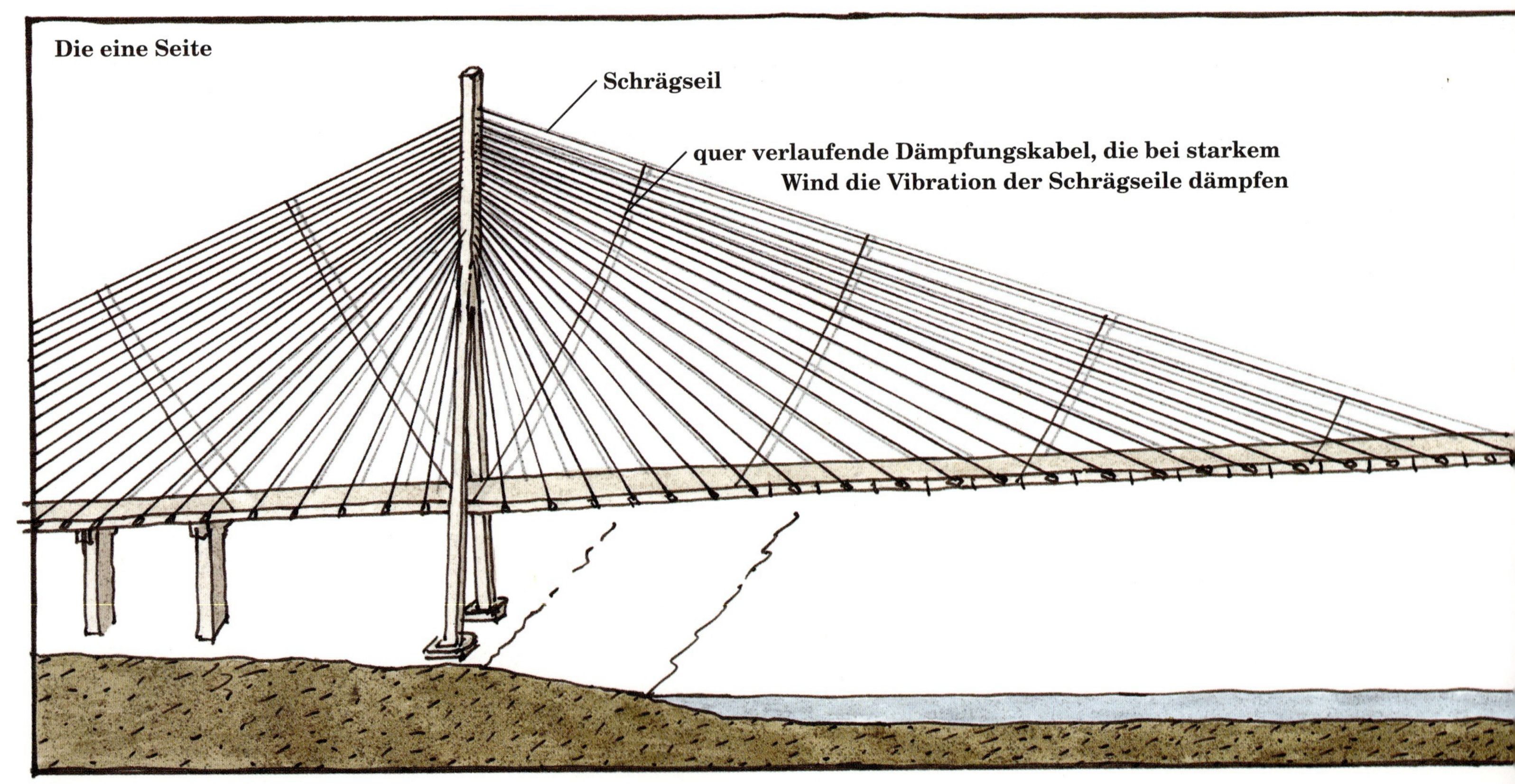

in der Fahrbahn verankert. Jedes bildet die dritte Seite eines Dreiecks. Die Schrägseile stehen unter Spannung, die Fahrbahn und der Turm unter Druck.

Sobald die Fundamente fertig waren, wurden zwei 210 m hohe Pylone aus Beton und Stahl errichtet. Die Straße wurde aus vorgefertigten Einheiten gebaut. An den Seitenstücken und in der Nähe der Pylone waren die Segmente aus Beton. Um das Gleichgewicht aufrechtzuerhalten, baute man die Fahrbahnsegmente, ausgehend von den sich gegenüberliegenden Pylonen, wie Ausleger aufeinander zu. An jedem neuen Abschnitt, der mit seinem Vorgänger verbunden wurde, befestigte man zwei Schrägseile, eins auf jeder Straßenseite.

Die überwiegende Mehrzahl der Fahrbahnsegmente im Kernstück war aus Stahl. Die Segmente wurden zu ihrem Bestimmungsort geflößt und dort an ihren Platz gehievt. Der Querschnitt der Fahrbahn, ob diese nun aus Beton oder aus Stahl besteht, ist im Wesentlichen ein flacher Kasten, der aerodynamisch konzipiert ist, um den Windwiderstand zu minimieren.

Beton wurde nahe den Pylonen und für die Seitenstücke verwendet, um größere Steifigkeit zu erzielen. Stahl wählte man für das Kernstück, weil er leichter, aber trotzdem sehr stabil ist.

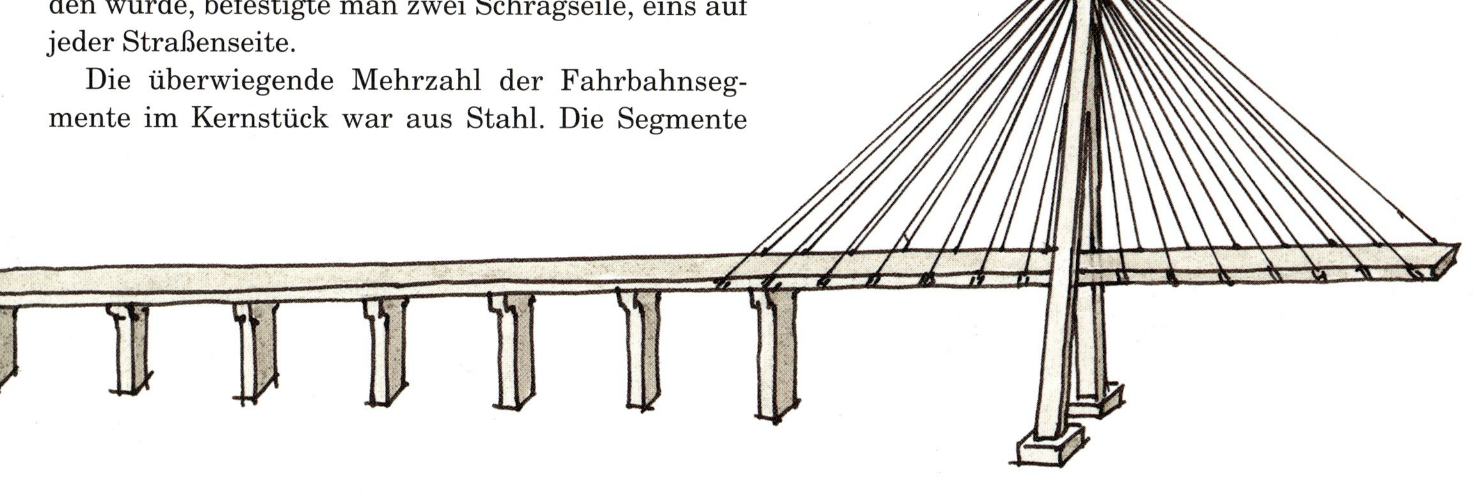

beidseitige
Schrägseilbrücke

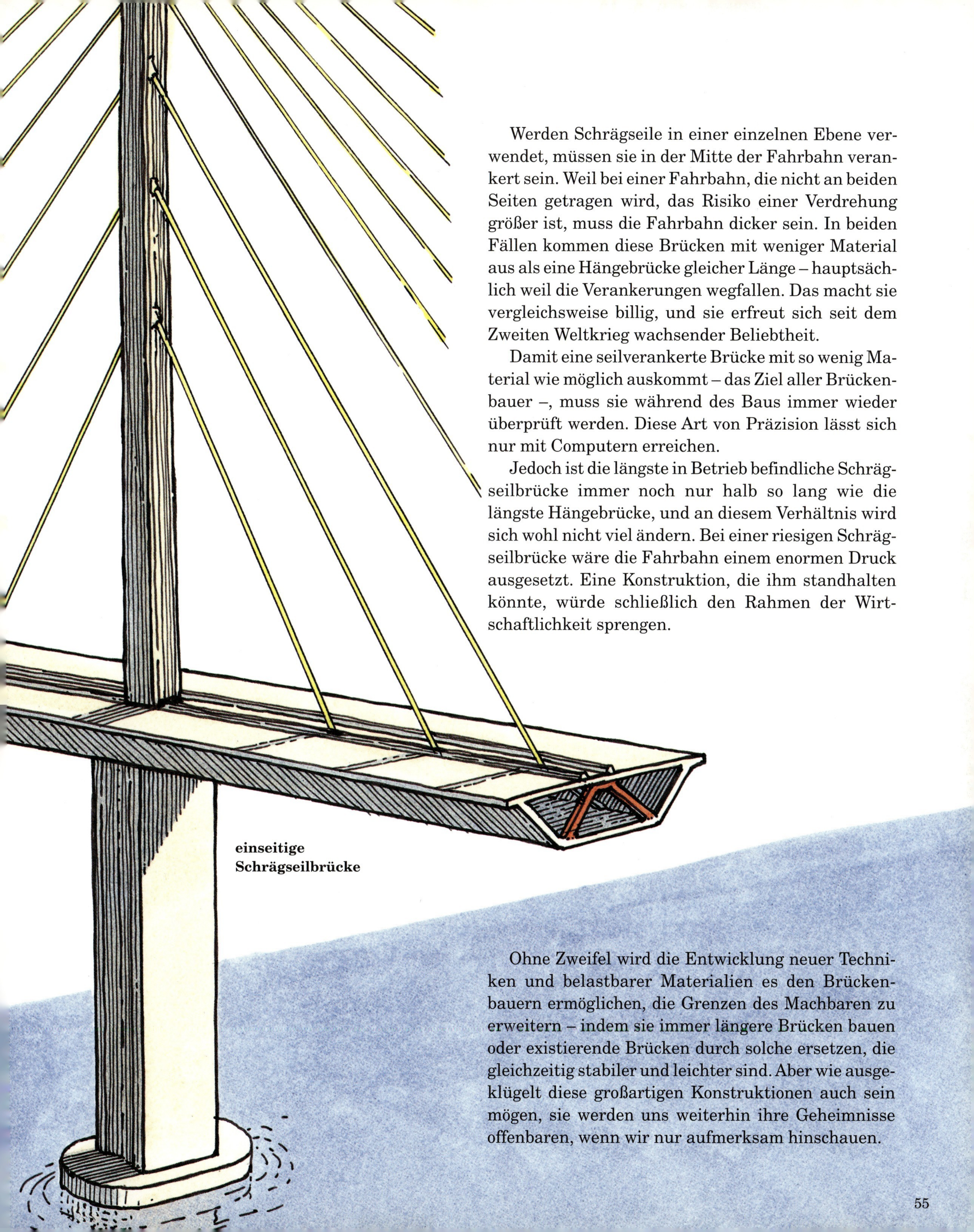


Werden Schrägseile in einer einzelnen Ebene verwendet, müssen sie in der Mitte der Fahrbahn verankert sein. Weil bei einer Fahrbahn, die nicht an beiden Seiten getragen wird, das Risiko einer Verdrehung größer ist, muss die Fahrbahn dicker sein. In beiden Fällen kommen diese Brücken mit weniger Material aus als eine Hängebrücke gleicher Länge – hauptsächlich weil die Verankerungen wegfallen. Das macht sie vergleichsweise billig, und sie erfreut sich seit dem Zweiten Weltkrieg wachsender Beliebtheit.

Damit eine seilverankerte Brücke mit so wenig Material wie möglich auskommt – das Ziel aller Brückenbauer –, muss sie während des Baus immer wieder überprüft werden. Diese Art von Präzision lässt sich nur mit Computern erreichen.

Jedoch ist die längste in Betrieb befindliche Schrägseilbrücke immer noch nur halb so lang wie die längste Hängebrücke, und an diesem Verhältnis wird sich wohl nicht viel ändern. Bei einer riesigen Schrägseilbrücke wäre die Fahrbahn einem enormen Druck ausgesetzt. Eine Konstruktion, die ihm standhalten könnte, würde schließlich den Rahmen der Wirtschaftlichkeit sprengen.

Ohne Zweifel wird die Entwicklung neuer Techniken und belastbarer Materialien es den Brückenbauern ermöglichen, die Grenzen des Machbaren zu erweitern – indem sie immer längere Brücken bauen oder existierende Brücken durch solche ersetzen, die gleichzeitig stabiler und leichter sind. Aber wie ausgeklügelt diese großartigen Konstruktionen auch sein mögen, sie werden uns weiterhin ihre Geheimnisse offenbaren, wenn wir nur aufmerksam hinschauen.

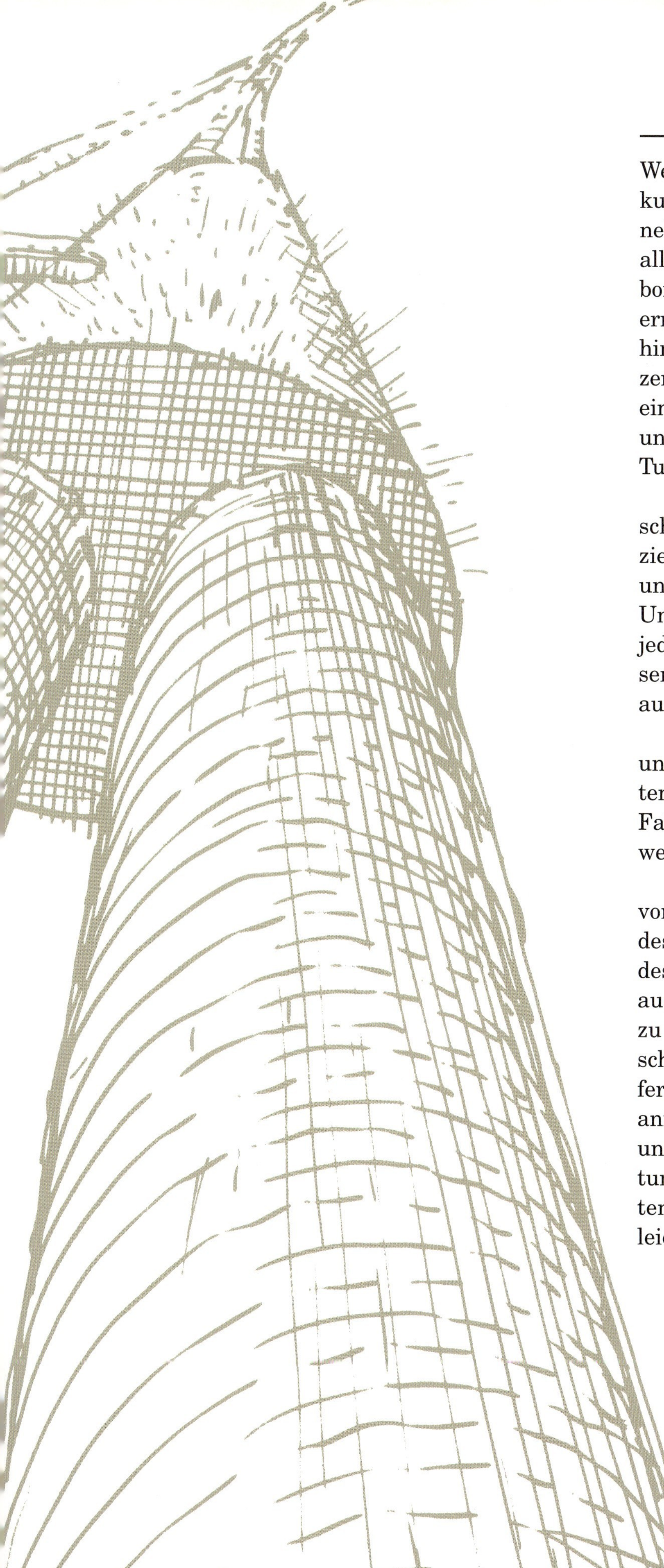

# TUNNEL

Wenn in diesem Buch von den Beispielen der Baukunst Brücken die gesprächigsten sind, dann sind Tunnel ihre schrecklich schüchternen Vettern. Sie leben allein, um zu dienen, und das können sie nur im Verborgenen. Von ihrem Äußeren (oder besser: Inneren!) erregt nur weniges unsere Aufmerksamkeit, wenn wir hindurchfahren. Während also Brücken, Wolkenkratzer, Kuppelbauten und sogar manche Staudämme sich einiger Beliebtheit erfreuen, kann man wohl mit Fug und Recht behaupten, dass nur ein Ingenieur einen Tunnel lieben kann.

Über die Jahrhunderte sind Tunnel zu den verschiedensten Zwecken gebaut worden: um mumifizierte Stiere zu begraben, zur Trinkwasserversorgung und zum Salzabbau sowie für den Personenverkehr. Unabhängig von ihrer Bestimmung sind sie einander jedoch in ihrer Form recht ähnlich. Alle Tunnel müssen von oben Gewicht tragen und an den Seiten Druck aushalten; daher ist der Bogen die ideale Form.

Wird der Tunnel durch einen Berg getrieben oder unter Wasser gebaut, so muss er Druck von allen Seiten standhalten, einschließlich von unten. In diesem Fall baut man einen fortlaufenden Bogen in mehr oder weniger zylindrischer Form.

Die Bauweise von Tunneln hängt im Wesentlichen von der verfügbaren Technik, vom Typ und Zustand des zu untertunnelnden Materials und von der Länge des Tunnels ab. Die folgenden Beispiele sind nicht nur ausgewählt worden, um die verschiedenen Varianten zu veranschaulichen, sondern auch das Maß an Entschlossenheit und Fantasie der Erbauer, über die das fertige Bauwerk so wenig Auskunft gibt. Sind auch die anfänglichen Kosten hoch, so halten gut konzipierte und gebaute Tunnel ewig und benötigen kaum Wartung – was dazu führt, dass man diese bemerkenswerten und oft unverzichtbaren Konstruktionen allzu leicht als selbstverständlich betrachtet.

# ZWEI TUNNEL DER ANTIKE

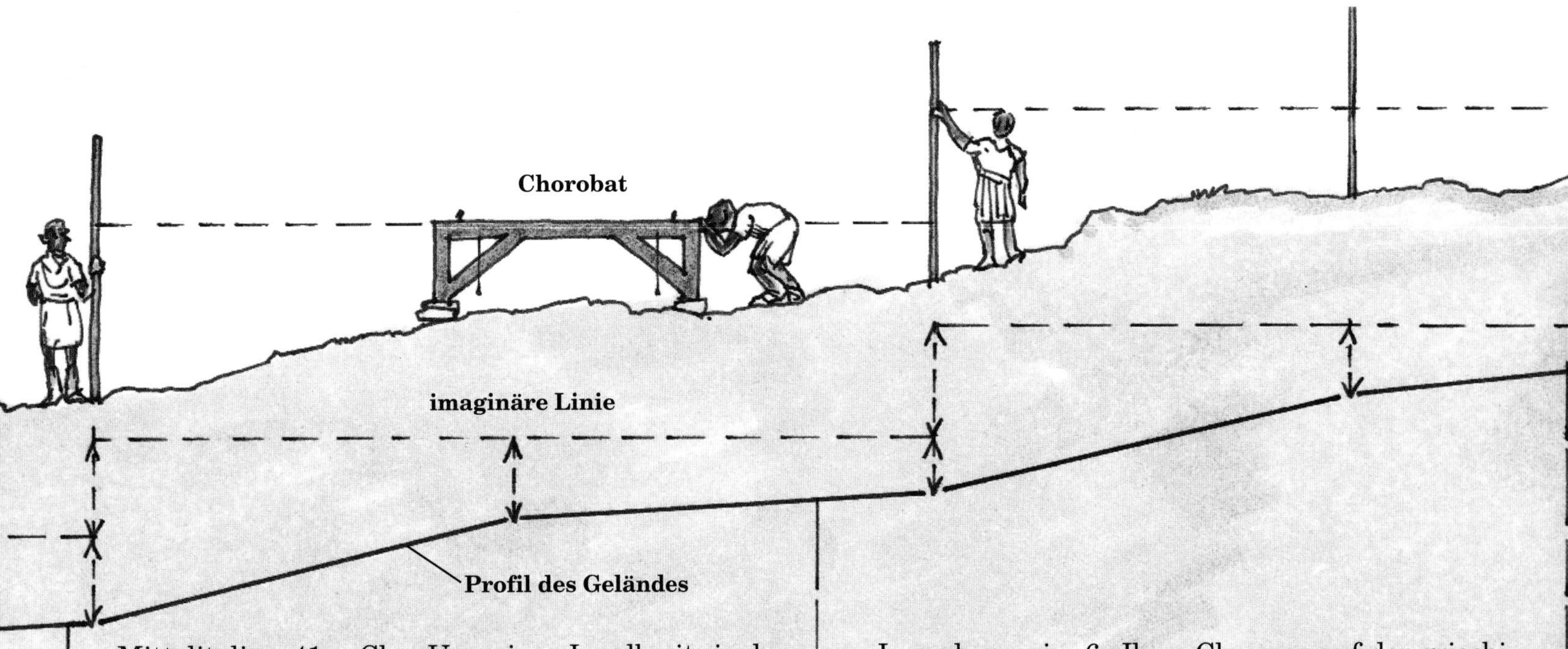


Mittelitalien, 41 n. Chr.: Um seinen Landbesitz in der Nähe des Fucinus-Sees zu vergrößern, ließ Kaiser Claudius den See trockenlegen. Dazu musste ein 5,4 km langer Tunnel durch weichen Kalkstein gegraben werden. Sobald feststand, wo der Tunnel entlangführen sollte, erstellte man ein Profil des betroffenen Geländes. Mithilfe des Chorobats, eines Nivelliergeräts, und einiger Messlatten und Schnüre wurde das Gelände in eine Folge präziser, aber imaginärer Stufen übersetzt. In festgelegten Abständen verzeichnete man die Distanz zwischen dem oberen Rand jeder Stufe und dem Boden. Anhand dieser senkrechten Maße und der waagerechten Entfernungen zwischen ihnen wurde dann eine Zeichnung angefertigt. So entstand ein exaktes Bild vom Berg, auf dem der Tunnel und seine Öffnungen eingetragen werden konnten.

Irgendwann im 6. Jh. v. Chr. war auf der griechischen Insel Samos ein ähnlicher, 1 km langer Kanalisationstunnel gegraben worden. Um den Bau zu beschleunigen, begann man von beiden Enden aus zu graben. Leider verfehlten sich die beiden Hälften um 5 m und mussten durch eine scharfe S-Kurve verbunden werden. Um dieses Problem zu verhindern, begannen die Ingenieure in den folgenden Jahrhunderten in dichter Folge senkrechte Schächte entlang der Tunnelroute zu graben. Wenn die Arbeiter bei den Grabungsarbeiten unten nicht auf einen dieser Schächte trafen, dann wussten sie, dass sie vom Kurs abgekommen waren, und konnten entsprechende Korrekturen vornehmen. Und da die Ingenieure anhand der Geländeprofilzeichnung die Länge jedes Schachts genau bestimmen konnten, waren sie in der Lage, die gewünschte Steigung zu erzielen, was bei Abwassertunneln besonders wichtig ist.

Verlauf des Tunnelbodens

Ein wichtiger Gesichtspunkt bei jedem Tunnelbau ist die so genannte Standzeit – der Zeitraum, über den eine ausgeschachtete Passage stehen bleibt, ohne abgestützt werden zu müssen. Ein Vorteil beim Tunnelbau durch Fels kann seine lange Standzeit sein. Ist der Fels solide und einigermaßen trocken, kann ein Tunnel ohne Stützwerk auskommen. Obwohl dies beim römischen wie beim griechischen Tunnel der Fall war, kann es sein, dass selbst Felsgestein aus der Fassung gerät, wenn man beginnt, an ihm herumzubohren.

Der eindeutige Nachteil des Arbeitens im Fels ist der, dass er oft nur sehr schwer, oder zumindest nur unter sehr großem Zeitaufwand zu schlagen und zu beseitigen ist. Die Arbeit mit dem Handmeißel wurde beim antiken Tunnelbau durch so genanntes Brandsprengen ergänzt. Hierbei legen die Arbeiter ein Feuer direkt vor Ort. Wenn der Fels sehr heiß wird, gießen sie kaltes Wasser darüber. Durch den plötzlichen Temperaturschock entstehen Sprünge im Fels, der sich dadurch leichter aufbrechen lässt. Aber die Arbeitsbedingungen in beiden Tunneln müssen entsetzlich gewesen sein. Nicht nur, dass es unglaublich heiß war, die Arbeiter mussten sich auch mit Rauch, Dampf und jeder Menge giftigen Gasen herumschlagen. Man weiß, dass 30000 Männer mehr als zehn Jahre an Claudius' Tunnel gruben. Man weiß nicht, wie viele von ihnen auch seine Fertigstellung erlebten.

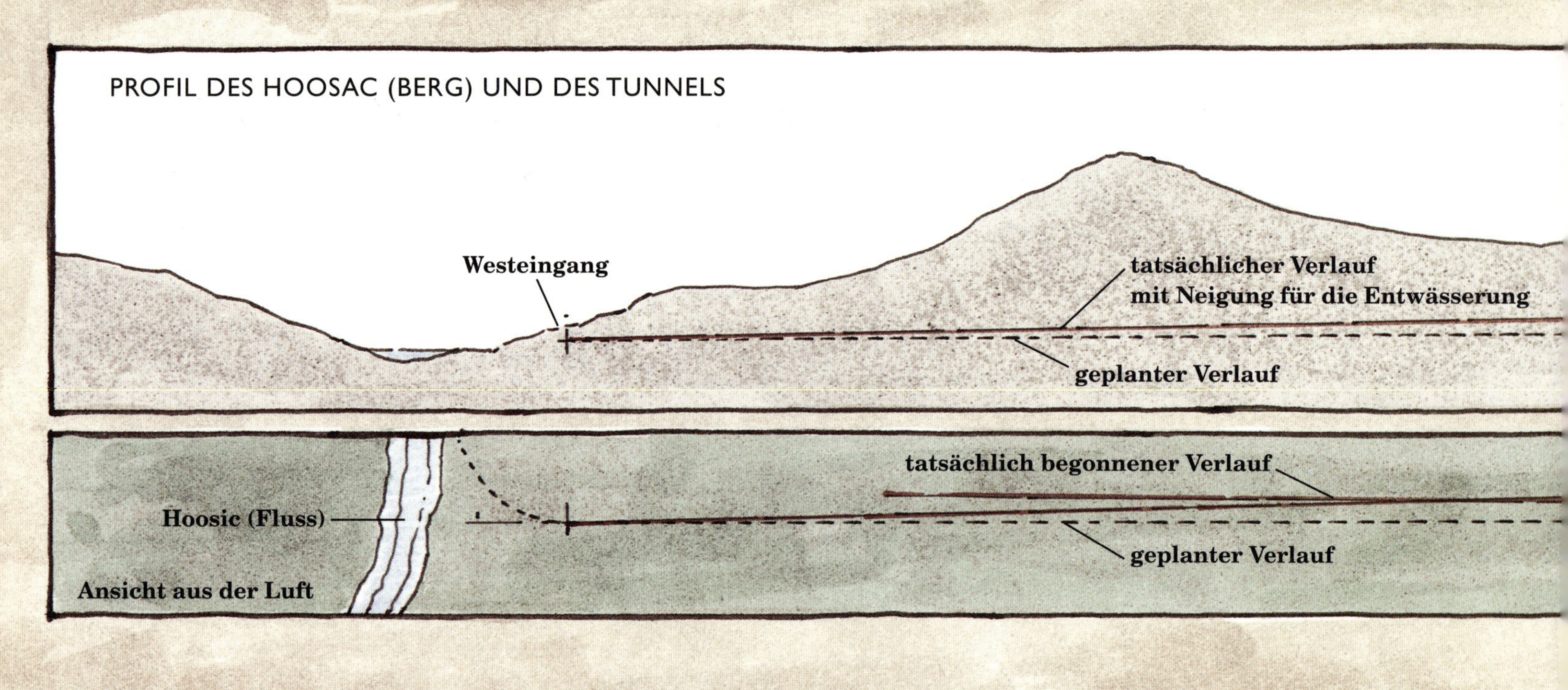


# HOOSAC-TUNNEL

North Adams, Massachusetts, 1855–1876: Die Troy and Greenfield Railway Company wurde 1848 mit dem erklärten Ziel gegründet, eine Bahnverbindung zwischen Vermont, Massachusetts und der Stadt Troy im Staat New York zu schaffen. Leider verlief die geeignetste Route über einen Berg namens Hoosac. Weil Gleise nicht zu steil und Kurven nicht zu eng verlaufen dürfen, dauern Zugreisen durch bergiges Gelände immer länger als über flaches Land. Trotz aller Schwierigkeiten ist der Bau eines Tunnels dann oft die beste Alternative. Im Übrigen war ein Tunnel durch den Hoosac schon früher einmal für ein Kanalprojekt im Gespräch gewesen, und so wurde er schnell zur bevorzugten Wahl.

Nachdem der von der Regierung beauftragte Geologe versichert hatte, dass der Fels keine unliebsamen Überraschungen bereithalte, eine ausgezeichnete Standzeit verspreche und mit ernsthaften Problemen durch Wasser nicht zu rechnen sei, ging der Ingenieur voller Optimismus ans Werk. Der Tunnel sollte zur besseren Stabilität bogenförmig sein, etwa 6,1 m breit und 6,4 m hoch und einer eingleisigen Strecke von gut 7 km Länge Platz bieten. Dem Chefingenieur zufolge würde man etwa viereinhalb Jahre brauchen – allerdings weniger, wenn die Arbeiter ein paar Schächte graben würden, um die Zahl der Quertriebe zu erhöhen, das sind die Stellen, von denen aus der Tunnel ausgeschachtet werden konnte.

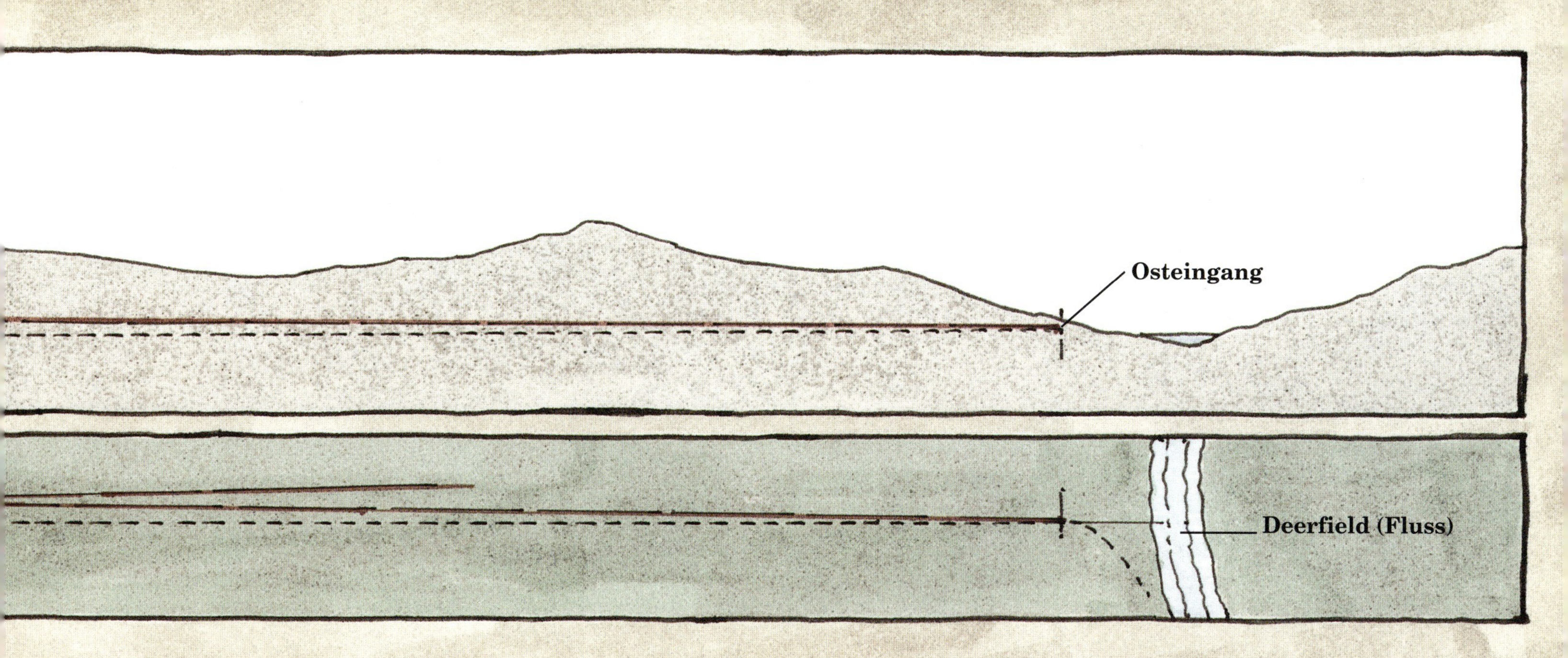


Die ersten beiden Jahre wurden darauf verwandt, den Berg zu vermessen. Nachdem ein genaues Profil erstellt worden war, konnten die Bauherren die beiden Eingänge und die Linie zwischen ihnen festlegen.

Da beide Eingänge mehr oder weniger auf derselben Höhe lagen, sollte der Tunnel zur Mitte hin leicht ansteigen, um das Abfließen des Wassers zu gewährleisten – sollte man denn auf welches stoßen. Darüber hinaus sollten die beiden Tunnelhälften nicht gerade aufeinander zulaufen, sondern in einem horizontal leicht angeschnittenen Winkel in den Berg hineinführen, sodass schließlich, um sie zu verbinden, eine ganz leichte Kurve genügen würde. Der Ingenieur ging kein Risiko ein. Eine scharfe S-Kurve wie in Samos mag für Wasserrohre noch gehen, würde aber eine riesige Lokomotive zum Entgleisen bringen – was der Einhaltung eines Fahrplans nicht dienlich ist.

Als die Bauarbeiten schließlich begannen, schachteten die Arbeiter den Berg von beiden Seiten stufenweise aus. Am Westende gruben sie zuerst an der Oberseite, am Scheitelpunkt des Tunnels.

Indem sie den so genannten oberen Quertrieb zuerst ausschachteten, konnten sie feststellen, ob der Fels direkt oberhalb des Tunnels stabil war oder nicht. Wenn nicht, musste er nach und nach mit massiven Holzbalken abgestützt werden. War der oberste Quertrieb erst mal ein Stück in den Berg getrieben worden, begannen andere damit, die 1,8 m dicke Felsschicht direkt unter dem Boden des oberen Quertriebs abzutragen. Das nennt man eine Bank. Schließlich wurde eine zweite 1,8 m dicke Bank zur Gleisebene herunter abgetragen. Durch diese gestaffelten Abläufe arbeiteten nicht alle zur gleichen Zeit an der gleichen Ortsbrust, d. h. an der Stelle, an der jeweils der Tunnel vorangetrieben wird. Am östlichen Ende ließ der Bauunternehmer lieber unten einen Quertrieb graben. Nachdem die Arbeiter ein ganzes Stück vorgedrungen waren, begann ein zweites Team hinter ihnen, die obere Felsschicht, Abbau genannt, abzutragen.

Bohren der Löcher

Einfüllen des Schießpulvers

Wie die meisten Tunnel, die durch festes Gestein führen, wurde auch der Hoosac-Tunnel mit der »Bohr-und-spreng-Methode« ausgeschachtet. Zuerst werden acht oder zehn Löcher bis zu 1 m in den Fels gebohrt, und zwar entweder von einem Einzelnen mit Bohrer und Hammer oder von einem Team, wobei einer den Bohrer hält und die andern sich mit dem Hammer abwechseln.

In beiden Fällen ließ man den Bohrer nach jedem Schlag etwas rotieren. Nachdem mehrere Löcher gebohrt waren, füllte man sie mit Schießpulver. Dann entfernte jeder sich so weit wie möglich von der Felswand, außer dem Mann, der die Lunte anzünden musste. Vermutlich war das entweder der Schnellste oder derjenige, der als Letzter ins Team gekommen war. Sobald sich der Rauch verzogen hatte, kehrte die Gruppe zurück, um den zertrümmerten Fels – den Abraum – zu entfernen. Dieser mühsame und gefährliche Prozess wurde so häufig wiederholt, bis die Arbeit erledigt war.

Weglaufen

Sprengen

Wegladen

Nach einer Reihe wichtiger Neuerungen war das Hoosac-Projekt schließlich das fortschrittlichste im Tunnelbau durch harten Fels. Die erst seit kurzer Zeit perfektionierten Druckluftbohrer traten an die Stelle der Handbohrer. Man befestigte mehrere von ihnen an einem Wagen, den man dann gegen die Felswand schob. Die hierfür benötigte Druckluft stammte aus an den Eingängen platzierten dampf- oder wasserbetriebenen Kompressoren. Jetzt konnten in einem Bruchteil der Zeit drei- oder viermal so tiefe Löcher gebohrt werden. Statt Schießpulver benutzte man eine relativ neue Erfindung namens Nitroglycerin. Es war viel effektiver und, zumindest in gefrorenem Zustand, einigermaßen sicher. Inzwischen verfügte man auch über ein elektrisches Detonationsverfahren. Zu diesen technischen Verbesserungen kam die neue Mittentriebmethode, bei der man vom Zentrum der Wand aus hin zu den Seiten arbeitete. Außerdem wurde die Arbeit spezialisierten Gruppen zugeteilt, sodass nicht mehr jeder alles zu tun versuchte.

Der Fels am Ostende war, wie vorausgesagt, hart, und zwar so hart, dass man ein paar dampfbetriebene Bohrer einsetzte, um das Tempo zu beschleunigen. Leider versagten sie.

Am Westende sah die Sache anders aus. Nach kürzester Zeit stießen die Arbeiter dort auf ein großes Gebiet, in dem sich der Fels eher wie lose, poröse Erde verhielt. Kaum war eine Stelle ausgehoben, da füllte sie sich schon wieder mit diesem »demoralisierten« Fels und mit Wasser. Nach sechs mühevollen Jahren lag man im Zeitplan weit zurück, und das Budget war überschritten. Ein neuer Bauunternehmer kam, neue Ingenieure wurden eingestellt, und der Staat Massachusetts übernahm die Schirmherrschaft, um seine Investitionen zu sichern.

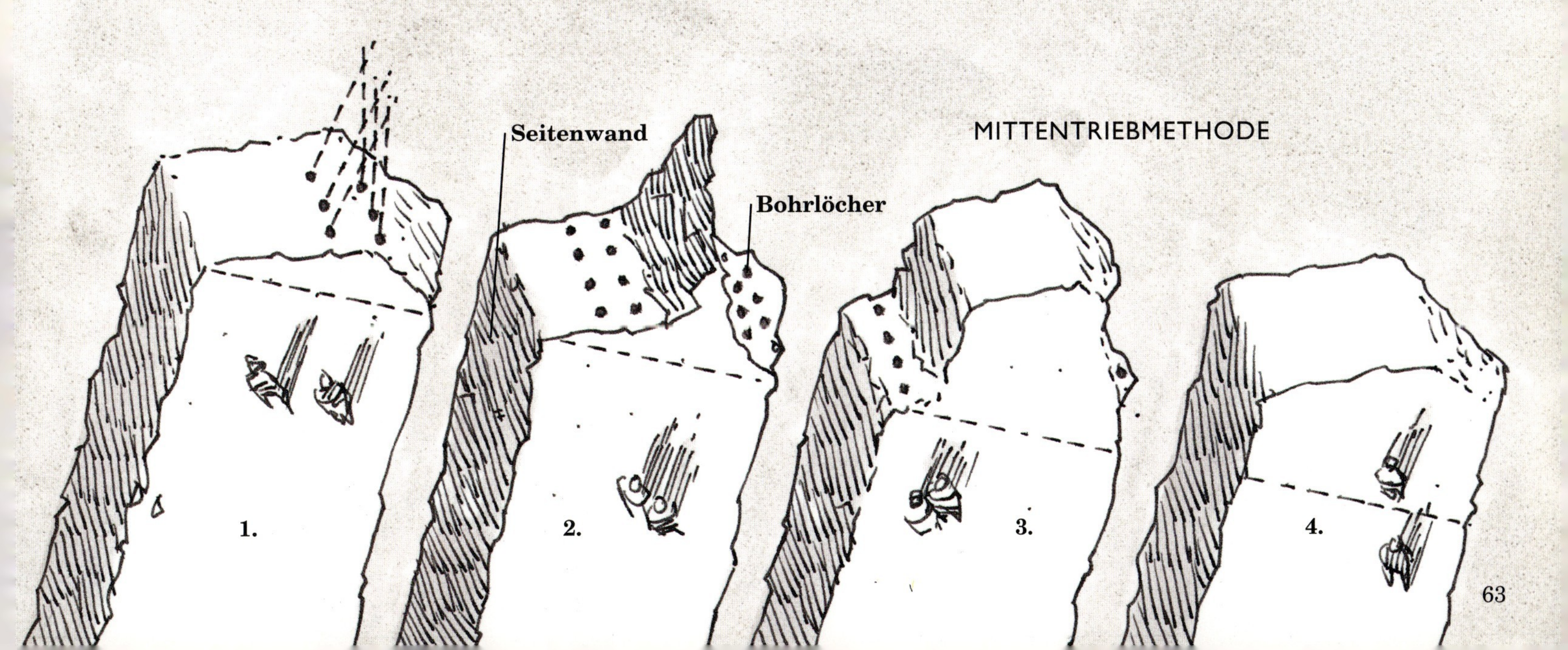

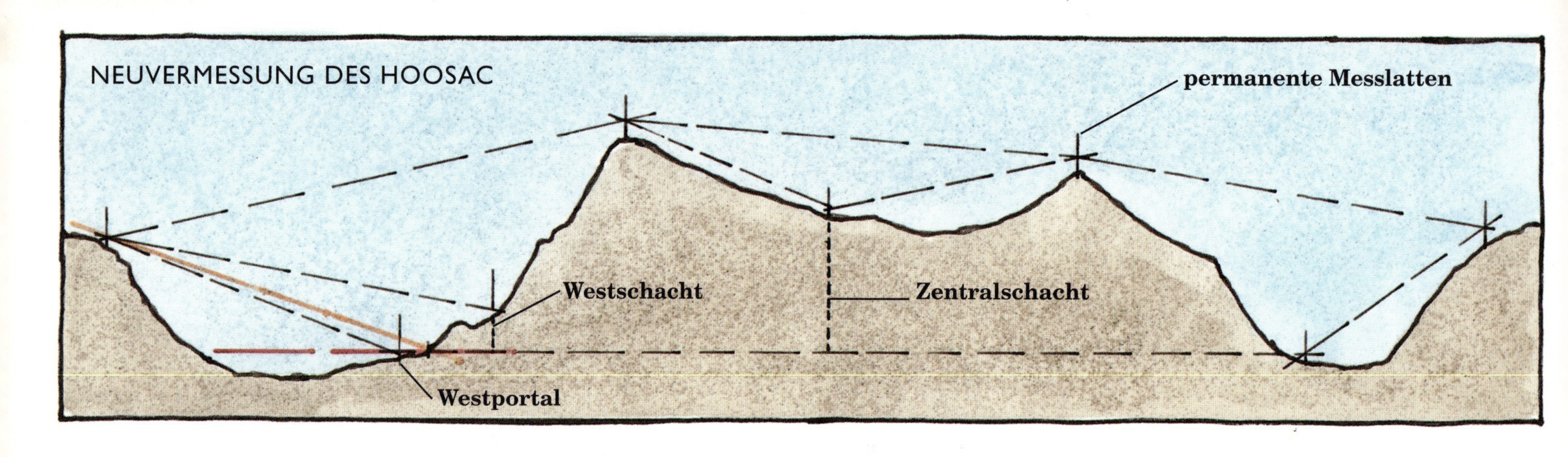


Um die Dinge weiter zu beschleunigen, unternahm der neue Ingenieur den gewagten Schritt, die Vortriebe von Westen und von Osten wieder auf eine Linie zu legen, anstatt sie im Winkel aufeinander zulaufen zu lassen. Als Erstes ließ er die ganze Tunnelroute neu vermessen, einschließlich der Hügel vor jedem der beiden Eingänge. Hierzu benutzte man einen Theodoliten, so etwas wie ein sehr leistungsstarkes Teleskop, das waage- und senkrecht Grad für Grad gedreht werden kann. Ein Kompass unter dem Teleskop ermöglicht seine Ausrichtung, und mehrere Wasserwaagen halten das Instrument in der Horizontalen. Zur Vermessung wurden an acht Schlüsselpositionen entlang der Tunnelroute Messlatten als permanente Markierungen eingesetzt.

Die wirkliche Herausforderung bestand darin, die über den Berg hinweg vermessene Linie präzise auf den Verlauf im Innern des Berges zu übertragen. Stand der Vermesser direkt vor dem Eingang, so konnte er die genaue Mittellinie des Tunnels anhand der Markierung direkt vor seiner Nase und derjenigen auf der anderen Seite des Tales bestimmen. Sobald er beide Marken auf einer Sichtlinie hatte, drehte er das Teleskop einfach 180 Grad in der Senkrechten, bis er genau in den Tunnel guckte. Im Innern des Tunnels hielt ein Arbeiter ein Senkblei – ein spitzes Gewicht am Ende eines Fadens – und ein anderer hielt eine Laterne dahinter, sodass der Vermesser sehen konnte, was er tat. Sobald die Spitze des Senkeisens genau im Fadenkreuz des Theodoliten war, befestigten es die Arbeiter an einem hölzernen Pfahl, der in der Oberwand des Tunnels steckte. Etwa 15 m weiter im Innern des Tunnels wurde ein zweites Senkblei so aufgehängt, dass seine Spitze genau in einer Linie mit der des ersten lag. Während der Tunnel langsam in den Berg vordrang, kamen auch nach und nach immer mehr Senkbleie hinzu.

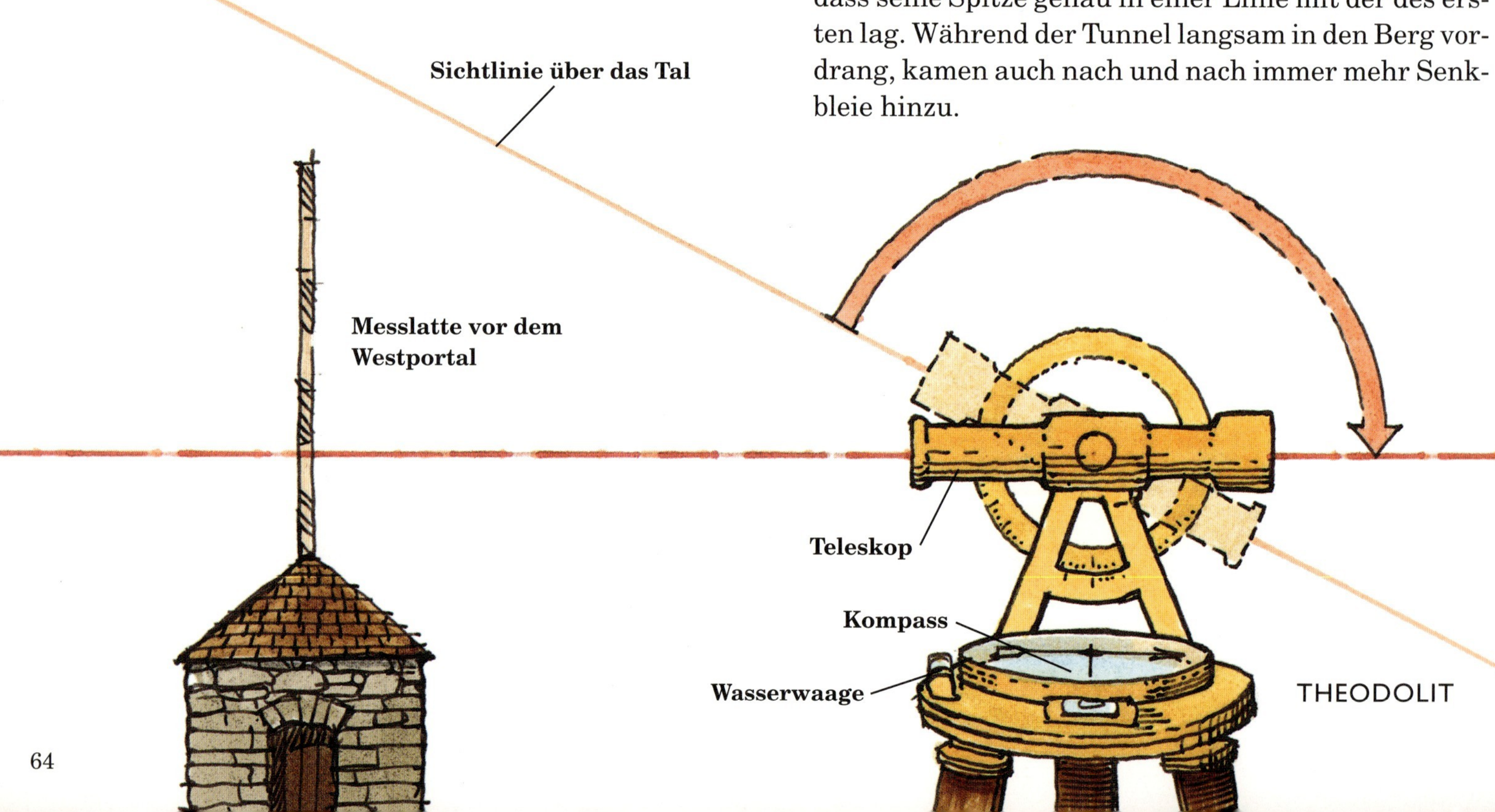

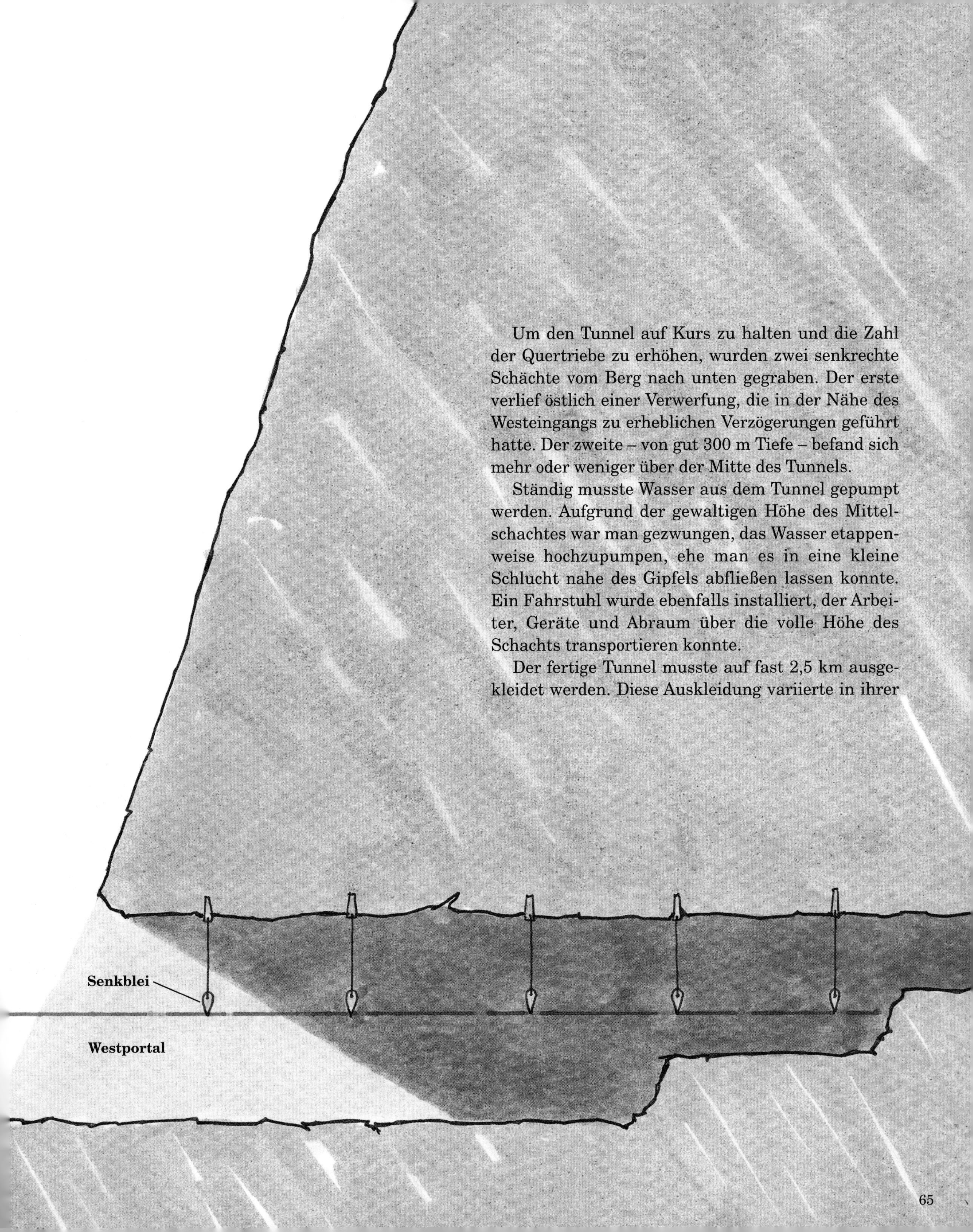


Um den Tunnel auf Kurs zu halten und die Zahl der Quertriebe zu erhöhen, wurden zwei senkrechte Schächte vom Berg nach unten gegraben. Der erste verlief östlich einer Verwerfung, die in der Nähe des Westeingangs zu erheblichen Verzögerungen geführt hatte. Der zweite – von gut 300 m Tiefe – befand sich mehr oder weniger über der Mitte des Tunnels.

Ständig musste Wasser aus dem Tunnel gepumpt werden. Aufgrund der gewaltigen Höhe des Mittelschachtes war man gezwungen, das Wasser etappenweise hochzupumpen, ehe man es in eine kleine Schlucht nahe des Gipfels abfließen lassen konnte. Ein Fahrstuhl wurde ebenfalls installiert, der Arbeiter, Geräte und Abraum über die volle Höhe des Schachts transportieren konnte.

Der fertige Tunnel musste auf fast 2,5 km ausgekleidet werden. Diese Auskleidung variierte in ihrer

Dicke zwischen fünf und acht Schichten Ziegelstein und wurde um ein hölzernes Lehrgerüst herumgebaut. Wo der Boden für herkömmliche gerade Fundamente nicht fest genug war, ruhten die gekrümmten Wände der Auskleidung auf einer Sohle, deren Form die zylindrische Krümmung der Wände fortführte. Entlang beider Seiten wurden Abflussrinnen in den Fels getrieben.

Zum Abschluss des ganzen Projekts wurden an jedem der Eingänge schlichte Steinbogen errichtet. Sie sehen zwar einigermaßen beeindruckend aus, verraten aber herzlich wenig darüber, welcher Aufwand vonnöten war, um den Raum zu schaffen, der zwischen ihnen liegt. Der Bau des Tunnels war ein 21 Jahre währender Kampf. Davon nahmen die eigentlichen Bauarbeiten über 15 Jahre in Anspruch und kosteten 200 Menschen das Leben. Das ursprüngliche Budget wurde um mehr als das Fünffache überschritten.

Die Erbauer des Hoosac-Tunnels mögen oft das Gefühl gehabt haben, unter Wasser zu arbeiten. Aber als ihr Tunnel schließlich fertig war, war der erste richtige Unterwassertunnel bereits seit 35 Jahren in Betrieb.

fertiger Osteingang – das Loch zur Linken ist das Ergebnis einer gescheiterten Bohrung

WAPPING
THEMSE
geplante
Tunnelführung
ROTHERHITHE

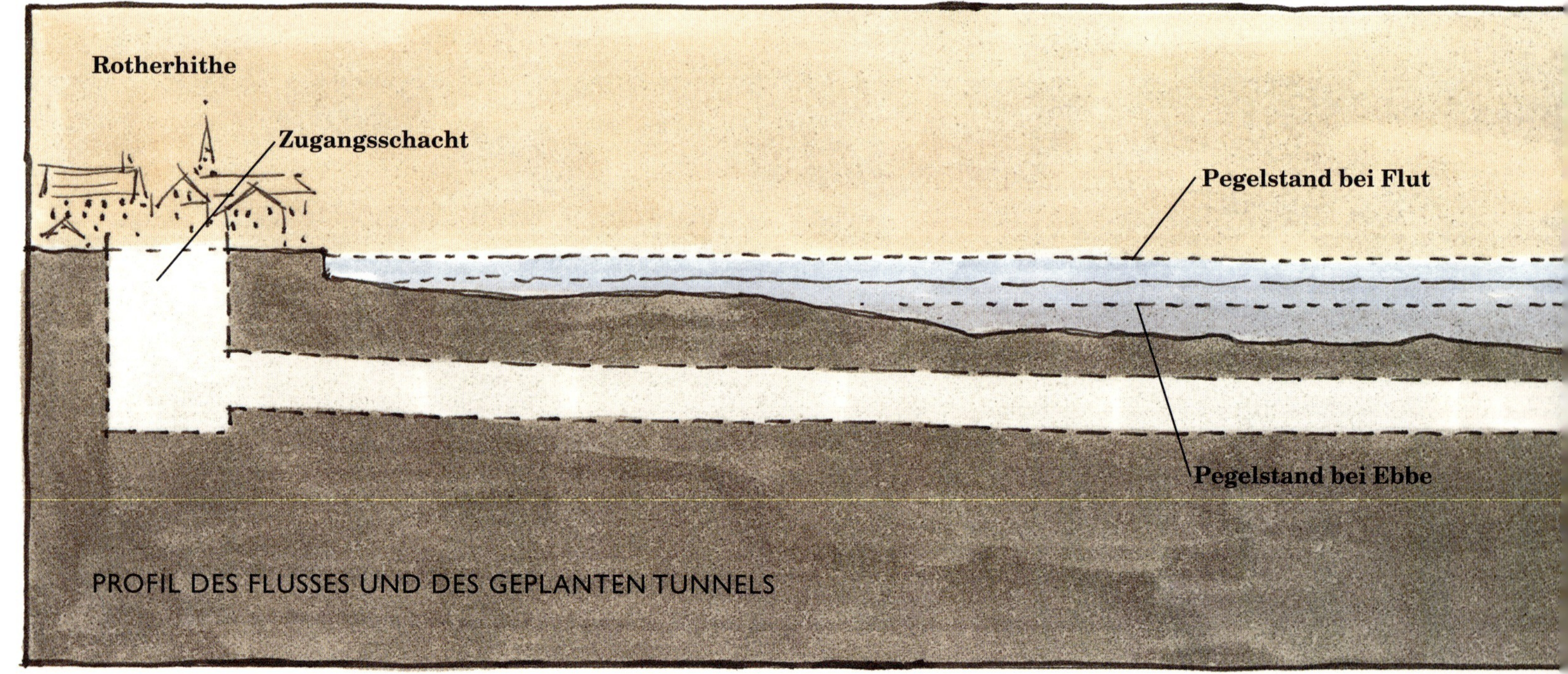
Rotherhithe
Zugangsschacht
Pegelstand bei Flut
Pegelstand bei Ebbe
PROFIL DES FLUSSES UND DES GEPLANTEN TUNNELS

# THEMSE-TUNNEL

London, England, 1825: Mit jedem Tag wurde klarer, dass dringend eine zusätzliche Verbindung zwischen Rotherhithe und Wapping gebraucht wurde; eine weitere Brücke wäre allerdings problematisch gewesen. Zum einen hätte sie sich öffnen lassen müssen, um Schiffen die Durchfahrt zu ermöglichen. Zum anderen hätte die Bautätigkeit den ohnehin schon stockenden Schiffsverkehr noch weiter eingeengt.

Ein Ingenieur namens Marc Brunel schlug stattdessen einen Tunnel vor. Er sollte zwei Fahrbahnen haben, jede in ihrer eigenen Röhre, und beide Röhren sollte ein einziger Mauerblock einhüllen. Sein Vorschlag wurde wohl mit wenig Begeisterung aufgenommen: Etwa zwanzig Jahre vorher wäre es zwei Bergleuten aus Cornwall beinahe gelungen, einen kleinen, holzverkleideten Tunnel unter der Themse hindurchzugraben, wenn ihnen das unberechenbare Flussbett nicht einen Strich durch die Rechnung gemacht hätte. Ein plötzlicher Einbruch von Treibsand und Wasser ließ die Arbeiter um ihr Leben rennen und die Investoren ihr Glück woanders versuchen.

Aber Brunel war überzeugt, dass sein Projekt mit der richtigen Planung durchführbar war. Als Erstes musste er genau wissen, was sich unter dem Fluss befand, um sowohl die beste Route als auch die beste Arbeitsmethode wählen zu können. Bei einer Reihe von Testbohrungen wurden in regelmäßigen Abständen Proben aus dem Flussbett entnommen. Diese Informationen erlaubten Brunel, einen präzisen Querschnitt

**Querschnitt von Brunels Tunnel**

zu erstellen. Zwischen einer Tiefe von 13 m und 23 m unter dem Flussbett schien sich eine harte Tonschicht zu befinden. Sie bot eine gute Standzeit, war jedoch weich genug zum problemlosen Graben und mehr oder weniger wasserundurchlässig. Wenn die Informationen stimmten und Brunel seinen Tunnel innerhalb der Tonschicht vortreiben konnte, würde es schnell vorangehen. Anhand des Querschnitts bestimmte er die Tiefe, in der sein Tunnel gegraben werden sollte (19 m), sowie seine maximale Höhe (etwa 6 m). Der Zugang sollte über zwei Schächte erfolgen, und der fertige Tunnel sollte knapp 370 m lang sein. Den Verlauf des Tunnels zu bestimmen war eine Sache – eine Konstruktionsmethode zu finden eine andere.

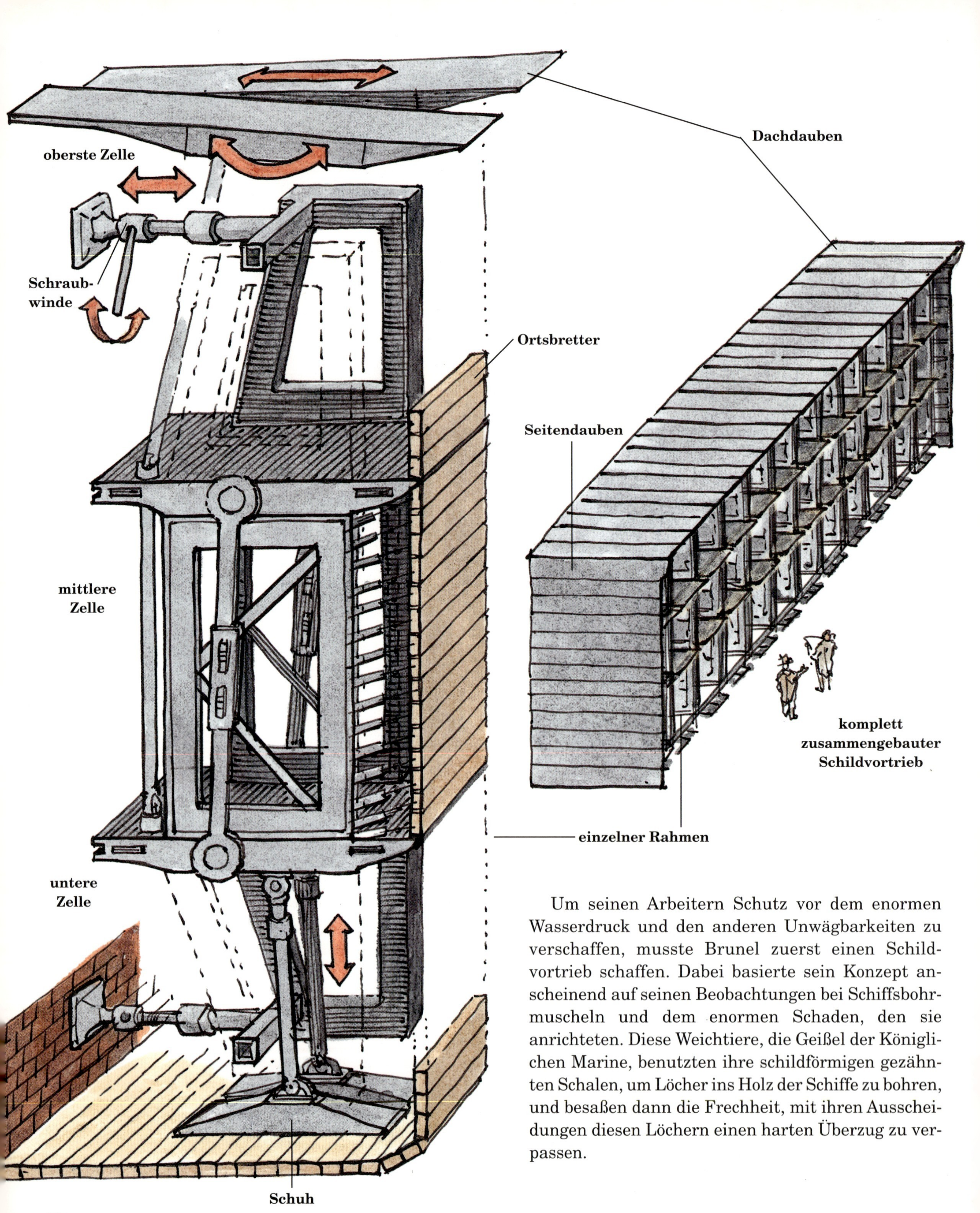


Um seinen Arbeitern Schutz vor dem enormen Wasserdruck und den anderen Unwägbarkeiten zu verschaffen, musste Brunel zuerst einen Schildvortrieb schaffen. Dabei basierte sein Konzept anscheinend auf seinen Beobachtungen bei Schiffsbohrmuscheln und dem enormen Schaden, den sie anrichteten. Diese Weichtiere, die Geißel der Königlichen Marine, benutzten ihre schildförmigen gezähnten Schalen, um Löcher ins Holz der Schiffe zu bohren, und besaßen dann die Frechheit, mit ihren Ausscheidungen diesen Löchern einen harten Überzug zu verpassen.

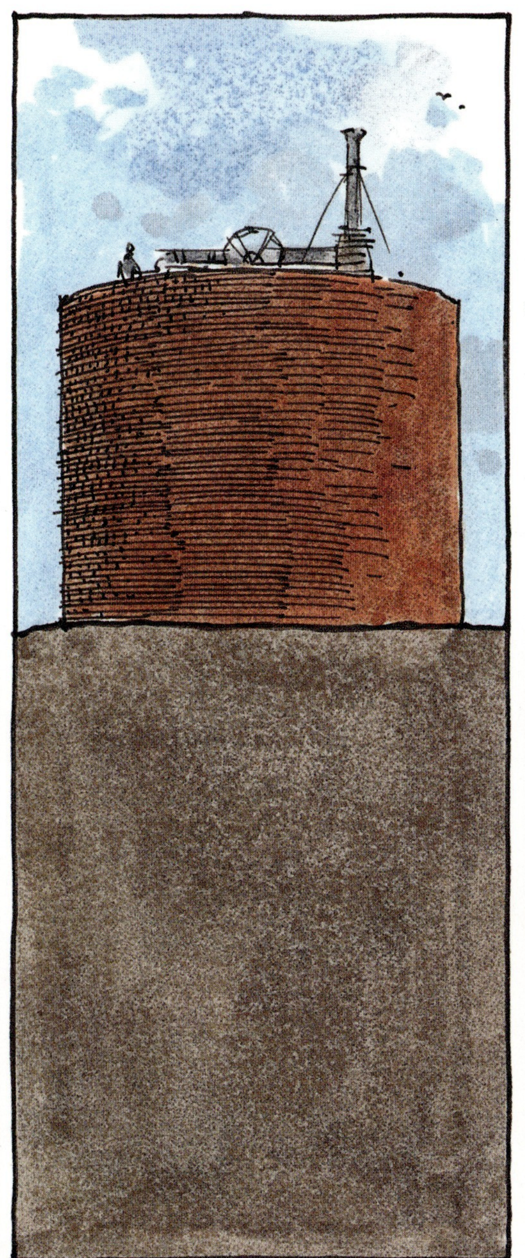

VERSENKEN DES ROTHERHITHE-SCHACHTS

Brunels Schildvortrieb bestand aus zwölf unabhängigen Rahmen, jeder 6,4 m hoch, 90 cm breit und 1,8 m tief. Zusammen sollten sie eine Arbeitsfläche von etwa 75 qm schaffen. Jeder Rahmen sollte drei Arbeitsräume, so genannte Zellen enthalten, die jeweils Platz für einen Hauer und einen Maurer boten. Jeder Rahmen ruhte auf einem Paar so genannter Schuhe – Platten, die das enorme Gewicht über eine größere Fläche verteilen sollten, um das Einsinken in den Boden gering zu halten.

Die Rahmen waren miteinander verbunden, allerdings nicht fest, sodass sie eine gewisse Bewegungsfreiheit hatten. Oberseite sowie Seiten des Schildvortriebs waren durch schwere Platten, so genannte Dauben, geschützt. Zwischen dem Schild und der Tunnelfront befand sich eine Wand aus kurzen Brettern, so genannte Ortsbretter. Jedes dieser Bretter wurde von einer Schraubwinde in Position gehalten. Abgesehen von den Ortsbrettern bestand das ganze Gerät aus Gusseisen.

Um den Schildvortrieb in seine Ausgangsstellung 19 m unter der Erde zu bringen, ließ Brunel zuerst den Rotherhithe-Schacht bauen, von dem aus der Tunnel gegraben werden sollte. Anstatt einfach einen Schacht auszuheben und ihn dann auszukleiden, baute er die Verkleidung über der Erde – wie einen riesigen runden Schornstein. Sie war 12,8 m hoch, hatte einen Durchmesser von 15 m und bestand aus zwei konzentri-

schen Backsteinmauern, die auf einem Eisenring standen. Der 91 cm breite Zwischenraum der beiden Mauern wurde mit Eisenstangen verstärkt und mit Schutt und Zement ausgefüllt. Ein zweiter Eisenring verband die Oberränder der Mauern. Den Abschluss bildete ein Aufbau aus Holz, auf dem eine Dampfmaschine stand.

Während die Arbeiter im Innern des Schachts die Erde abtrugen, begann die 1000 t schwere Konstruktion langsam unter ihrem Gewicht zu sinken. Die Dampfmaschine beförderte eifrig Eimer mit Dreck nach oben und pumpte Wasser heraus. Nach drei Monaten war der obere Eisenring in der Erde verschwunden. Jetzt wurden unter dem unteren Eisenring behutsam 6 m Erde ausgehoben, sodass die Maurer ein Fundament legen konnten. Sie ließen eine 11 m weite Öffnung, durch die der Schildvortrieb seine Reise beginnen sollte.

Der eigentliche Tunnelbau ging wie folgt vonstatten. In jeder Zelle lockerte ein Arbeiter die Schraubwinde, entfernte ein einzelnes Ortsbrett, schnitt knapp 12 cm Ton aus und setzte das Brett und die Schraubwinde, die es in Position hielt, sofort wieder ein. Dieser Vorgang wurde so oft wiederholt, bis die ganze Tunnelfront vor jeder Zelle ausgehoben war. Als die gesamten 75 qm abgetragen waren, wurde der Schildvortrieb davor geschoben.

Aber diese Prozedur war kompliziert und musste Rahmen für Rahmen ausgeführt werden. Zuerst wurden die Schutzplatten in den Ton getrieben. Die Neigung jedes Dauben wurde so eingestellt, dass der Schildvortrieb auch auf Kurs blieb. Dann wurden die Enden aller Schraubwinden, die die Ortsbretter vor einem Rahmen in Position hielten, aus ihrem eigenen Rahmen gelöst und in den direkt daneben geschoben. Die Füße dieses Rahmens konnten jetzt leicht angehoben werden, wodurch sich ein Großteil seines Gewichts auf die Nachbarrahmen verschob. Schließlich schoben mächtige Schraubwinden, die gegen die Verkleidung drückten, den Rahmen zentimeterweise vorwärts. Sobald alle anderen Rahmen vorgerückt waren, wurde das Verfahren für die hinteren wiederholt. Es war ein unglaublich mühsames Unterfangen, aber Brunel hoffte, an guten Tagen einen knappen Meter voranzukommen.

Leider waren ihm nicht sehr viele gute Tage beschieden. Selbst mit der Unterstützung einer Reihe fähiger Ingenieure, darunter sein Sohn Isambard, betrug die reine Bauzeit für einen 370 m langen Tunnel neun Jahre. Die Testbohrungen hatten ein falsches Bild von der Tiefe und der Konsistenz des Tons vermittelt. Die Arbeiter stießen auf Kiesschichten – und Kies hat keine Standzeit. Es gab zahlreiche Wassereinbrüche. Einer ereignete sich in der Mitte des Flusses und war so stark, dass der Schildvortrieb zugemauert und das Vorhaben sieben Jahre auf Eis gelegt wurde. Methangas, das sich an Lampen und Kerzen entzündete, entlud sich in fürchterlichen Stichflammen. Und dann war da noch der entsetzliche Gestank von jahrhundertealten Abwässern, der die Arbeiter ständig krank machte.

Aber entgegen allen Erwartungen schaffte es Marc Brunel. Als der zweite Zugangsschacht (der erst 1840 begonnen wurde, als klar war, dass der Tunnel gelingen würde) und der Schildvortrieb schließlich aufeinander trafen, war der Beweis erbracht, dass auch ein Fluss kein Hindernis für einen Tunnel darstellt.

Obwohl uns Brunels Schildvortrieb heute wie ein Zug knirschender Roboter aus *Star Wars* vorkommen mag, die sich aneinander gelehnt zentimeterweise durch den Dreck kämpfen, hat er seine Aufgabe erfüllt. Die verbesserte Version, die Brunel nach der Wiederaufnahme der Arbeiten 1835 baute, war besonders effektiv. Sein Tunnel war nicht nur seiner Zeit voraus, sondern auch so gut gebaut, dass er heute zum Londoner U-Bahn-Netz gehört.

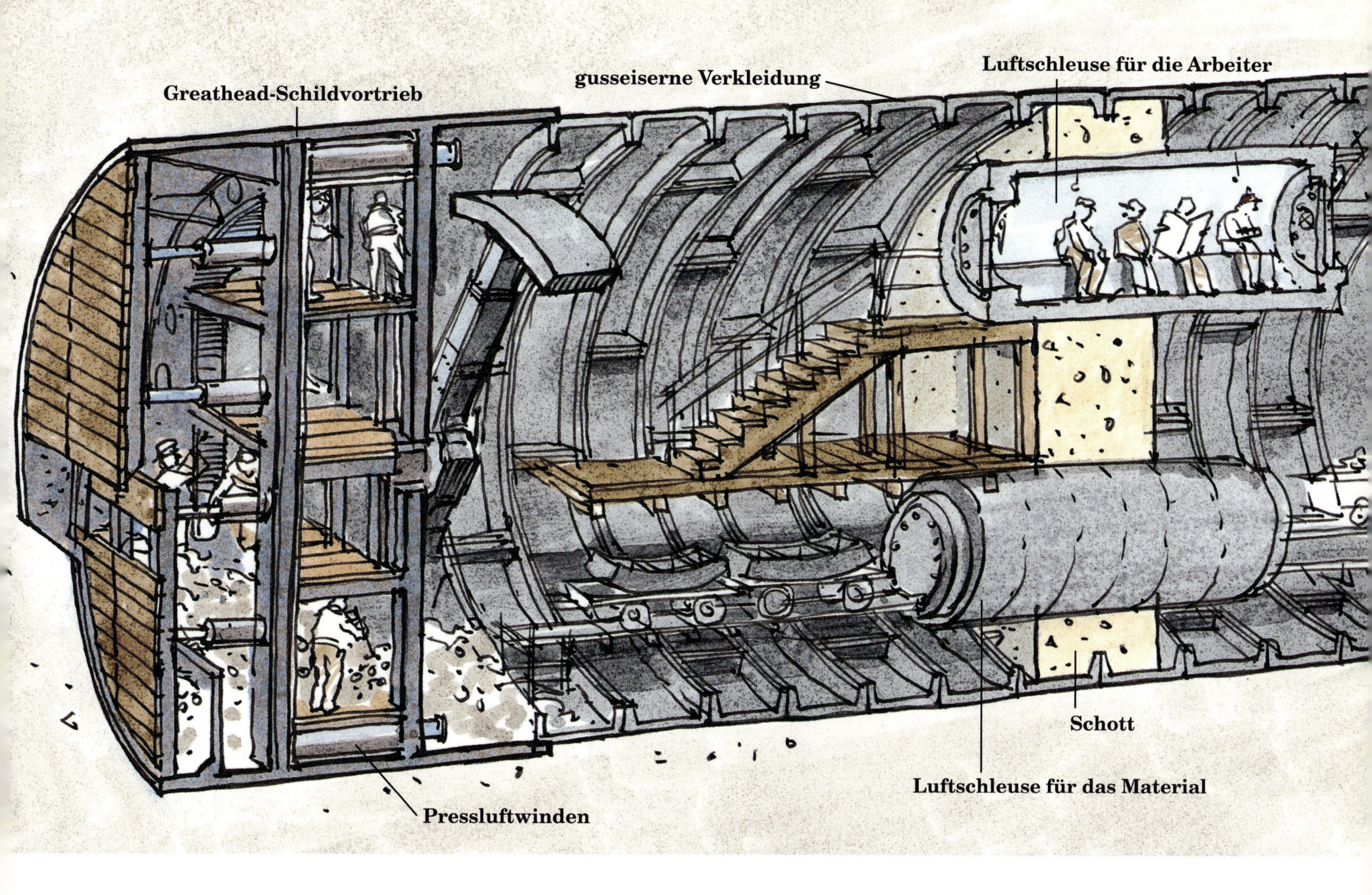


Knapp dreißig Jahre nach der Fertigstellung des ersten Themse-Tunnels benutzten die Ingenieure Peter Barlow und James Henry Greathead eine wesentlich kompaktere Version des Brunel-Schildvortriebs, um einen Fußgängertunnel unter demselben Fluss hindurch zu treiben. Ihr Schildvortrieb glich eher einer Konservenbüchse, und die Auskleidung von 2,5 m Durchmesser, die er »ausschied«, bestand aus gusseisernen Segmenten, die zusammengeschraubt Ringe bildeten. Auch dieser Schildvortrieb wurde mit Schraubwinden vorgeschoben, die sich an der Auskleidung abstützten. Das Projekt nahm weniger als ein Jahr in Anspruch.

Als die Bevölkerung Londons wuchs und es immer hektischer zuging, wich der Verkehr, insbesondere die Transportmittel, unter die Erde aus. Greathead perfektionierte nicht nur ständig seinen Schildvortrieb (der mittlerweile seinen Namen trug), sondern auch den gesamten Tunnelbau. Seine Schildvortriebe hatten mittlerweile 6 m Durchmesser oder mehr und waren stärker als je zuvor. Die Arbeit in ihrem Innern wurde zunehmend mechanisiert. Statt von Schraubwinden wurden sie von Hydraulikkolben vorangetrieben. Hinter dem Schild, der mit Luftschleusen versehen war, wurde oft ein Schott angebracht. So konnte der Arbeitsort mit Druck versehen werden, der das Eindringen von Wasser verhinderte. Greathead erfand sogar eine Methode, mit der Beton in den schmalen Zwischenraum zwischen der Tunnelwand und dem Erdreich gepumpt werden konnte.

Über die nächsten hundert Jahre sandten Brunels Vorstellungskraft und Greatheads Ingenieurgenie eine Armee von durch Menschenhand geschaffenen Schiffsbohrwürmern aus, die Tunnel in alle Richtungen bohrten. Sie ackerten in vormals unvorstellbaren Tiefen und in jedem möglichen und unmöglichen Untergrund. So schufen sie in London das erste U-Bahn-System der Welt, das noch heute weltweit eines der größten ist, und zu Recht »the tube« (die Röhre) genannt wird.

# HOLLAND-TUNNEL

New York/New Jersey, 1920–1927: Obwohl von Anfang an beliebt, entfaltete die in Dampf und Rauch gehüllte Londoner U-Bahn ihre volle Leistungsfähigkeit erst mit der Elektrifizierung, wodurch die Züge auch viel weniger Abgase produzierten. Als der Ingenieur Clifford Holland den Bau eines 2,5 km langen Autotunnels unter dem Hudson in Angriff nahm, bestand sein Problem darin, die Auspuffgase abzuleiten, damit die Fahrer nicht bei 60 km/h ohnmächtig wurden.

Als Holland sich erst einmal für einen Entwurf entschieden hatte – zwei getrennte Tunnel, die im Abstand von 15 m durch das schlickige Flussbett liefen –, ergab sich die Konstruktionsmethode eigentlich von selbst: Greathead-Schildvortriebe mit Druckausgleich. Obwohl diese Schilde sehr groß waren (9 m Durchmesser) und jedes der gusseisernen Tunnelwandsegmente maschinell eingesetzt wurde, kam der eigentliche Durchbruch erst mit der Entwicklung eines funktionierenden Ventilationssystems – das Vorbild für alle folgenden werden sollte.

Hollands Lösung bestand darin, jede Röhre in drei waagerechte Abschnitte zu unterteilen – einen für den Verkehr, die andern beiden zur Entlüftung. In vier großen Belüftungstürmen, zwei auf jeder Flussseite, waren 84 Ventilatoren untergebracht. 42 davon sollten saubere Luft in den untersten Abschnitt eines Tunnels blasen und sie durch schmale Schlitze entlang der Fahrbahn dem Verkehrsbereich zuführen. Die andere Hälfte sollte die ganze schmutzige Luft durch Entlüftungsöffnungen in das obere Segment und schließlich in die Türme saugen, von wo aus sie entsorgt wurde. In der Rush-Hour konnte die Luft in jedem Tunnel innerhalb von 90 Sekunden komplett ausgetauscht werden.

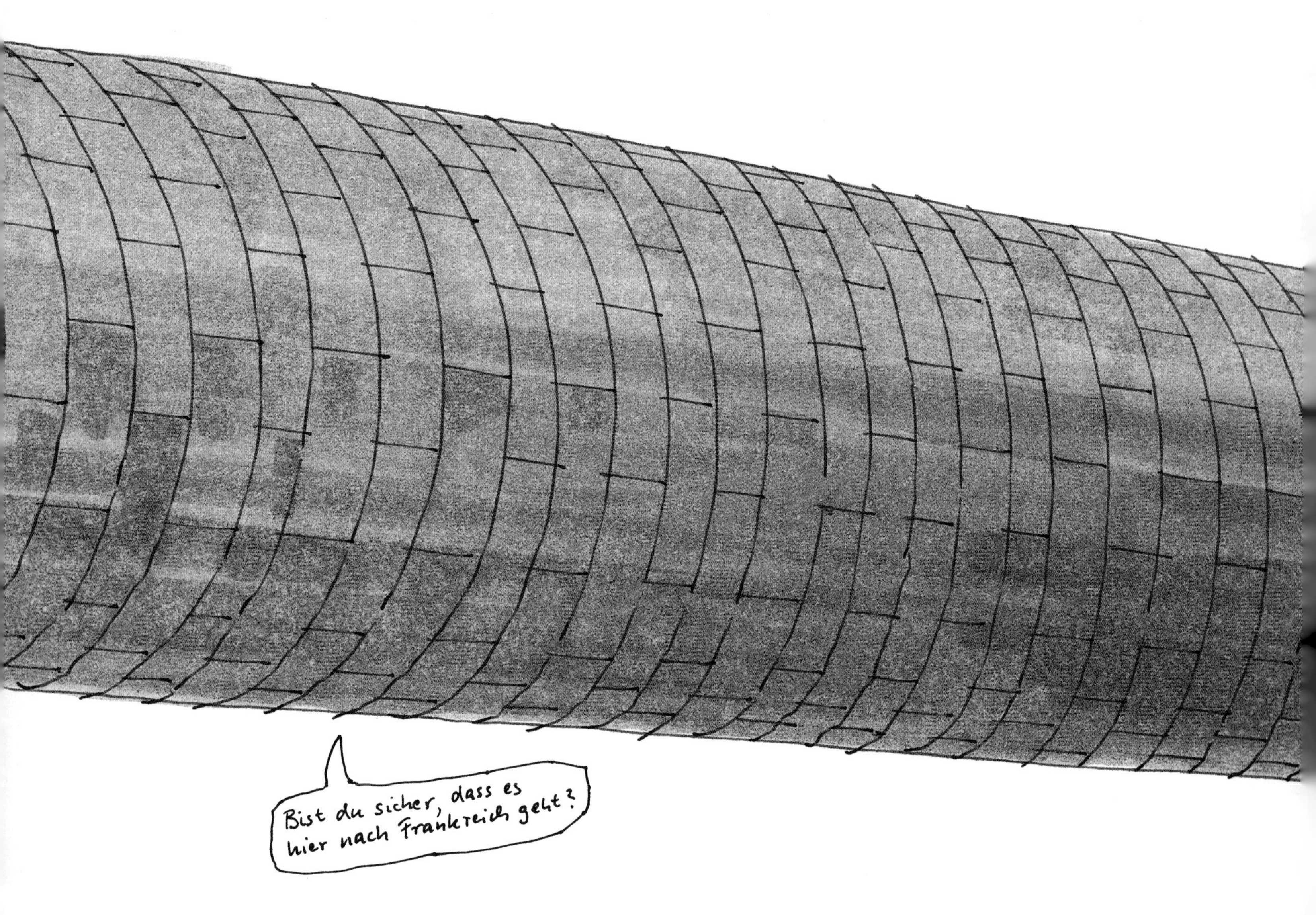

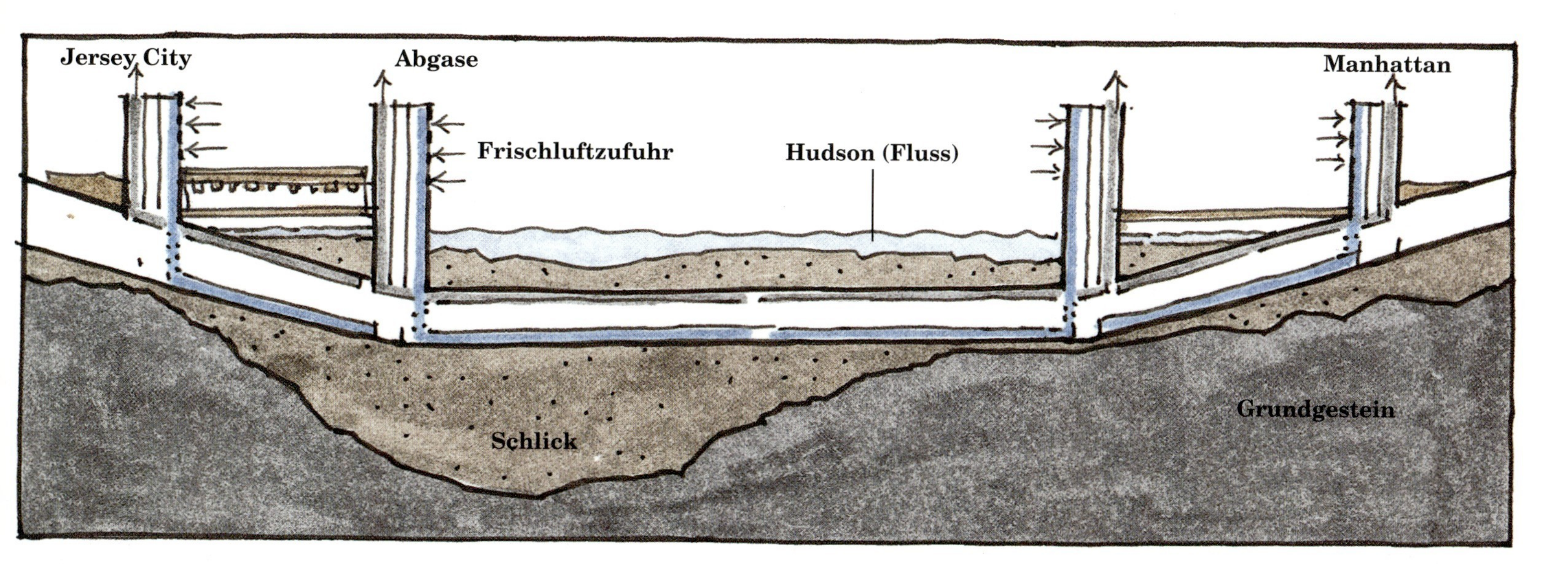


ANORDNUNG DER LÜFTUNGSTÜRME

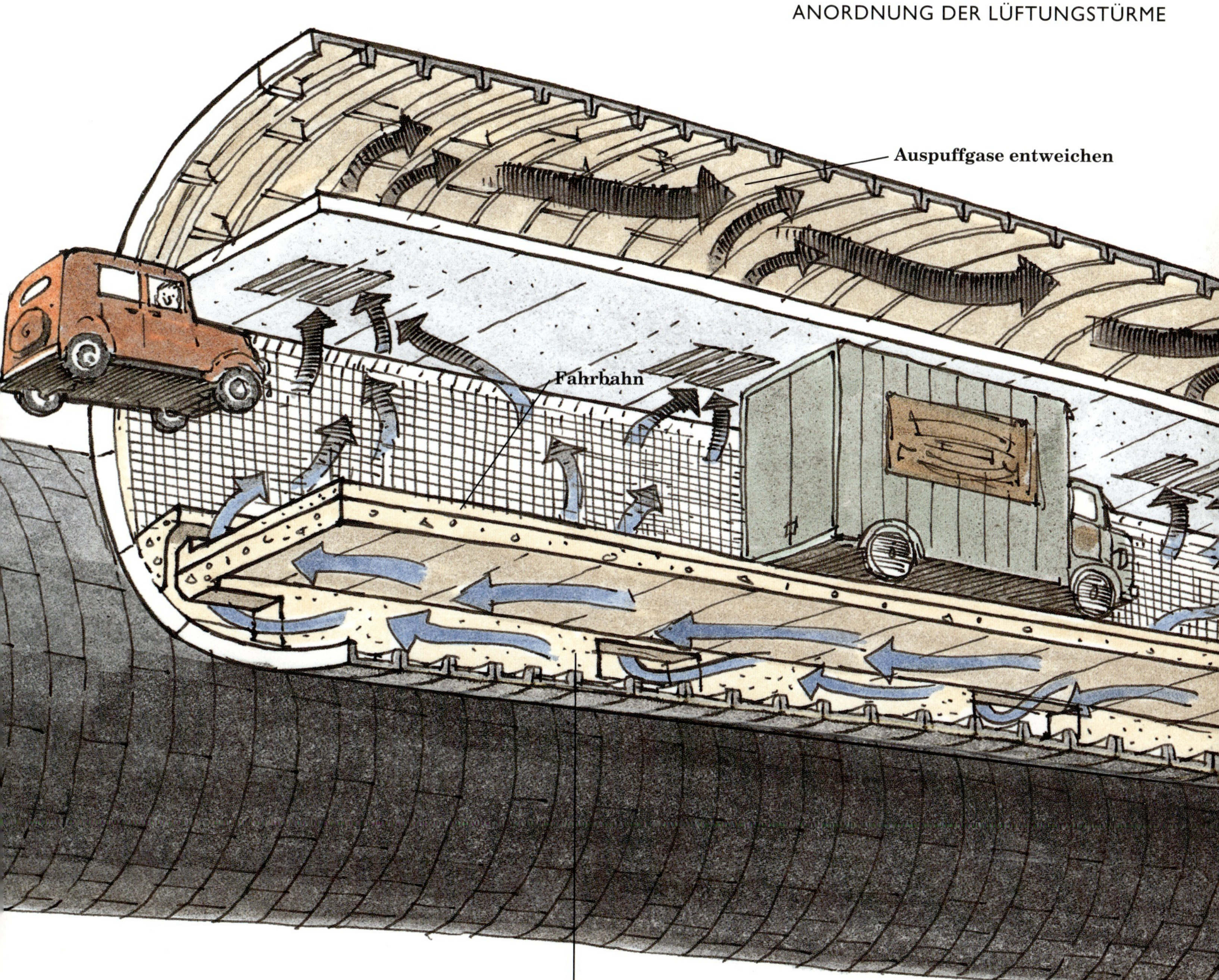

# KANALTUNNEL

Der Ärmelkanal/La Manche 1987–1994: Nach Jahrhunderten des Misstrauens und kriegerischer Auseinandersetzungen saßen Briten und Franzosen angesichts eines gemeinsamen Feindes – der Seekrankheit – im selben Boot. Die Wasserstraße, die seit 8000 Jahren Frankreich und Großbritannien voneinander trennt, kann sehr aufgewühlt sein, was Schiffspassagen zu einem unvergesslichen Erlebnis macht. Englands unerschütterlicher Glaube an eine Art Burggraben zwang jedoch Reisende dazu, sich vom Schiffsinneren an die Luft zu begeben oder über der Reling zu hängen, während sie die belebteste Schifffahrtsstraße der Welt überquerten. Aber mit der Europäischen Union wuchs Europa politisch und wirtschaftlich zusammen, und die Zeit war reif für eine feste Verbindung zwischen den beiden alten Rivalen.

Aus einer Reihe von Vorschlägen – Tunneln, Brücken, Kombinationen aus beiden – wurde schließlich ein Tunnelprojekt ausgewählt.

Dafür sprach unter anderem, dass beide Länder unter dem Wasser durch eine weiche Felsschicht, so genannten Kreidemergel, miteinander verbunden sind. In diesem Material lässt es sich nicht nur leicht graben, es hat auch eine gute Standzeit und ist mehr oder weniger wasserundurchlässig. Ausgedehnte Probebohrungen und ausgeklügelte Schalluntersuchungen verschafften den Geologen ein genaues Bild von den diversen Mineralschichten unter dem Kanal, und so konnten die Ingenieure die geeignetste Streckenführung wählen.

Um den Verkehr durch den Kanal zu kontrollieren und die enormen Belüftungsprobleme eines 40 km langen Autotunnels zu umgehen, entschloss man sich, lediglich einen Eisenbahntunnel zu bauen. Statt auf eine Fähre fuhr man jetzt mit seinem Auto oder LKW in einen von zwei speziell dafür konstruierten Zügen. Ob Regen oder Sonnenschein, die Reise sollte von einem zum andern Ende unbeschwerte 35 Minuten dauern, davon nur 26 im Tunnel selbst. Mit einem dritten Zug, dem Eurostar, sollten Reisende vom Zentrum Londons nach Paris oder Brüssel fahren können – in rund drei Stunden.

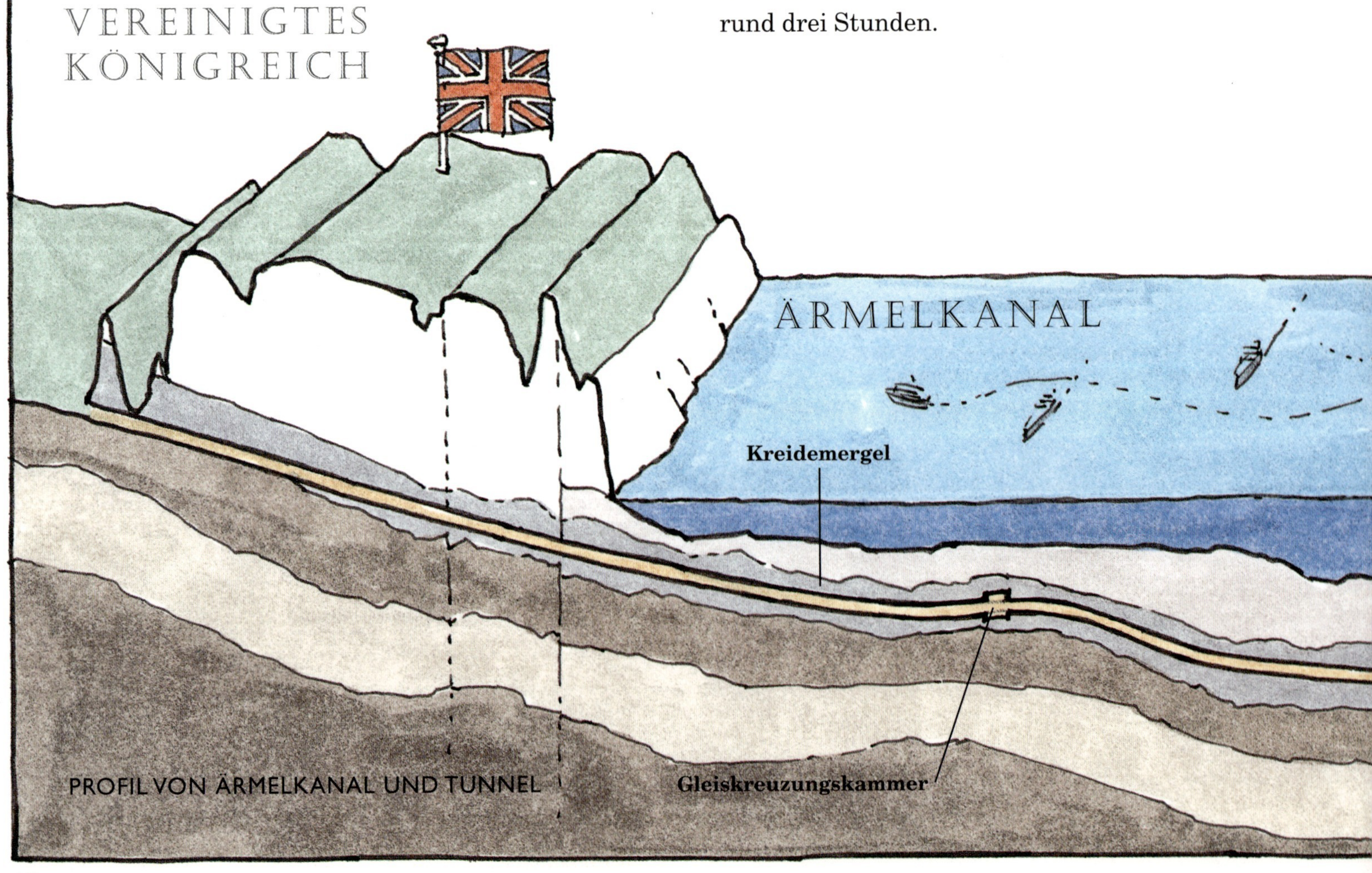


PROFIL VON ÄRMELKANAL UND TUNNEL

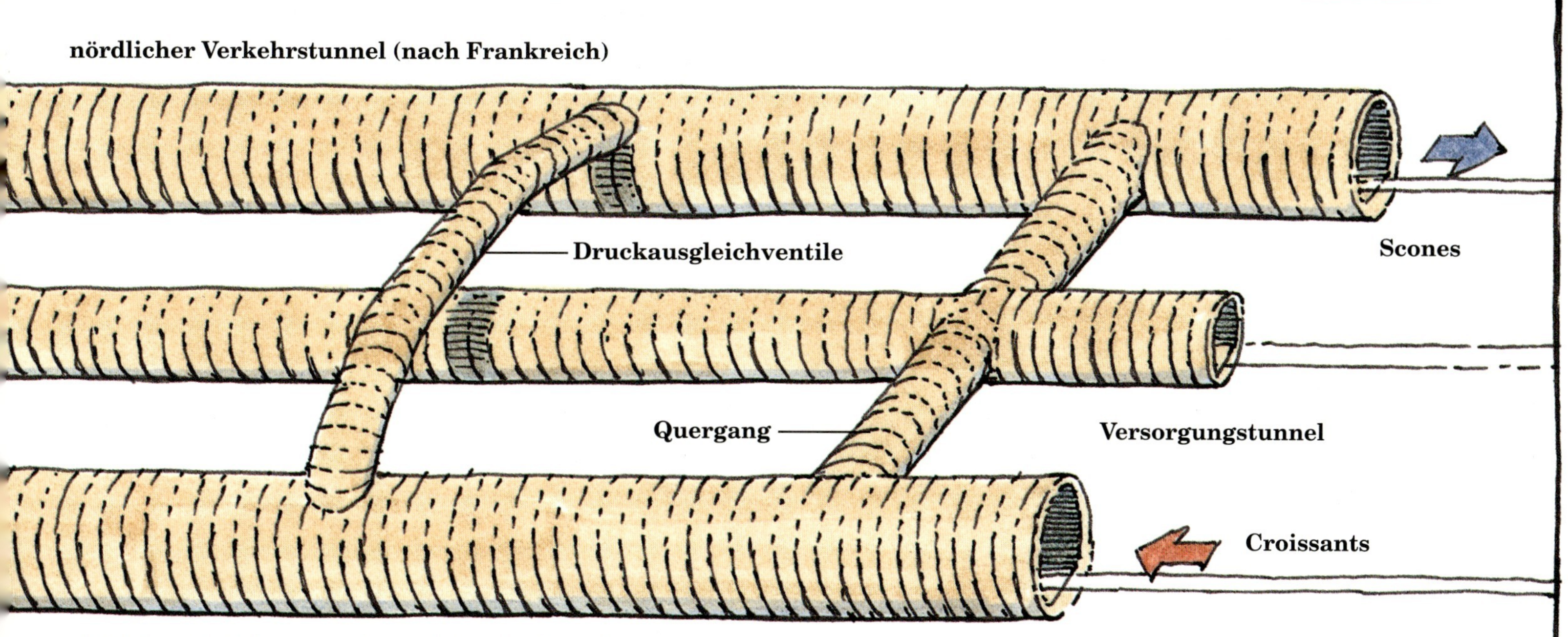


Der Kanaltunnel besteht in Wirklichkeit aus drei Tunneln, die fast über die gesamte Strecke parallel verlaufen. Im nördlichen Tunnel fahren Züge von England nach Frankreich, im südlichen von Frankreich nach England. Ein kleinerer Versorgungstunnel in der Mitte soll hauptsächlich zu Wartungszwecken Zugang zu den Haupttunneln gewähren oder im Katastrophenfall als Fluchttunnel dienen. In diesem Tunnel herrscht überhöhter Luftdruck, damit im Falle eines Feuers in einem der beiden Haupttunnel weder Rauch noch Dämpfe eindringen können. Etwa alle 370 m sind diese drei Tunnel durch Quergänge verbunden. Die beiden Haupttunnel sind darüber hinaus in Abständen von 240 m durch kleinere Tunnel, so genannte Druckausgleichventile, miteinander verbunden. Sie ermöglichen dem Luftstau, der sich vor einem dahinrasenden Zug in einem Tunnel aufbaut, problemlos in den anderen zu entweichen.

Die Tunnel sollten von speziell entwickelten Tunnelbohrmaschinen, kurz TBMs, gegraben werden.

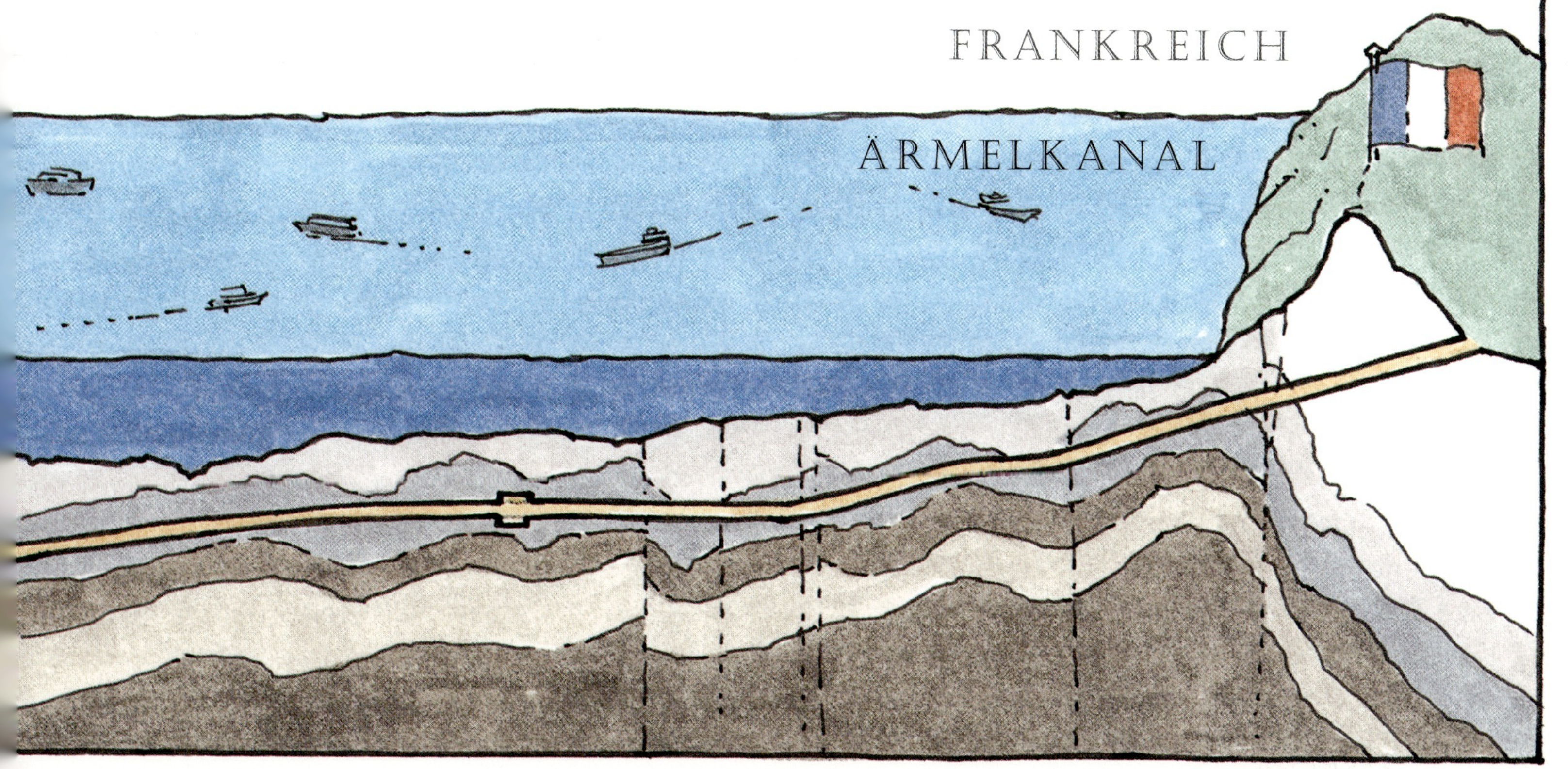

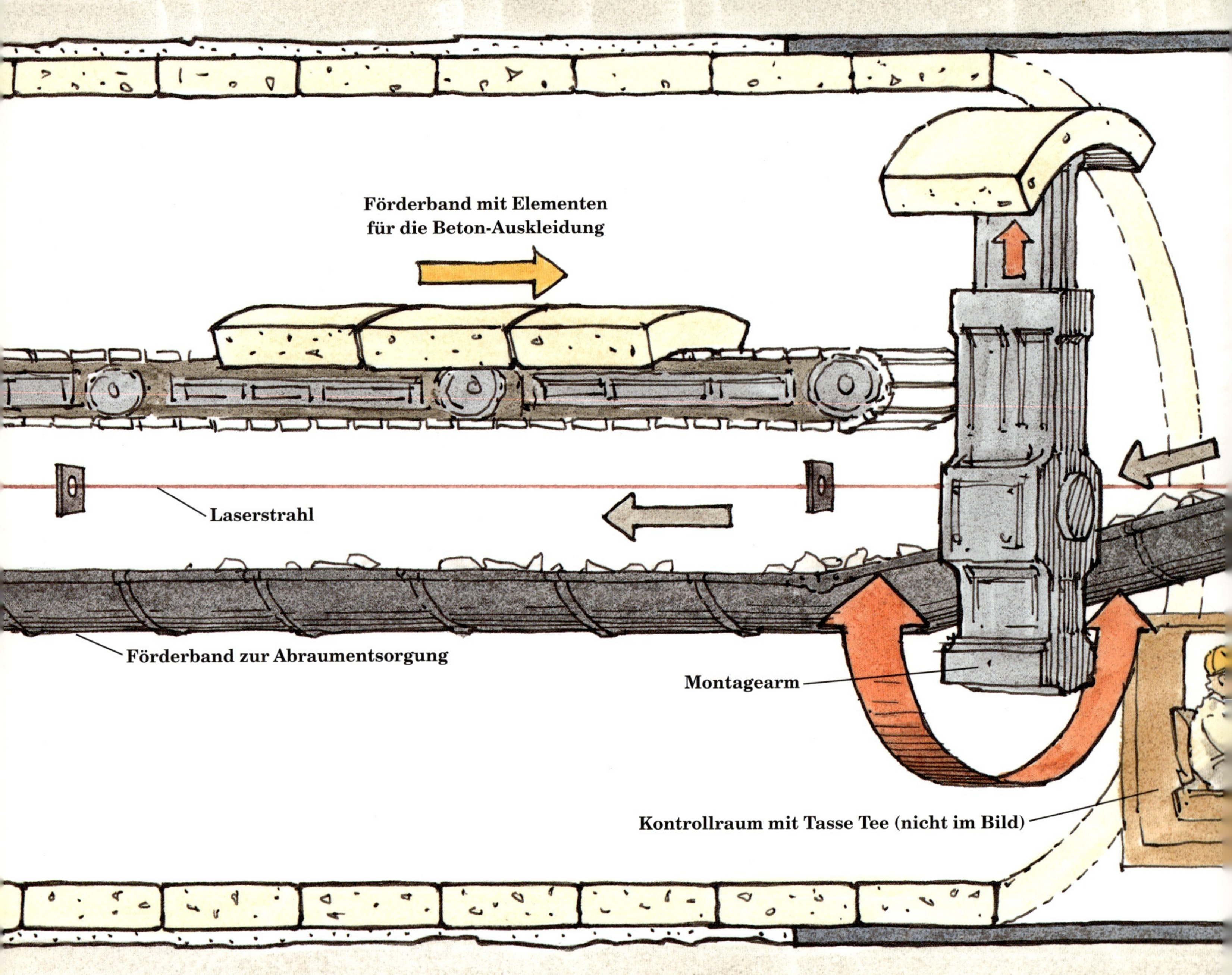


Diese hoch entwickelten, im Grunde vollautomatischen Greathead-Schildvortriebe des Raketenzeitalters hinterlassen perfekt ausgekleidete, zylinderförmige Schächte. An der Stirnseite einer jeden TBM befindet sich ein rotierender Schneidekopf, den ein Ring unmittelbar dahinter befindlicher Hydraulikkolben gegen die Felswand presst. Diese Kolben steuern auch den Schneidekopf. Ein zweiter Satz von Kolben presst gewaltige Stützpolster gegen die Tunnelwand, um den Stoß- und Steuerkolben eine feste Fläche zu bieten, an der sie sich abstützen können. Hinter den Stützpolstern befindet sich der Kontrollraum, von dem aus der Fahrer die Bewegungen der Maschine überwachen kann. Ein laserbetriebenes Steuerungssystem hält die TBM genau auf Kurs. Schließlich hat die TBM noch einen Montagearm, der die Segmente der Tunnelwand einsetzt. Hinter der TBM erstreckt sich über etwa 250 m der Versorgungszug. Er liefert die Verkleidungssegmente, entsorgt den Abraum und sorgt für Frischluft, Druckluft, Wasser und Strom. Ferner hält er sanitäre Anlagen, Erste Hilfe und eine Kantine bereit – kurz, alles was nötig ist, um das Ganze am Laufen zu halten.

Den Tunnelbau begann man mit den Versorgungsschächten, durch die die TBMs und das übrige Material herabgelassen werden konnten. Nach der Endmontage machten sich sechs der elf TBMs auf die Reise, jeweils drei von Frankreich und drei von England aus. Die übrigen fünf bewegten sich landeinwärts auf die zukünftigen Eingänge zu. Der Versorgungstunnel sollte als Erster fertig gestellt werden, gewissermaßen als Vorhut.

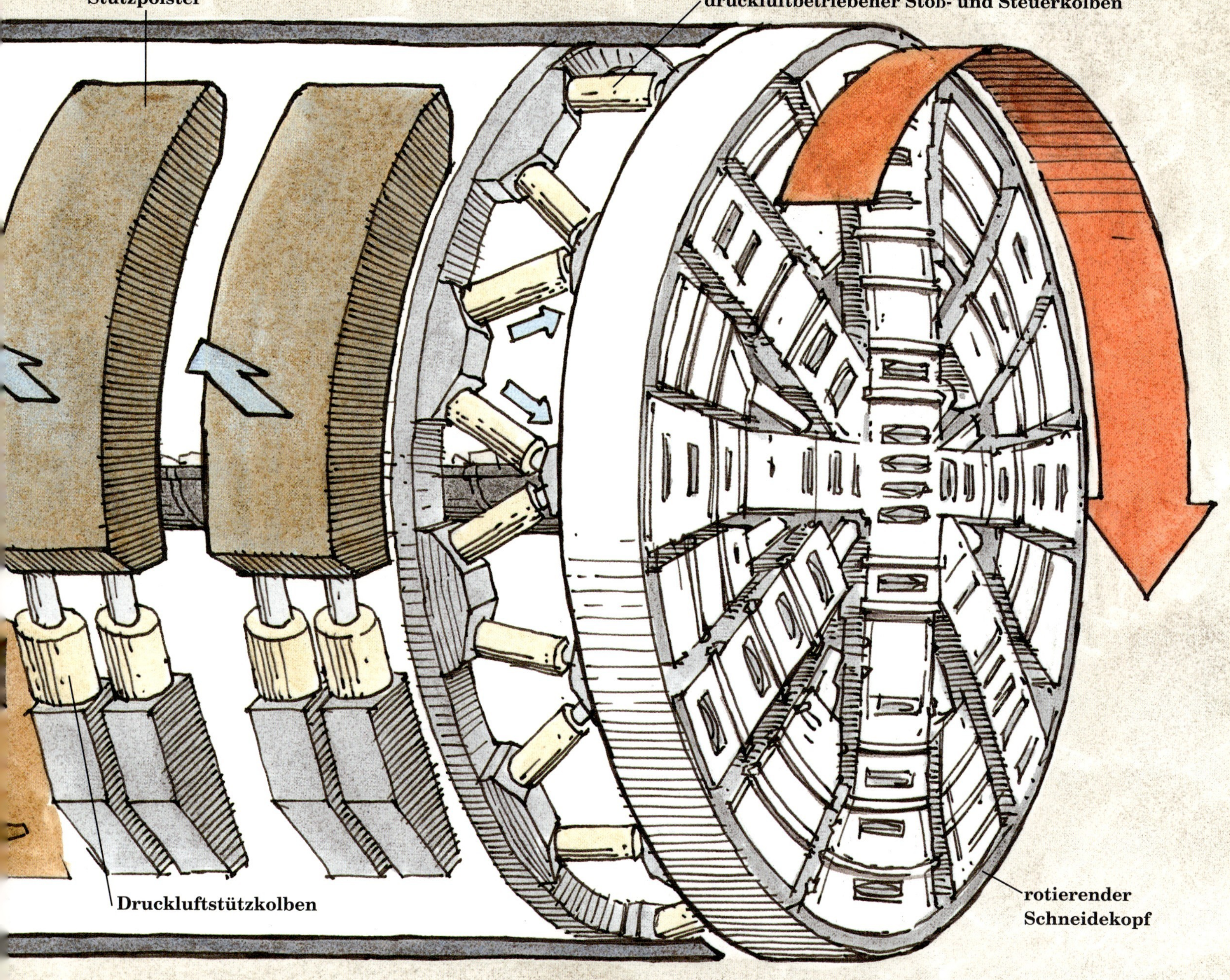


Der größte der Schneideköpfe, die es auf zwei bis drei Umdrehungen pro Minute brachten, hatte fast 9 m Durchmesser. Jeder von ihnen war übersät mit meißelförmigen Schneidezähnen (Bohrmeißel aus Wolframkarbid) oder eingelassenen Stahlscheiben oder einer Kombination aus beiden. Während er langsam rotierte, schnitzte der Schneidekopf eine Reihe konzentrischer Ringe von Hügeln und Tälern in den Kreidemergel. Die natürlichen Spannungen im Fels ließen die Hügel absplittern, sobald die Täler dazwischen eine bestimmte Tiefe erreichten. Die Gesteinsbrocken fielen durch Spalte im Schneidekopf auf ein Förderband, das sie zu den Abraumwagen am hinteren Ende des Versorgungszuges transportierte.

Aber selbst dieses Bohrverfahren auf dem neuesten Stand der Technik war nicht gegen Pannen gefeit. Alle vorausgegangenen Untersuchungen hatten ergeben, dass die englischen TBMs nur in trockener Umgebung würden arbeiten müssen, und entsprechend waren sie konstruiert. Natürlich dauerte es nicht lange, bis durch Risse im Kreidemergel Wasser eindrang, das die TBMs am englischen Ende des Versorgungstunnels zum völligen Stillstand brachte. Monatelang musste flüssiger Zement, so genannter Auspressmörtel, in die Risse gepumpt werden. Dann wurde ein Hohlraum über der TBM gegraben und mit Stahlplatten verkleidet, auf die man Beton aufsprühte, so genannter Spritzbeton. Erst als dieser überdimensionale Regenschirm montiert und die Flut eingedämmt war, konnte die Arbeit wieder aufgenommen werden.

Alle drei Tunnel sind mit Ringen verkleidet, die aus Segmenten bestehen. Das letzte Stück, das in

QUERSCHNITT DURCH
EINEN VERKEHRSTUNNEL

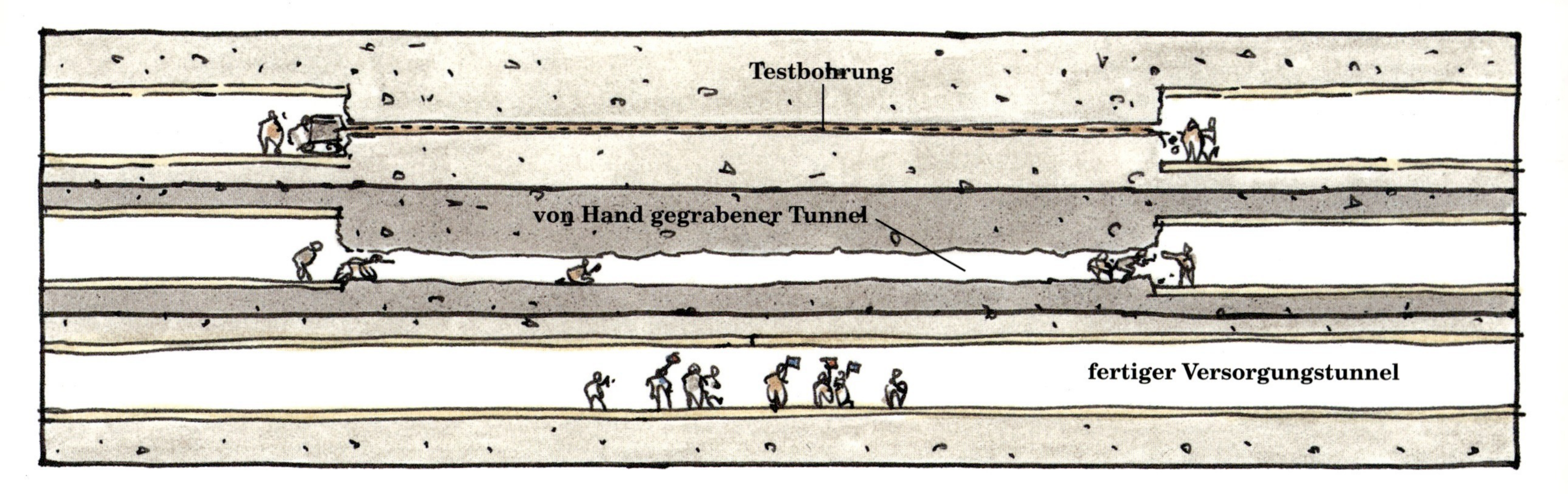


jeden Ring eingesetzt wurde, der Schlussstein, war kleiner als die anderen und keilförmig, zur Erinnerung, dass all diese Konstruktionen zur Bogenfamilie gehören. Die meisten Segmente sind aus Stahlbeton. An den Verbindungsstellen zum Quergang und zu den Druckausgleichventilen wurde Gusseisen verwendet.

Im Oktober 1990, als nur noch 100 m die beiden Versorgungsschächte voneinander trennten, wurden die TBMs gestoppt. Um sicherzugehen, dass die Tunnelhälften auch in der Spur lagen, wurde eine Probebohrung mit 5 cm Durchmesser vorgenommen. Danach wurde ein Zugang per Hand gegraben. Schließlich erweiterte man den ganzen Abschnitt mithilfe kleinerer Baggerfahrzeuge, so genannter Vortriebsmaschinen, auf seinen Enddurchmesser.

Sechs Monate später kam auch für die Verkehrstunnel der Durchbruch. Dem war eine scheinbar ritterliche Geste vorausgegangen, die aber nur aufgrund simpler wirtschaftlicher Überlegungen zustande kam. Anstatt unter großer Mühe und Kosten die Schneideköpfe der englischen TBMs zu demontieren und abzutransportieren, richtete man sie einfach nach unten, damit sie sich ihr eigenes Grab gruben. Nachdem die ganze Zusatzausrüstung entfernt worden war, wurden die Löcher mit Beton gefüllt, und die französischen TBMs fuhren über sie hinweg in die englischen Tunnel.

Die Entsorgung des Abraums aus einem Tunnel erfordert sorgfältige Planung. Das gilt auch für die Wahl der letzten Ruhestätte des Abraums. Durch die Menge des bei einem gut 50 km langen Tunnel anfallenden Abraums ist dies kein leichtes Unterfangen. Die Engländer bauten nahe der Eingänge zu den Versorgungsschächten einen riesigen Deich, hinter dem sich eine Reihe künstlicher Lagunen befanden. Der Abraum, der nach oben kam, wurde in diese Lagunen geschüttet und drängte das Wasser heraus. Schließlich trocknete er aus, und England war um ein kleines Stück gewachsen. Da die Franzosen es mit feuchterem Abraum zu tun hatten, mischten sie ihn mit Wasser, pumpten ihn hoch und schufen so einen künstlichen See knapp einen Kilometer von der Küste entfernt. Sobald ihr Abraum ausgetrocknet war, wurde er mit Gras bepflanzt. Auch wenn Frankreich auf diese Weise nicht vergrößert wurde, so wurde doch sein Sauerstoffvorrat erhöht.

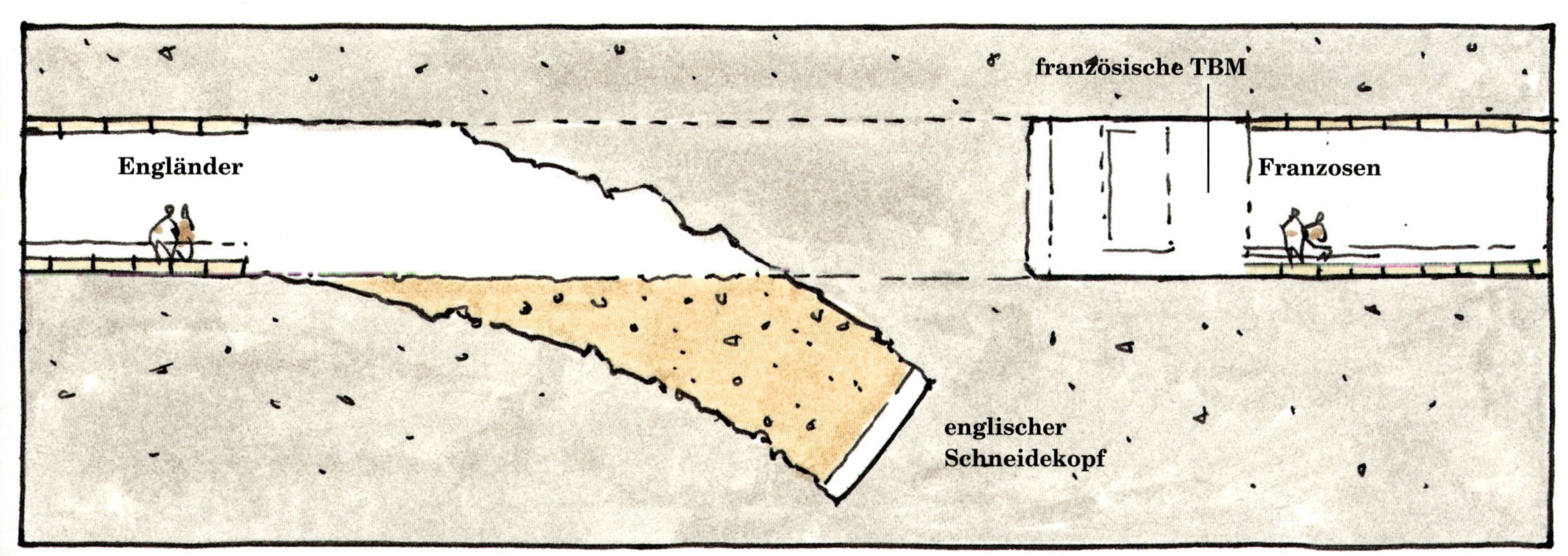

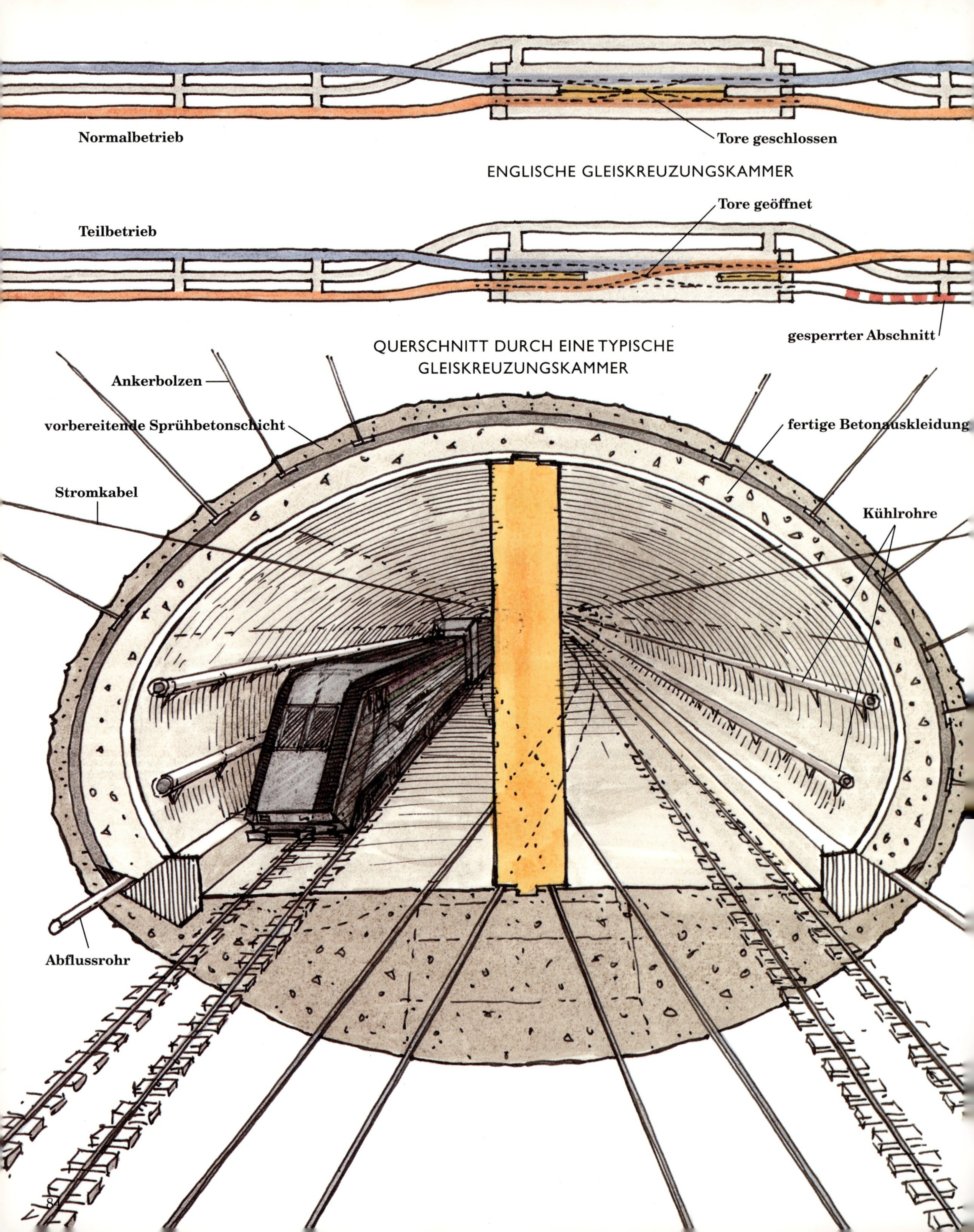
Normalbetrieb
Tore geschlossen
ENGLISCHE GLEISKREUZUNGSKAMMER
Tore geöffnet
Teilbetrieb
gesperrter Abschnitt
QUERSCHNITT DURCH EINE TYPISCHE GLEISKREUZUNGSKAMMER
Ankerbolzen
vorbereitende Sprühbetonschicht
fertige Betonauskleidung
Stromkabel
Kühlrohre
Abflussrohr

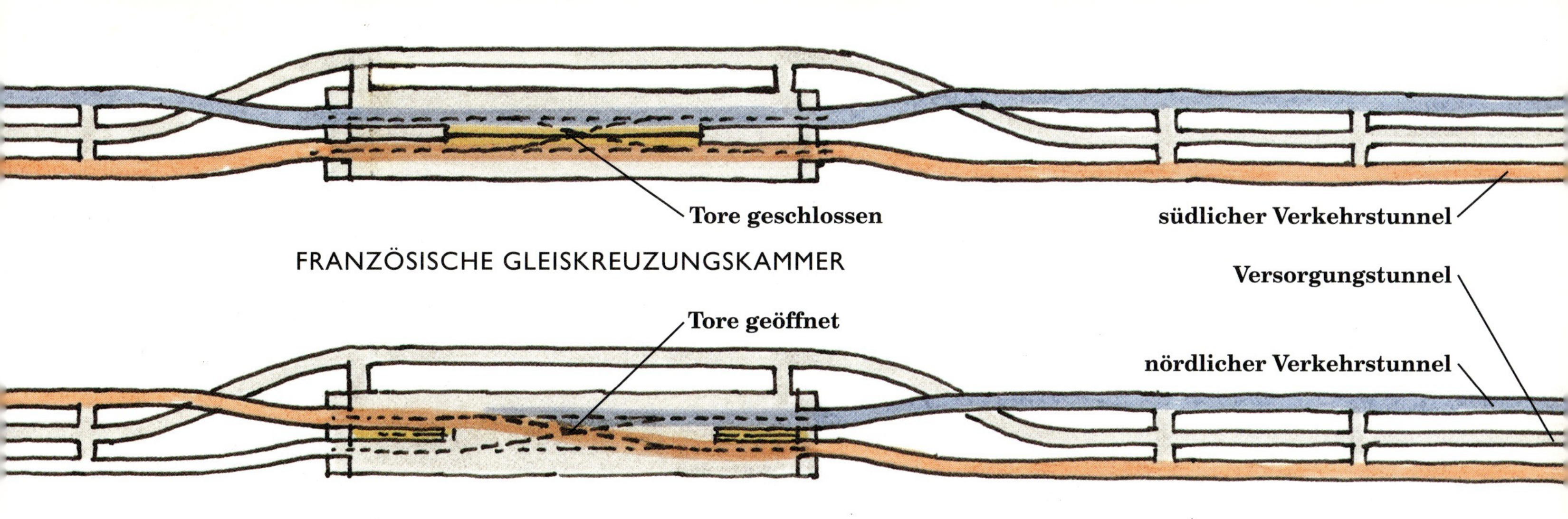


Um selbst bei einer teilweisen Schließung des Tunnels den Zugverkehr 24 Stunden am Tag aufrechtzuerhalten, bauten die Ingenieure nach jeweils einem Drittel der Strecke in jeder Richtung eine riesige Gleiskreuzungskammer. An diesen Stellen waren die Gleise derart miteinander verbunden, dass ein Zug von einem Verkehrstunnel in den anderen überwechseln und so den geschlossenen Abschnitt umgehen konnte. An der nächsten Gleiskreuzung würde er dann zurück auf sein ursprüngliches Gleis geführt, und der Gegenzug, der gewartet hatte, konnte seine Reise fortsetzen. Zwar würde dadurch alles erheblich länger dauern, andererseits brauchte, außer unter widrigen Umständen, der Verkehr durch den Tunnel nie völlig zum Erliegen zu kommen.

Während der Grabungsarbeiten war der Servicetunnel die einzige Verbindung zu den beiden Kammern, zuständig für die Materialversorgung und den Abtransport von Abraum. Bevor sie verkleidet wurden, war jede der beiden Kammern etwa 150 m lang, 20 m breit und 15 m hoch. Wenn nötig, wurde der Kreidemergel um die Öffnungen herum mit Spritzbeton und 3,6 m bis 5,4 m langen Stahldübeln verstärkt, so genannten Ankerbolzen. Während des Baus der Kammern installierten die Arbeiter tief in der Kreide Messgeräte, die es ihnen erlaubten, die Bodenbeschaffenheit zu überwachen. Wenn sie auf ein Problem stießen, dann konnten sie die Wanddicke verstärken oder die Länge der Bolzen erhöhen.

Um die Ausbreitung von Feuer zu verhindern und um die Luft in den beiden Verkehrstunneln getrennt zu halten, wurden in die fertigen Kammern mächtige Türen eingesetzt. Für die Sicherheitssysteme, die Signal-, Beleuchtungs- und Pumpanlagen wurden kilometerweise Kabel verlegt. Des Weiteren verlegte man zwei lange Rohre, durch die ständig gekühltes Wasser eingespeist werden konnte, um die von den Hochgeschwindigkeitszügen erzeugte Wärme zu reduzieren. Dann wurde alles getestet und noch einmal getestet, einschließlich der Züge. Ende 1993 war der Kanaltunnel fertig, und im Mai 1994 wurde das teuerste Tiefbauprojekt der Geschichte offiziell in Betrieb genommen. Aber wie jeder weiß, sind Rekorde dazu da, um gebrochen zu werden.

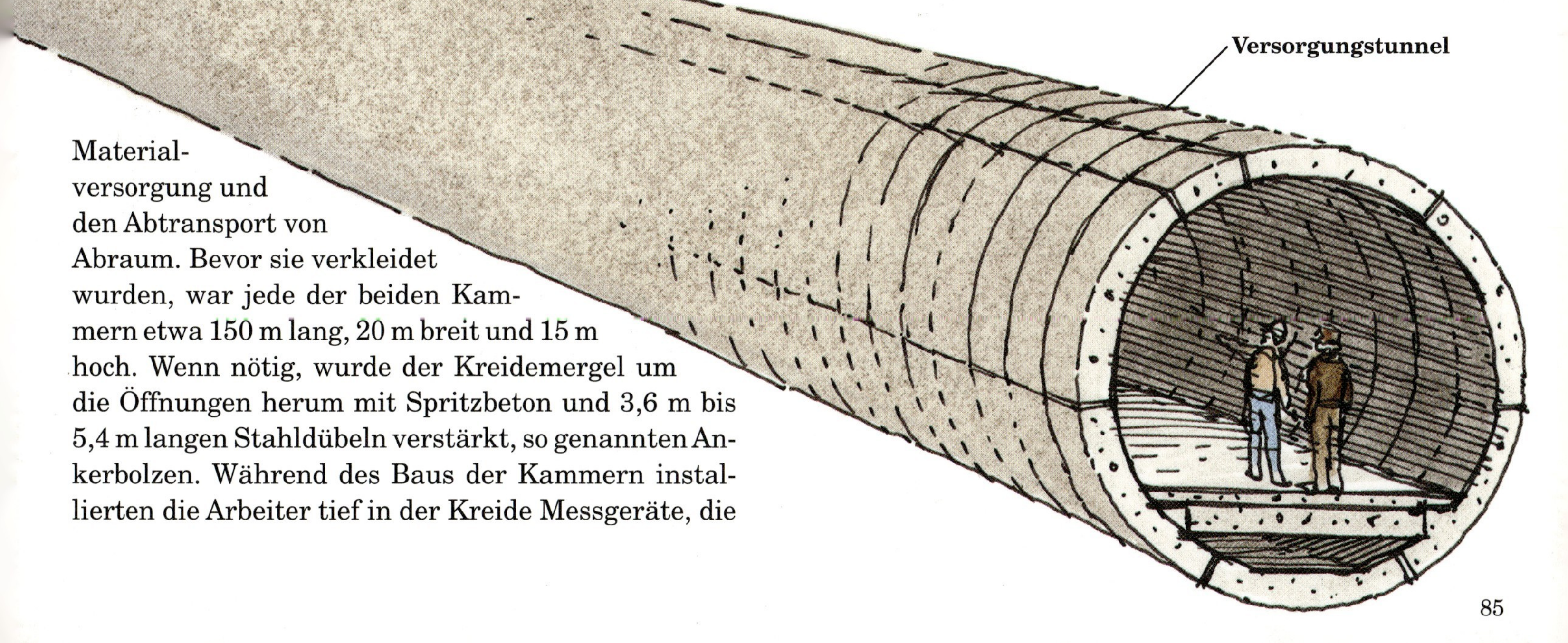

VORGEFERTIGTES TEILSTÜCK DES
TED-WILLIAMS-TUNNELS AUS STAHL
Graben

# BIG DIG

Boston, Massachusetts, 1985–: Wie so viele Städte heutzutage erstickt Boston an seinem eigenen Erfolg. Der Verkehr ist oft so zähflüssig, dass nichts mehr geht. Ein Versuch, Abhilfe zu schaffen, führte zum Central Artery/Tunnel-Projekt, besser bekannt als der Big Dig. Während ein Großteil der Arbeiten darauf zielt, die alte Hoch-Schnellstraße durch eine neue, breitere direkt darunter zu ersetzen, mussten auf dieser außerordentlich komplexen und geschäftigen Baustelle eine Reihe von Verbindungen geschaffen werden, die zum Bau einiger interessanter Tunnel geführt haben.

Der Ted-Williams-Tunnel verläuft unter dem Bostoner Hafen und verbindet einige wichtige Autobahnen mit dem Flughafen. Da zwischen dem Boden des Hafenbeckens und den Schiffen genügend Abstand war, konnten die Ingenieure den kostspieligeren Tiefentunnel vermeiden und verwendeten stattdessen die so genannte Senkröhrentechnik. Der unter Wasser verlaufende Teil dieses Tunnels besteht aus einem Paar rund 90 m langer Stahlröhren mit einem Durchmesser von 12 m, jede von ihnen wiederum aus zwölf vorgefertigten Abschnitten. Sie wurden in Baltimore hergestellt und dann nach Boston geschleppt, wo all die groben Betonarbeiten ausgeführt wurden. Dazu zählten die Grundierung für die Fahrbahn, Schächte für die Lüftungs- und Versorgungsrohre und eine vollständige Innenverkleidung. Die fertigen Einheiten wurden dann einer nach dem andern in den Hafen geschleppt, mit Wasser gefüllt und in einen eigens dafür erstellten 15 m tiefen Graben abgesenkt. War ein Abschnitt dann verankert, so wurde er leer gepumpt und an den Nachbarabschnitt angeschlossen.

Nicht weit davon entfernt werden drei andere Tunnel gebaut. Auch sie wurden vorgefertigt, diesmal aber nicht in Baltimore, und sie sind auch nicht aus Stahl. Und statt unter dem Hafen verlaufen sie unter stark befahrenen Bahngleisen. Das Problem besteht darin, sie so zu bauen, dass weder der Zugverkehr beeinträchtigt noch das Gleisbett beschädigt wird.

Die von den Ingenieuren gewählte Lösung, das so genannte »jacking«, gibt es schon lange, üblicherweise wird es bei der Verlegung von Leitungen unter der Erde angewendet. Dabei drücken starke hydraulische Pressen die Rohre in den Boden, wobei die Erde aus ihrem Innern entfernt wird. Auf diese Weise bleibt der Druck in der sie umgebenden Erde unverändert, was Bodenabsenkungen minimiert. Dieses Verfahren ist bereits beim Tunnelbau angewendet worden, nicht aber in diesem Maßstab. Der Tunnel mit dem Spitznamen »Rampe D« besteht aus zwei hohlen Betonkästen, 24 m breit, 9 m hoch und beide zusammen 46 m lang.

Auf einer Seite der Gleise muss eine Arbeitsgrube ausgehoben werden, die etwas breiter ist als der Tunnel. Sie wird von einer hohen Stützmauer aus Beton eingefasst, die zuerst gebaut wird. Während der Graben ausgehoben wird, in dem diese Mauer stehen soll, wird er mit einer Zementmilch gefüllt. So ist der Druck im Graben gleich dem im Erdreich, was verhindert, dass der Graben einstürzt. Sobald der Graben die erforderliche Tiefe erreicht, wird von unten Beton hineingepumpt, während die Zementmilch herausgepumpt wird. Wenn der Beton trocken ist, wird die von der Wand eingeschlossene Erde ausgeschachtet.

Nun werden zwei Tunnel von je 3 m Durchmesser durch die Erde unter den Gleisen getrieben und dann halbhoch mit Beton gefüllt. Sie dienen als Führung, die verhindert, dass der Tunnel absackt, während er über sie hinweggleitet.

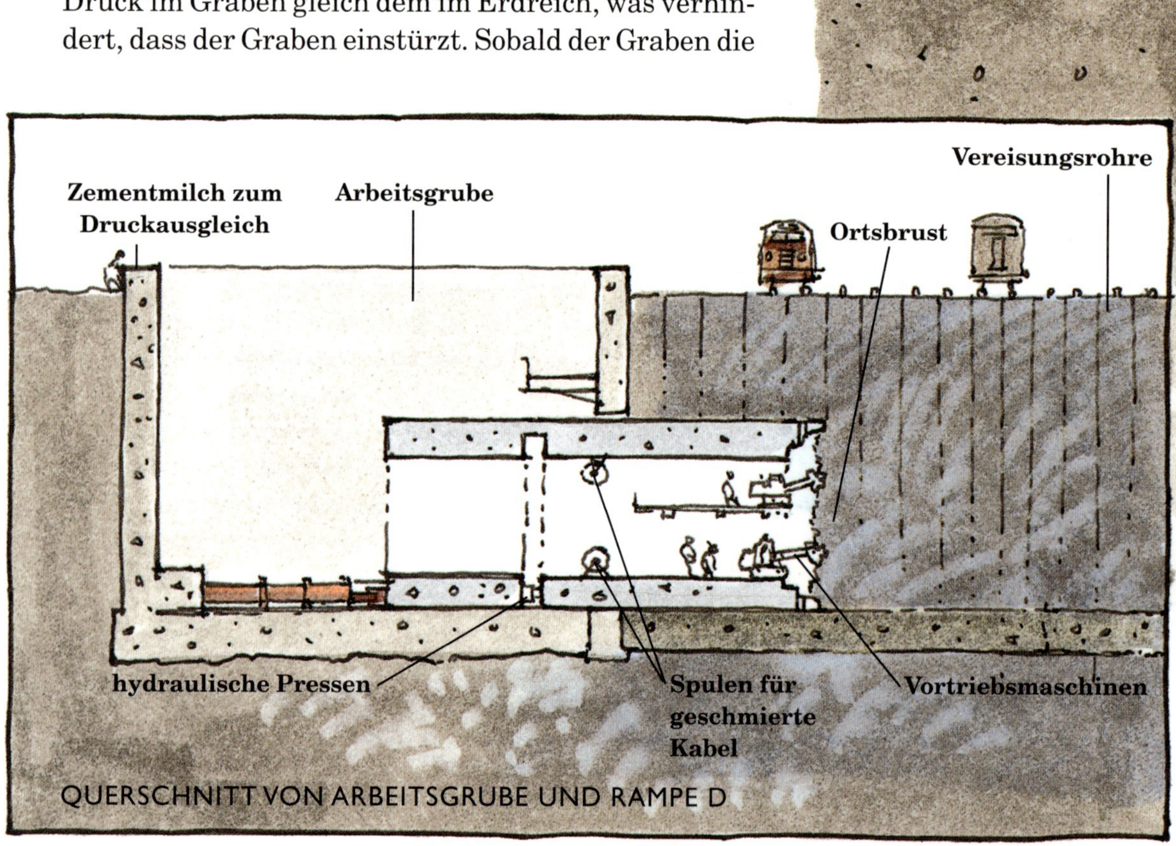


QUERSCHNITT VON ARBEITSGRUBE UND RAMPE D

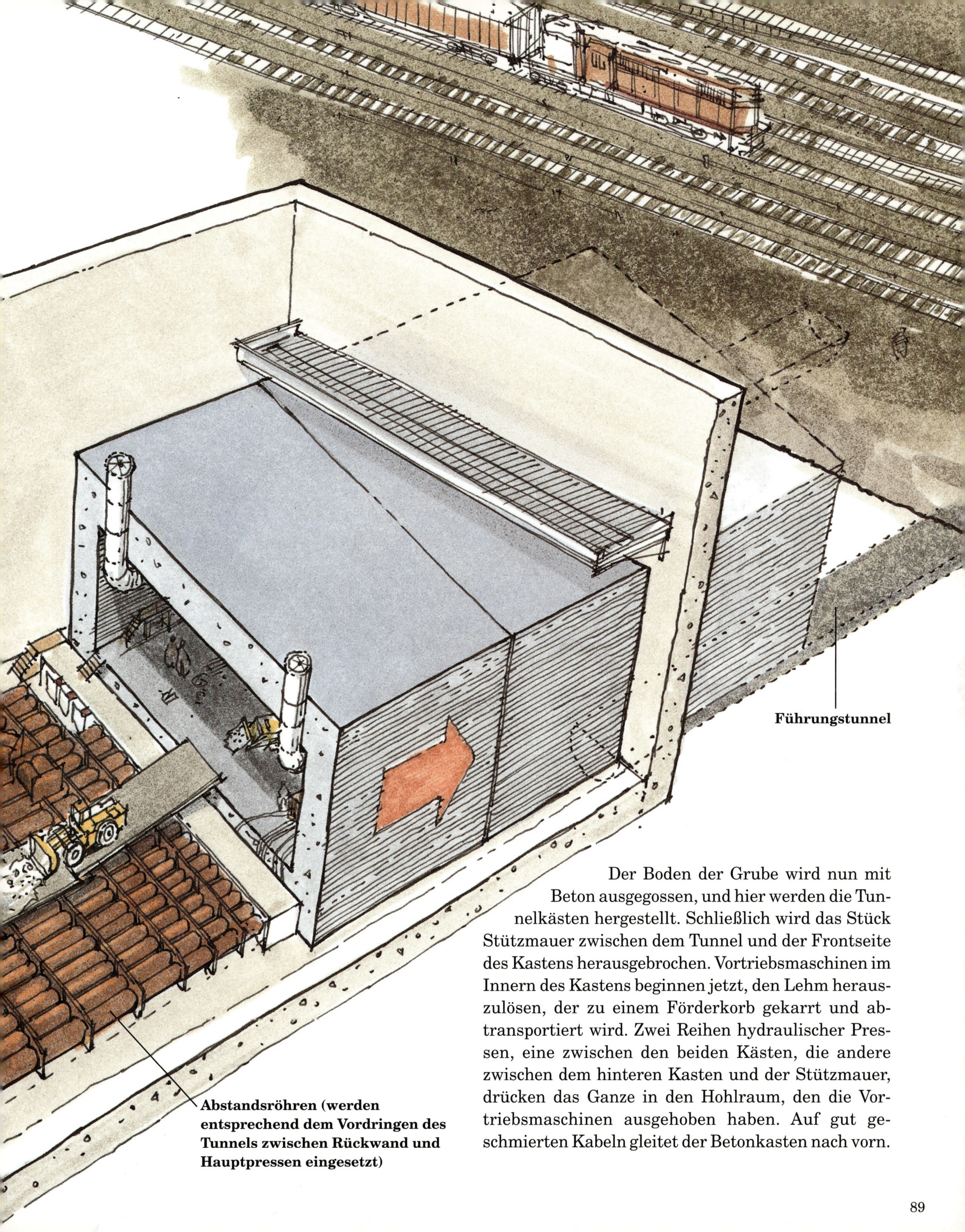


Der Boden der Grube wird nun mit Beton ausgegossen, und hier werden die Tunnelkästen hergestellt. Schließlich wird das Stück Stützmauer zwischen dem Tunnel und der Frontseite des Kastens herausgebrochen. Vortriebsmaschinen im Innern des Kastens beginnen jetzt, den Lehm herauszulösen, der zu einem Förderkorb gekarrt und abtransportiert wird. Zwei Reihen hydraulischer Pressen, eine zwischen den beiden Kästen, die andere zwischen dem hinteren Kasten und der Stützmauer, drücken das Ganze in den Hohlraum, den die Vortriebsmaschinen ausgehoben haben. Auf gut geschmierten Kabeln gleitet der Betonkasten nach vorn.

Wechselnde Bodenverhältnisse entlang der Tunnelroute bereiten den Ingenieuren einiges Kopfzerbrechen. In vielen Fällen ist es heute allerdings möglich, das Bodenverhalten in gleichmäßigere und somit berechenbarere Bahnen zu lenken. Der Ton, in den die Rampe D getrieben wurde, war vorher mittels eines Gefrierstoffs, den man in das Erdreich gepumpt hatte, gefroren worden.

Als eine Autobahn unter die U-Bahnlinie der South Station gebaut werden sollte, war die Lage etwas komplizierter. Die Ingenieure mussten sich mit vier verschiedenen Bodenarten und jeder Menge Grundwasser herumschlagen. Zuerst wurden zwei parallele Tunnel unter der U-Bahn gebohrt. Dann wurden angewinkelte Löcher in den Boden dieser Tunnel gebohrt, in die man kurze Rohre, so genannte Muffen, steckte. Durch sie leitete man eine Chemikalie in den unstabilen Boden, die das Grundwasser unter Kontrolle halten und die Standzeit verbessern sollte. Als der Boden stabilisiert war, wurden unter jeder dieser Vermörtelungsstollen weitere Tunnel gebohrt, einer unter dem anderen. Wenn sie fertig waren, wurden sie mit Beton gefüllt. Jetzt wurde zwischen den Vermörtelungsstollen eine waagerechte Reihe von Tunneln gebohrt. Darin sollten später große Betonträger untergebracht werden. Als alle Teile dieser riesigen unterirdischen Blockhütte an ihrem Platz waren, konnte das Erdreich im Innern sicher abgetragen und der vierspurige Autobahntunnel gebaut werden.

Wie seinerzeit der Hoosac-Tunnel wird der Big Dig teurer und langwieriger als geplant. Aber wie beim Hoosac-Tunnel handelt es sich auch hier um ein ehrgeiziges und zukunftsweisendes Unternehmen.

Unsere Innenstädte quellen über von Autos, die versuchen, sich durch Straßen einen Weg zu bahnen, die andauernd aufgerissen werden, um dringend notwendige Reparaturen durchzuführen oder überlastete Versorgungsleitungen zu erneuern. Nur durchzukommen wird zu einem ebensolchen Abenteuer wie die Parkplatzsuche. U-Bahn-Systeme, die vor über hundert Jahren gebaut wurden, um eben diesem Problem zu begegnen, sind voll ausgelastet. Der Bedeutung und Anziehungskraft von Städten scheint das keinen Abbruch zu tun. Der Bevölkerungszuwachs, den jedes neue Büro- und Wohngebäude, jede Einkaufspassage und jede Sportarena mit sich bringt, steigert die Belastung nur noch. Nun, das ist der Preis des Erfolgs.

Es besteht wenig Zweifel, dass man immer mehr Tunnel wird bauen müssen, damit unsere Städte bewohnbar bleiben. Und man wird sie durch oder unter das Gewirr von Fundamenten, U-Bahnen und Versorgungsleitungen bauen müssen, von denen wir alle abhängen. Projekte wie der Kanaltunnel oder der Big Dig beweisen, dass Technik und Erfindungsreichtum der Ingenieure dieser Herausforderung gewachsen sind. Es ist alles nur eine Kostenfrage. Wie viel sind wir bereit zu zahlen, um Gesundheit und Gedeihen unserer Städte auch für kommende Generationen zu sichern?

Betonträger
U-Bahn
Vermörtelungsstollen
»gestapelte Tunnel«
neuer Straßentunnel
stabilisiertes Erdreich

# DÄMME

Von allen großen Dingen in diesem Buch kommen mir Dämme am größten vor. Die höchsten von ihnen reichen kaum zur Hälfte an die größten Wolkenkratzer heran, und nur äußerst selten sind sie so lang wie die längsten Brücken. Und doch scheinen sie größer als beide zu sein. Vielleicht liegt es daran, dass man sie in abgelegenen Gegenden findet, wo es kaum etwas Vergleichbares gibt. Vielleicht ist es ihre Schlichtheit. Da gibt es wenig Details, die von ihrer Größe ablenken könnten. Vielleicht ist es auch nicht ihr Aussehen, sondern das, was sie tun. Wie riesige Ausrufungszeichen dominieren sie alles in ihrer unmittelbaren Umgebung und können auch über Hunderte von Kilometern Einfluss auf das Leben haben.

Unabhängig von ihrer Größe haben alle Dämme zwei Grundbestandteile: eine undurchlässige Barriere, die den Wasserfluss stoppt, und irgendeine Konstruktion, die dafür sorgt, dass diese Barriere bleibt, wo sie ist. Bei der Planung eines Damms arbeiten Ingenieure primär mit zwei Elementen. Das erste ist die Form und Gestalt der Konstruktion. Das zweite ist das Material, woraus sie gebaut wird. Während die folgenden vier Beispiele Aspekte der Planung und des Baus veranschaulichen, die allen Dammbauprojekten gemein sind, zeigen sie auch, wie die besonderen Erfordernisse jedes Damms einerseits und die Einzigartigkeit eines bestimmten Standortes andererseits den Ingenieuren den Weg zur angemessenen Lösung weisen.

Letzten Endes haben Dämme nur eine Aufgabe – Wasser unter Kontrolle zu halten. Indem man den Pegel eines Flusses erhöht oder ihn umleitet, kann man mit Dämmen elektrischen Strom produzieren, Überschwemmungen verhindern, die Bewässerung und den Schiffsverkehr erleichtern und sogar Freizeitaktivitäten fördern. Wasser zu bändigen ist allerdings nicht so einfach, wie es klingen mag, besonders wenn von Millionen von Litern die Rede ist. Wie jeder Dammbauingenieur weiß, hat auch Wasser ein großes Ziel – an allem, was sich ihm in den Weg stellt, vorbeizukommen.

# ITÁ-DAMM

Der Fluss Uruguay zwischen Santa Catarina und Rio Grande do Sul, Brasilien, 1996–2000: Nach langjährigen Studien gab die brasilianische Regierung im Jahre 1987 ihre offizielle Zustimmung zu einem ehrgeizigen Dammbauprojekt, das bis weit in das 21. Jahrhundert hinein die Stromversorgung des Landes sicherstellen sollte. Von insgesamt zwölf geplanten Dämmen sollte der größte am Uruguay gebaut werden. Man wählte den Standort wegen der vielen Regenfälle in der Region, der voraussichtlichen Wasserhöhe am Damm und des Fassungsvermögens des dahinter liegenden Reservoirs sowie wegen der soliden Felsschicht unter der Erde.

Gemauerte Dämme bestehen aus Beton, Haustein oder Backstein, wogegen Auffülldämme hauptsächlich aus Fels, Sand, Erde und Lehm bestehen. Weil Betondämme sehr teuer sind und hier solider Fels in unbegrenzter Menge zur Verfügung stand, sollte es ein Auffülldamm werden.

Eine gerade Wand durch einen Fluss wird schnell beiseite geschoben, wenn sie nicht massiv genug ist, dem Wasserdruck standzuhalten. Man kann sie entweder dicker machen oder vor ihr so viel Material aufhäufen, dass dessen Gewicht dem Druck des Wassers entgegenwirkt. Wenn die Staumauer in einem Winkel gegen den Stützwall drückt, dann wird ein Teil der Kraft des Wassers nach unten drücken und so dazu beitragen, den Damm an seinem Platz zu halten.

Das ist das Prinzip aller Auffülldämme. Die undurchlässige Barriere in Itá sollte eine Betonschicht sein, die Stützkonstruktion ein von Menschenhand errichteter Berg aus gehauenem Stein, etwa 120 m hoch und 800 m lang.

Wie üblich, sollte der Itá-Damm nur ein – wenngleich sehr großer – Teil eines ganzen Komplexes von Bauten sein. Benötigt wurden unter anderem zwei Fangdämme, drei Satteldämme (um Senken in der Umgebung abzuriegeln, die tiefer lagen als der erwartete Pegel des Stausees), zwei Überlaufrinnen, zehn Tunnel und ein Kraftwerk mit fünf Generatoren.

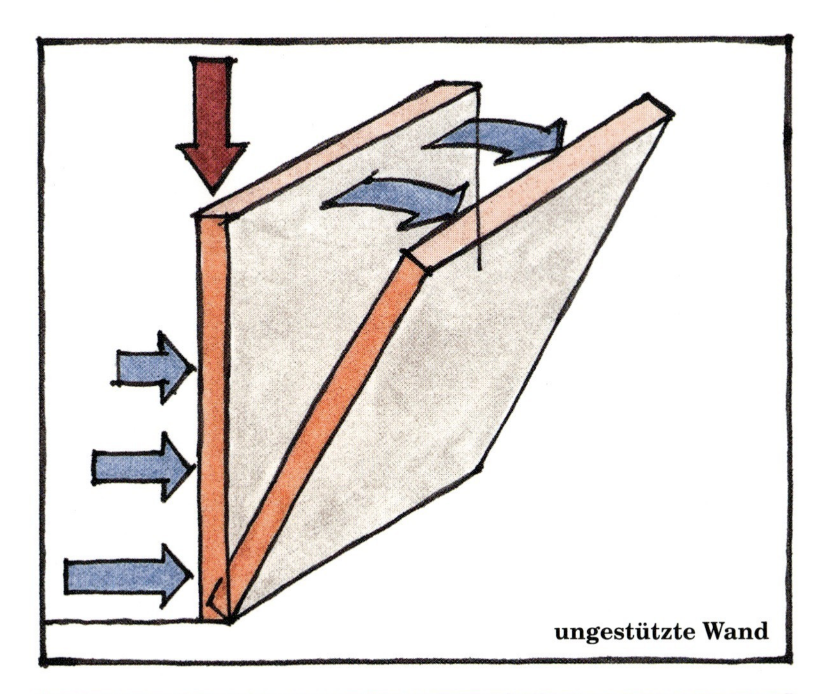


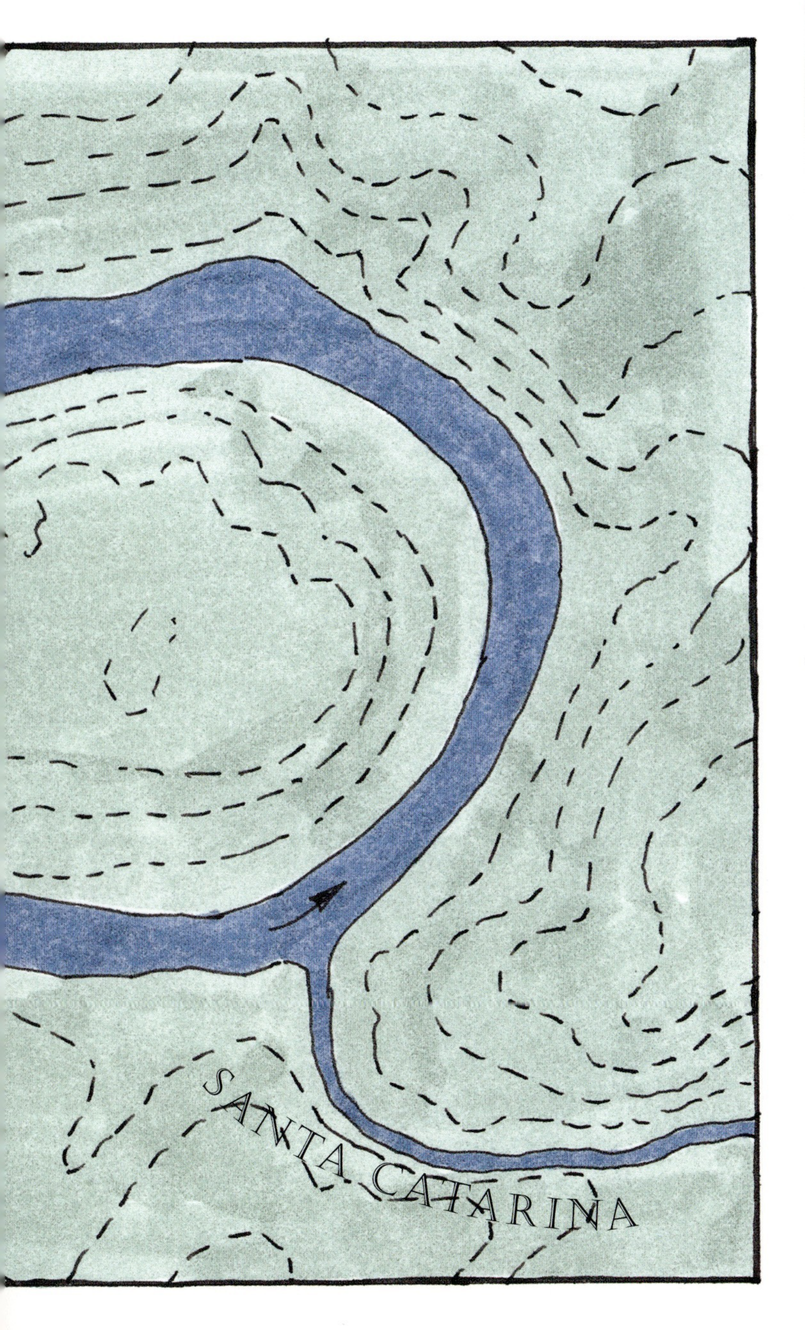


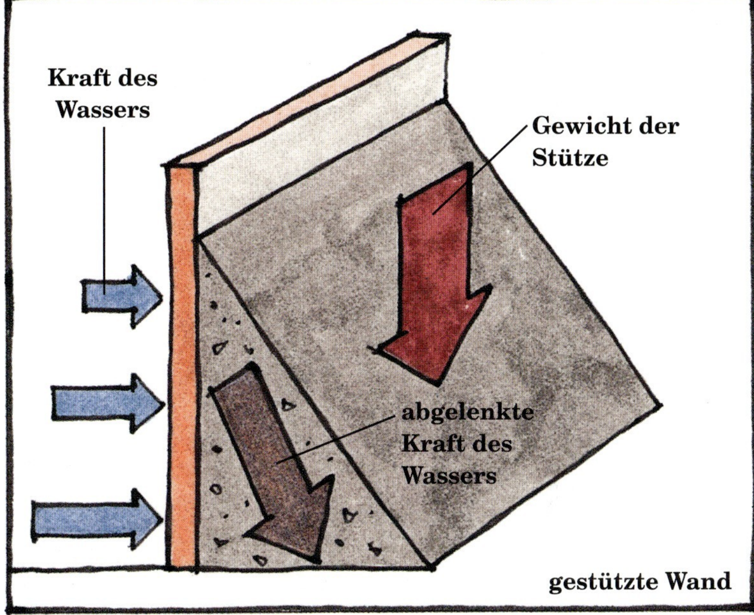

AUFSTELLEN DER HOLZSCHABLONEN

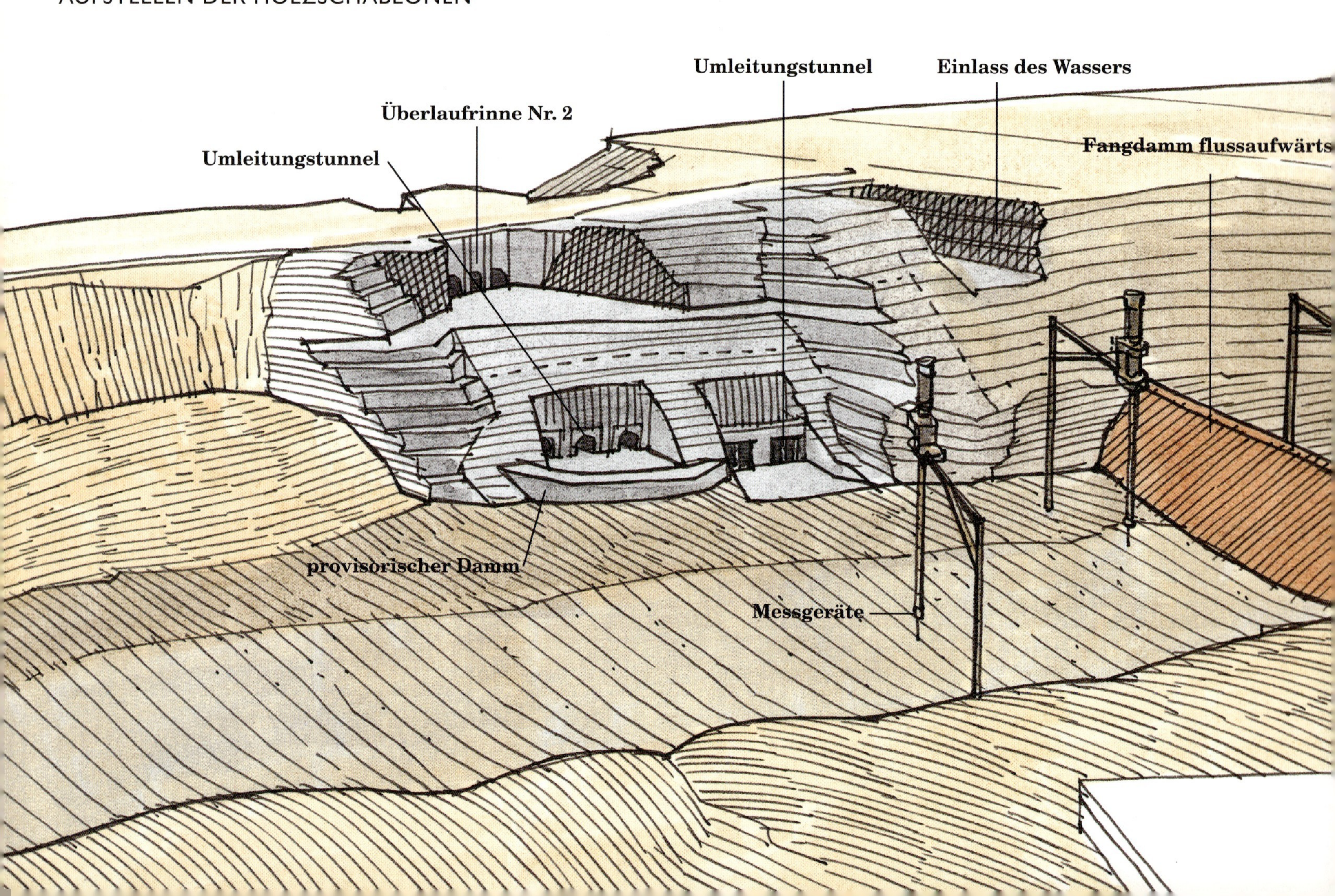

Um die Anordnung und Abmessungen jedes Bauwerks zu ermitteln und eine Vorstellung zu bekommen, wie sich das Wasser verhalten würde, bauten die Ingenieure ein riesiges Modell. Anhand detaillierter Karten zeichneten sie den Verlauf des Flusses auf dem Betonfußboden eines großen, offenen Gebäudes ein. Mithilfe eines Theodoliten konnten sie maßgenaue Holzschablonen entlang des Flusses aufstellen. Indem sie den Raum zwischen den Schablonen mit Kies und Zement auffüllten, konnten sie auch die Topographie des Gebiets nachmodellieren.

Sobald alle Hügel und Täler an Ort und Stelle waren, wurden die einzelnen Teile des Dammkomplexes hinzugefügt. Als sie das Modell fluteten, bekamen die Ingenieure eine genaue Vorstellung davon, wie gut die Konstruktion funktionierte. Diverse Messungen wurden vorgenommen und analysiert, und die notwendigen Korrekturen wurden veranlasst. Die so gewonnenen Erkenntnisse ergänzten die Daten – Bodenanalysen, technische Berechnungen usw. –, die nötig waren, ehe ein endgültiger Plan entwickelt werden konnte.

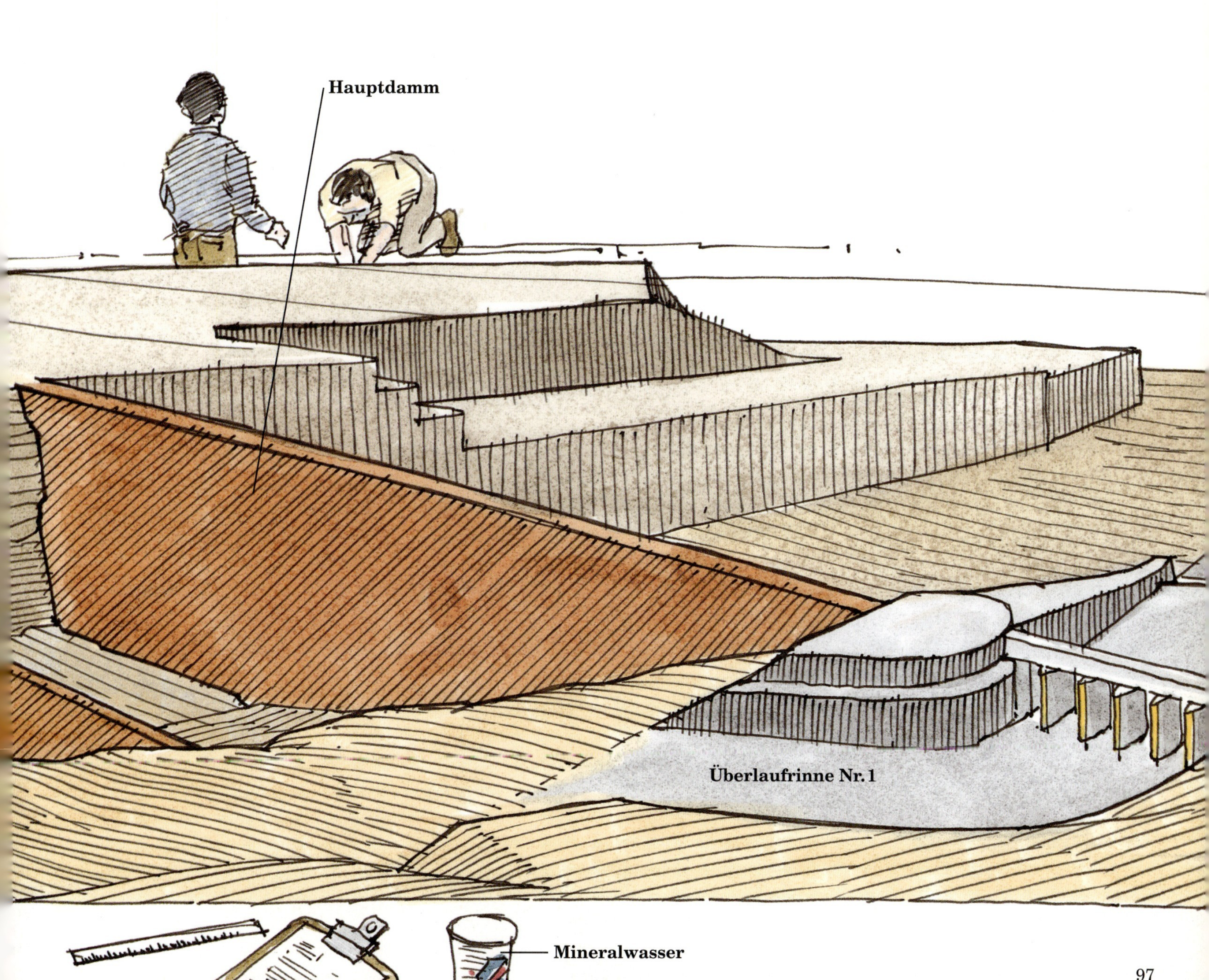

Während das Modell noch gebaut und studiert wurde, liefen bereits die Vorbereitungen für das Projekt. Flussaufwärts vom Damm betrieben viele Leute entlang der Flussufer kleine Landwirtschaften. Wieder andere wohnten und arbeiteten in der Stadt Itá. Sie alle mussten umgesiedelt werden, denn geplant war, dass im Jahre 2001 die einzigen Bewohner des Tals Fische sein sollten. Ab 1990 bezogen viele der Bewohner funkelnagelneue Häuser in den funkelnagelneuen Straßen von Nova Itá (gepflastert mit Kopfsteinen aus Alt-Itá). Sie bekamen ein neues Gemeindehaus, ein kleines Museum mit Bildern und Souvenirs der alten Stadt und eine neue Kirche. Nicht weit davon war der neue Friedhof, auf den man die Überreste der Toten Itás überführt hatte. Straßen von insgesamt 560 km Länge und zehn neue Brücken wurden gebaut, um Arbeiter, Arbeitsgerät und Material zur Baustelle zu befördern. Aber gerade als alles bereit zu sein schien, ging dem Staat das Geld aus, und das Unternehmen kam zum Stillstand. Sechs Jahre vergingen, ehe ein Konsortium von öffentlichen und privaten Teilhabern den Bau 1996 in Gang setzen konnte.

In einer starken Strömung zu bauen ist schwierig und gefährlich. Deswegen wurde der Fluss vor dem Baubeginn um die Baustelle herumgeleitet. Da der Uruguay eine große Flussschleife bildet, beschloss man, den Flusslauf ober- und unterhalb der Baustelle mit fünf Tunneln zu verbinden, die direkt durch den Fels getrieben wurden. Ein gewaltiger Fangdamm wurde gebaut, der den Fluss in die Tunnel zwang. Ein zweiter, flussabwärts von der Baustelle errichteter Fangdamm hinderte den Fluss daran, in das Baugebiet zurückzulaufen. Zum Bau beider Fangdämme und eines Teils des Hauptdamms benutzte man Gestein, das bei der Aushebung der Tunnel angefallen war – in diesem Fall harter Basalt. Alle drei Dämme wurden schichtweise gebaut; man begann damit während der Trockenzeit. Obwohl von den Ufern aus bereits mit dem Bau des Hauptdamms begonnen worden war, wurde er erst über den Fluss geführt, nachdem beide Fangdämme fertig waren, das Gebiet zwischen ihnen leer gepumpt und das Flussbett freigeräumt war, um ein starkes Felsfundament zu schaffen.

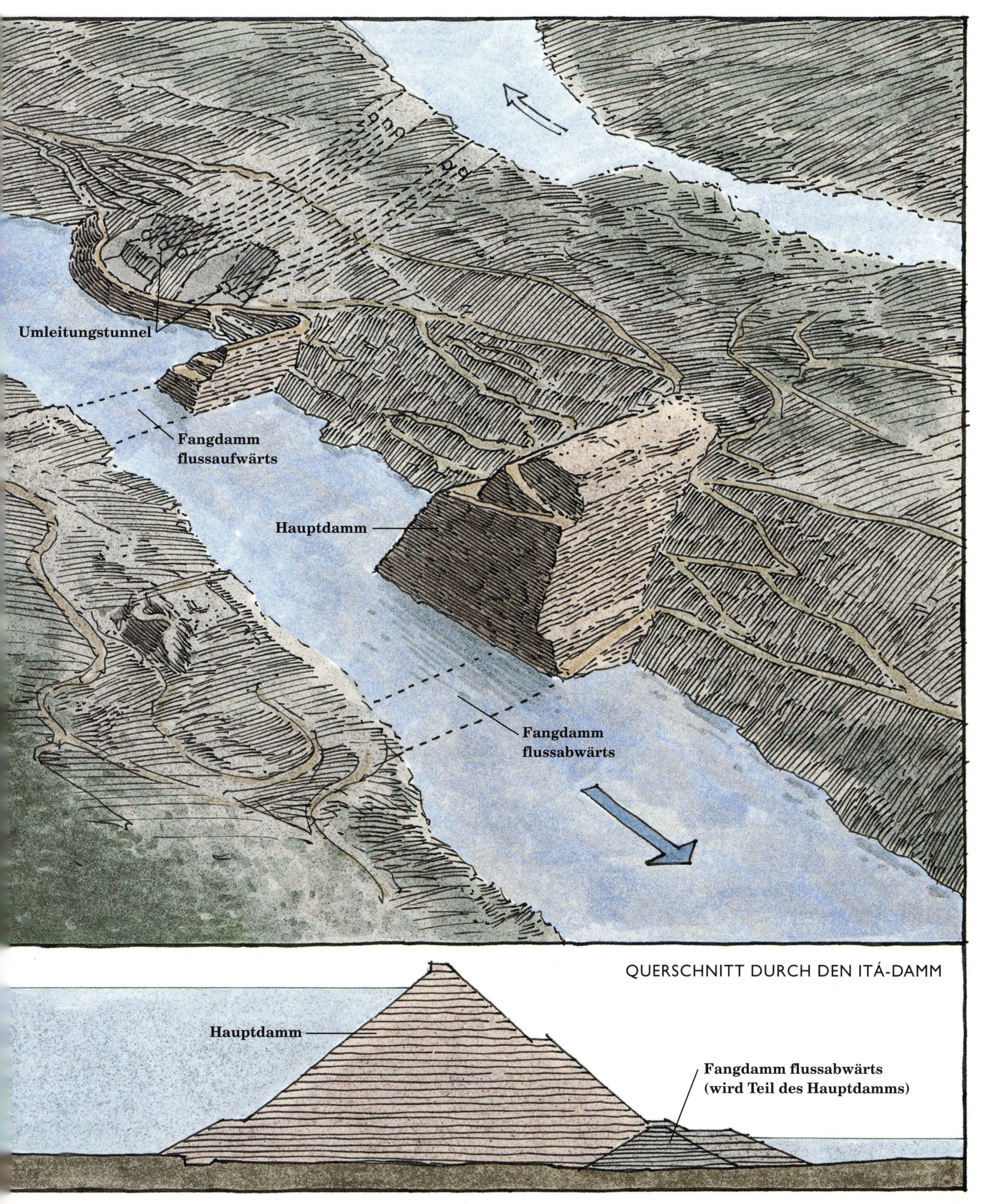

Umleitungstunnel
Fangdamm flussaufwärts
Hauptdamm
Fangdamm flussabwärts
QUERSCHNITT DURCH DEN ITÁ-DAMM
Hauptdamm
Fangdamm flussabwärts (wird Teil des Hauptdamms)

Wenn Wasser auch nicht durch einen Damm hindurch kann, so wird es doch versuchen, an ihm vorbeizukommen. Deswegen ist eine wasserdichte Versiegelung zwischen der Betonfläche und sowohl dem Felsfundament als auch der Flügelmauer unbedingt notwendig. Entlang der gesamten Linie wird ein Graben aus dem Fels geschnitten, in den ein dickes Betonpolster eingelassen wird, der Sockel. In regelmäßigen Abständen werden nun Löcher durch den Sockel in den Fels gebohrt, durch die man Auspressmörtel pumpt, um alle Risse zu füllen. Dann werden lange Stahlstäbe eingelassen, um den Sockel und den ihn umgebenden Fels zusammenzufügen.

Während der Sockel gelegt wurde, wurde der eigentliche Damm gebaut, eine Steinschicht über der andern. Ihre Dicke variierte von 1 bis 2 m, und sie wurden mit schweren Walzen zusammengepresst. Als der Sockel fertig war, wurden mehrere 50 cm dicke Schichten Steinschüttung dahinter aufgetürmt. Dieser Teil des Damms, das so genannte Übergangsgebiet, musste mit großer Sorgfalt gebaut werden, denn er sollte die gewaltige Kraft des Wassers, das gegen eine dünne Betonwand (unten 45 cm und oben nur 30 cm dick) drückte, gleichmäßig verteilen. Für jede Schicht Übergangsmaterial wurde über die ganze Länge ein Randstück aus Zement aufgepresst, sodass die fertige Oberfläche möglichst einheitlich war.

Erst als das Übergangsmaterial und der Sockel verlegt waren (nach etwa zwei Jahren), konnte die eigentliche Betonfläche gebaut werden. Sie bestand aus einer Reihe von etwa 12 m breiten Abschnitten, die sich über die volle Höhe des Damms erstreckten. Jeder Abschnitt lag in einer provisorischen Holzform, in die zur Verstärkung ein Stahlgitter eingelassen wurde. Der erste Beton wurde in den unteren Teil gegossen. So entstand die unverzichtbare wasserdichte Verbindung zwischen der Betonwand und dem Sockel. Eine elastische Fuge zwischen den beiden sollte der Betonwand etwas Spiel lassen, wenn der Stausee sich zu füllen begann und dagegendrückte.

QUERSCHNITT DURCH DIE DAMMBASIS AUF DER FLUSSAUFWÄRTS-SEITE

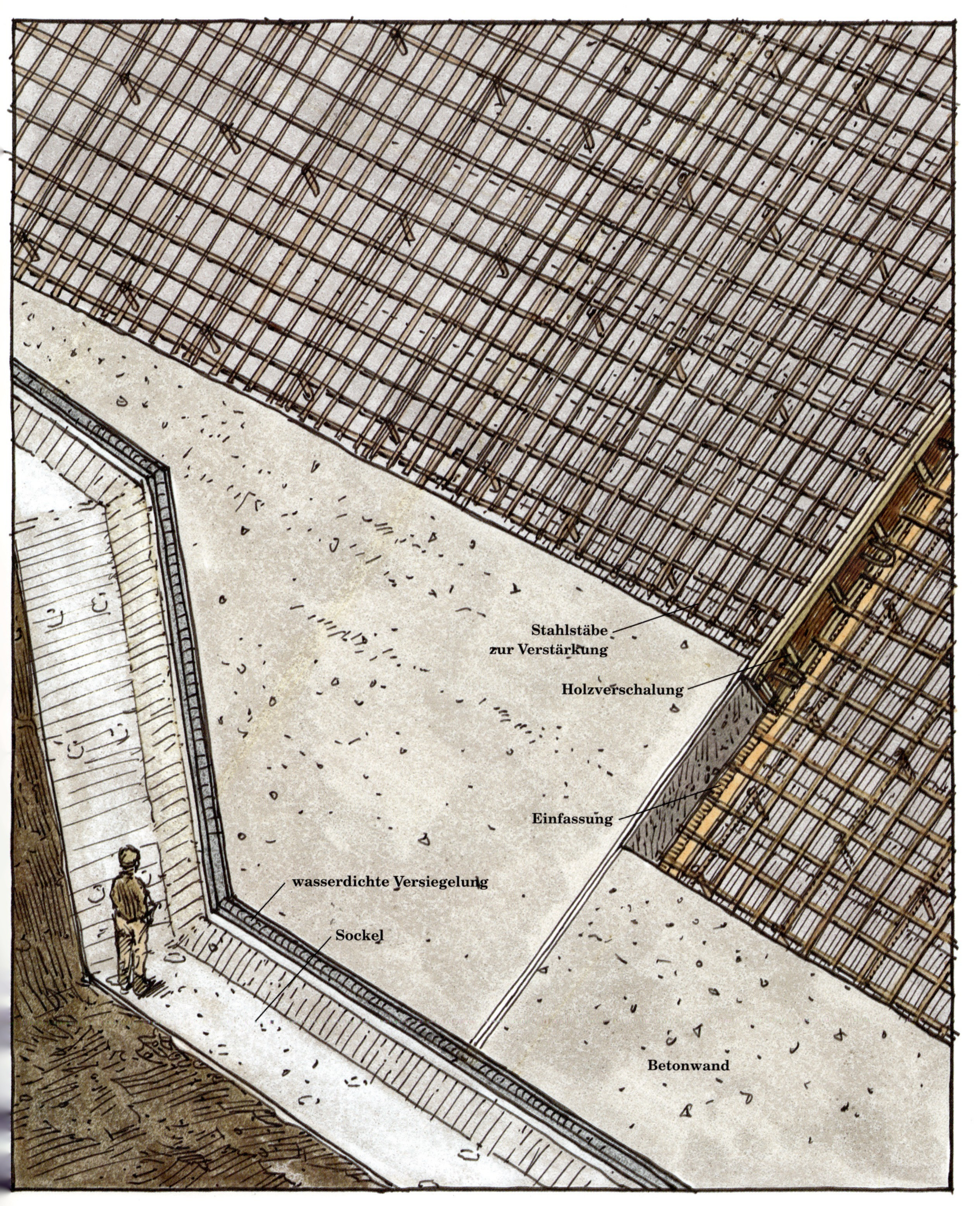
Stahlstäbe
zur Verstärkung
Holzverschalung
Einfassung
wasserdichte Versiegelung
Sockel
Betonwand

Der Beton wurde lange Schütten hinuntergegossen, die sich über die ganze Höhe des Damms erstreckten. Nach jedem Guss wurde eine Stahlplattform von der Breite des Abschnitts langsam über den nassen Beton hochgezogen. Von hier aus rüttelten einige Arbeiter den Beton ein, um eine gleichmäßige Verteilung zu gewährleisten, während andere ihn mit der Kelle glatt strichen. Aus einem perforierten Rohr im Schlepp der Plattform tröpfelte ständig Wasser, um das vorzeitige Austrocknen des Betons und die Rissbildung zu verhindern.

Waren die Betonwand und der Sockel einmal fertig, konnte das Wasser sich nur noch den Weg über den Damm hinweg suchen. Dieses Überlaufen ist für jeden Damm sehr gefährlich; für einen Auffülldamm kann es verheerende Folgen haben. Deswegen sind alle Dämme mit einer oder mehreren großen Betonschütten, so genannten Überlaufrinnen, versehen. Durch sie fließt das Wasser wieder hinunter zum Fluss. In Itá gibt es zwei davon.

Das obere Ende jeder Überlaufrinne befindet sich immer einige Meter unter dem Kamm des Damms. Steht das Wasser im Stausee ungewöhnlich hoch, dann kann es abgelassen werden, ohne den Damm selbst zu gefährden. Eine Reihe gewölbter Stahltore reguliert die Wassermenge, die tatsächlich abgelassen wird. Um Erosion am unteren Ende der Überlaufrinnen zu verhindern, sind die Schütten nach oben gekrümmt, sodass das Wasser in die Luft geschleudert wird. Als harmloser Niederschlag fällt es dann in riesige Gruben, so genannte Auffanggruben, bevor es seine Reise flussabwärts wieder aufnimmt.

Das letzte Hauptstück des Komplexes und der eigentliche Grund für den Damm selbst ist das Kraftwerk. Das ist das Gebäude, in dem sich die Generatoren befinden, und man baut es immer möglichst weit unter dem Stausee, um sicherzustellen, dass das Wasser mit so viel Kraft wie irgend möglich unten ankommt.

In Itá muss das Wasser zu Beginn seiner Reise eine weitere Reihe riesiger Tore passieren. Anders als bei den Überlaufrinnen gleiten diese Tore rauf und runter wie die Fallgitter mittelalterlicher Burgen. Das Wasser kommt durch fünf separate Tunnel, so genannte Fallrohre, von denen jeder einen Durchmesser von mehr als 6 m hat. Gittersiebe, die je nach der Größe ihrer Öffnung Einlaufrechen oder Dammbalken genannt werden, verhindern, dass Geröll die Tore passiert und entweder die Fallrohre verstopfen oder die Turbinen dahinter beschädigen könnte. Wegen des enormen Wasserdrucks, der sich in ihnen aufbaut, sind die Fallrohre entweder mit Beton oder Stahl ausgekleidet.

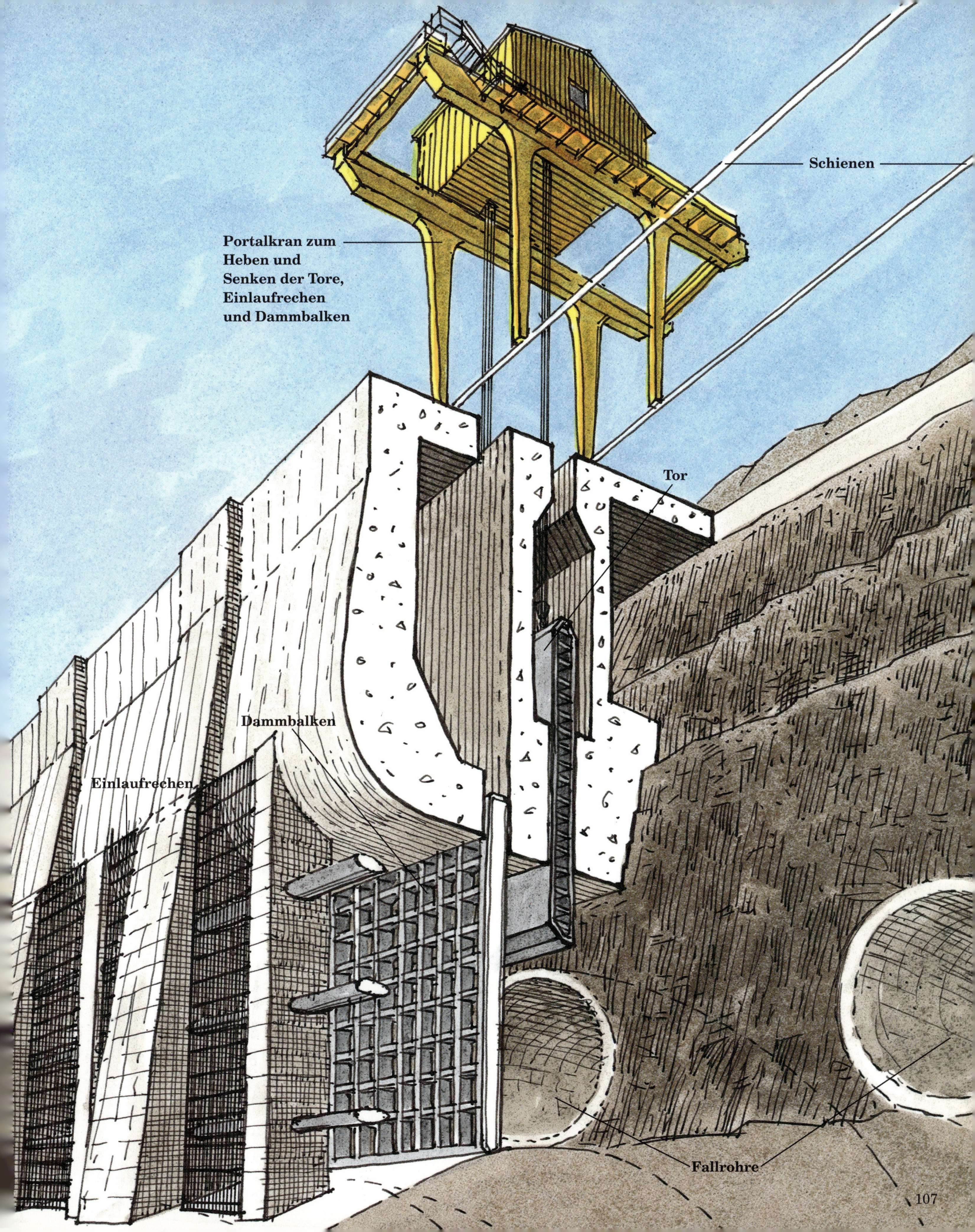
Schienen
Portalkran zum
Heben und
Senken der Tore,
Einlaufrechen
und Dammbalken
Tor
Dammbalken
Einlaufrechen
Fallrohre

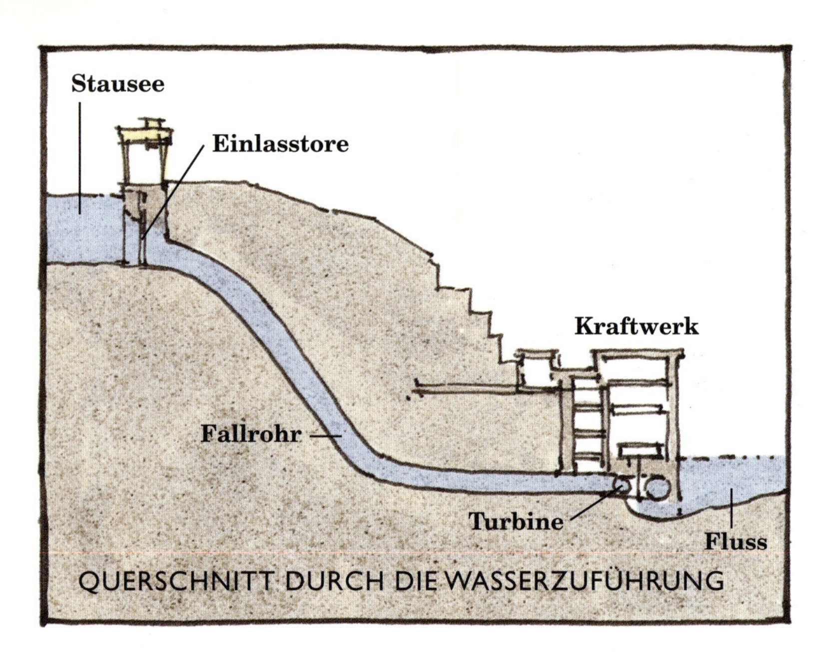


Wenn das Wasser das Kraftwerk erreicht, fließt es von den Fallrohren in ein spiralförmiges Stahlrohr, das Schneckengehäuse. Dieses legt sich seinerseits um ein Schaufelrad, die Turbine. Beim Verlassen des Schneckengehäuses drückt das Wasser gegen die Schaufeln und versetzt die Turbine in Rotation. Die Achse der Turbine, die Welle, ist direkt mit der Welle eines zweiten Rades, des Rotors, verbunden. Dieser mit Magneten überzogene Rotor dreht sich in einer großen, festen Einfassung, dem Stator. Die Bewegung der Magneten verwandelt einen schwachen Strom im Stator in einen weitaus stärkeren Strom, der dann abgeleitet und zur Verteilung aufbereitet wird.

Wegen der enorm hohen Kosten solcher Projekte ist es wichtig, dass sie so schnell wie möglich fertig gestellt werden, um dann Strom zu erzeugen. Aus diesem Grund wurden die verschiedenen Teile des Itá-Komplexes gleichzeitig gebaut. Im Juni 2000 erreichte der erste Strom vom Itá-Damm seine Kunden in Brasilien.

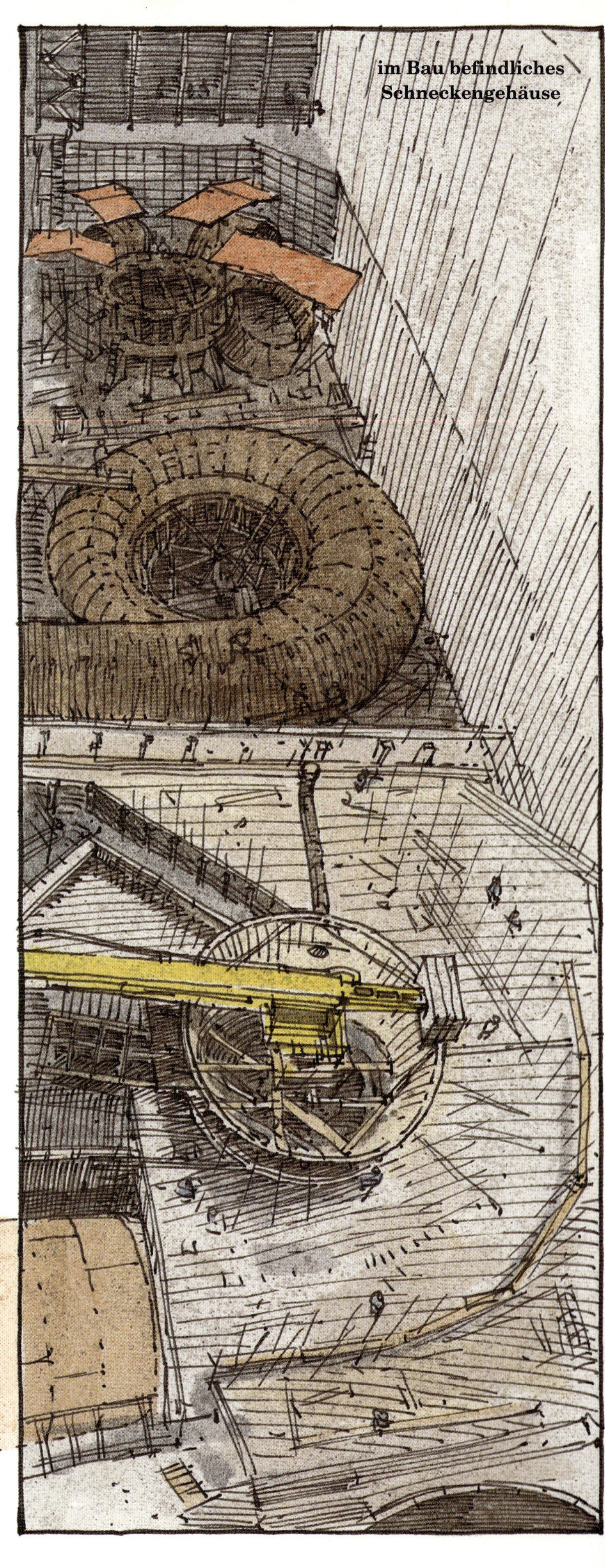

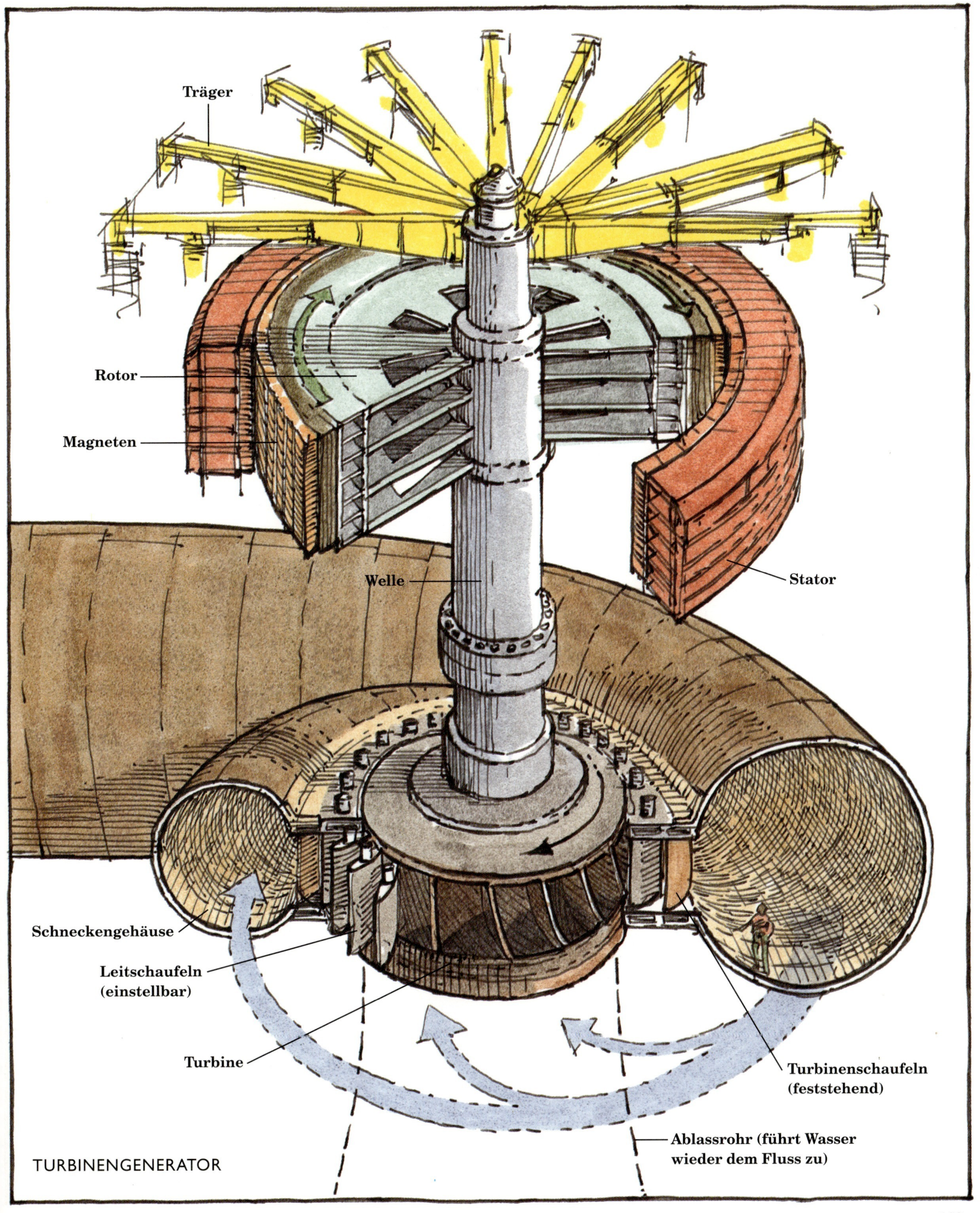


TURBINENGENERATOR

ARIZONA
zukünftiger Staudamm
NEVADA
Umleitungstunnel

# HOOVER-DAMM

Der Colorado zwischen Nevada und Arizona, 1931–1936: Ein Damm sollte gebaut werden, und das aus vier Gründen. Zum einen sollte der trockene Südwesten der USA bewässert werden. Des Weiteren sollten der launische Fluss gebändigt und so Überschwemmungen weitgehend ausgeschlossen werden. Drittens sollte vom Fluss mitgeführter Schlick gesammelt und viertens Elektrizität erzeugt werden. Jedoch erst als die wachsenden Städte Südkaliforniens zusagten, einen Großteil dieser Elektrizität abzunehmen, kam das Hoover-Damm-Projekt endlich ins Rollen.

Das Amt für Landgewinnung hatte bereits seit Beginn des 20. Jahrhunderts verschiedene Standorte am Colorado in Betracht gezogen; bis 1928 war die Zahl der Aspiranten auf zwei geschrumpft: Boulder Canyon und Black Canyon. Beide boten Raum für sehr große Stauseen, aber am Ende entschied man sich für den Black Canyon. Seine Wände waren höher, und der Fluss war hier schmaler; ein kleinerer Damm würde also genügen. (Es ist schwer vorstellbar, dass ein Bauwerk aus massivem Beton von 200 m Höhe, das oben 370 m breit und unten 200 m tief ist, *kleiner* sein kann als etwas anderes, aber so ist das nun mal bei Staudämmen.)

Der Fluss wurde zuerst über vier Tunnel um die Baustelle herumgeleitet. Jeder war 1200 m lang, hatte 17 m Durchmesser und war mit einer 1 m dicken Betonschicht ausgeschlagen. Ende 1932 waren die beiden Tunnel auf der Seite von Arizona fertig, und die Barrieren vor ihren Eingängen wurden weggesprengt; das Wasser konnte kommen.

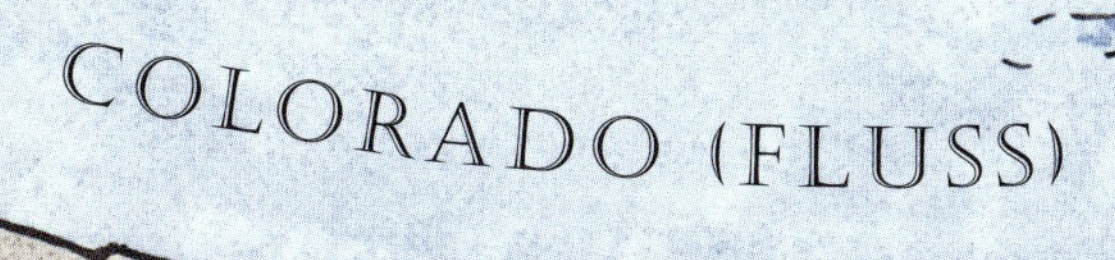

Sofort begannen Arbeiter mit dem Bau des Fangdamms flussaufwärts, der am Ende 30 m hoch sein sollte und eine Betonwand hatte. Nach fünf Monaten war auch der Fangdamm flussabwärts fertig, und der Raum dazwischen konnte leer gepumpt werden.

Dann wurden 12 m Schlick und Schlamm ausgehoben, um das Grundgestein freizulegen und vorzubereiten. Ein Großteil des Drecks wurde mittels eines speziell konstruierten Kabelsystems nach oben befördert, das beide Wände der Schlucht miteinander verband. Die Kabel waren zwischen Türmen gespannt, die auf Gleisen hin und her fahren konnten, um ihre Ladung da aufzunehmen oder abzuladen, wo es nötig war. Während man das Flussbett herrichtete, entfernte man alle losen und wackligen Steine aus den Felswänden. Diese Arbeit, eine der gefährlichsten des ganzen Projekts, machten so genannten »high scaler«. Wie Akrobaten in einem irrwitzigen Zirkus hingen sie an langen Seilen an den Felswänden und bedienten schwere Bohrhämmer – alles ohne Netz.

Wie der Itá-Damm basiert der Hoover-Damm auf Schwerkraft, aber aufgrund seiner Form und Höhe musste er ganz aus Beton gebaut werden, wobei die undurchlässige Oberfläche und die Stützkonstruktion eins sind. Im Querschnitt ist der Hoover-Damm im Wesentlichen ein rechtwinkliges Dreieck, und der größte Teil seiner Masse befindet sich unten, dort, wo der Wasserdruck am größten ist. Die obere Hälfte des Damms ist flussaufwärts gewölbt. So funktioniert sie wie ein Bogen und leitet einen Teil des auf ihr lastenden Drucks an die tragfähigen Wände der Schlucht ab. Eine Kehlleiste wurde in jede der beiden Flügelmauern geschlagen, um die Enden des Bogens zu stützen. Obwohl der Hoover-Damm eine gewölbte Gewichtsstaumauer ist, ist es angesichts seines enormen Gewichts fraglich, ob der Bogen wirklich nötig war. Aber die Menschen scheinen instinktiv Vertrauen in Bogen zu haben, und zu sehen, wie dieser gewölbte Damm sich dem Wasser entgegenstemmt, flößt jedem, der auf ihm steht, ein Gefühl von Sicherheit ein.

Der eigentliche Bau des Damms begann 1933. Wegen der enormen Betonmenge, die benötigt wurde, und um eine lückenlose Versorgung sicherzustellen, baute man direkt neben der Baustelle zwei Betonfabriken. Auf der in Nevada gelegenen Seite der Schlucht wurde auch eine kleine Bahnlinie gebaut, um den Beton von der flussabwärts gelegenen Fabrik zu den Aufzügen des Kabelsystems zu transportieren.

**Türme für das Kabelsystem und provisorische Eisenbahnstrecke auf der Seite von Nevada**

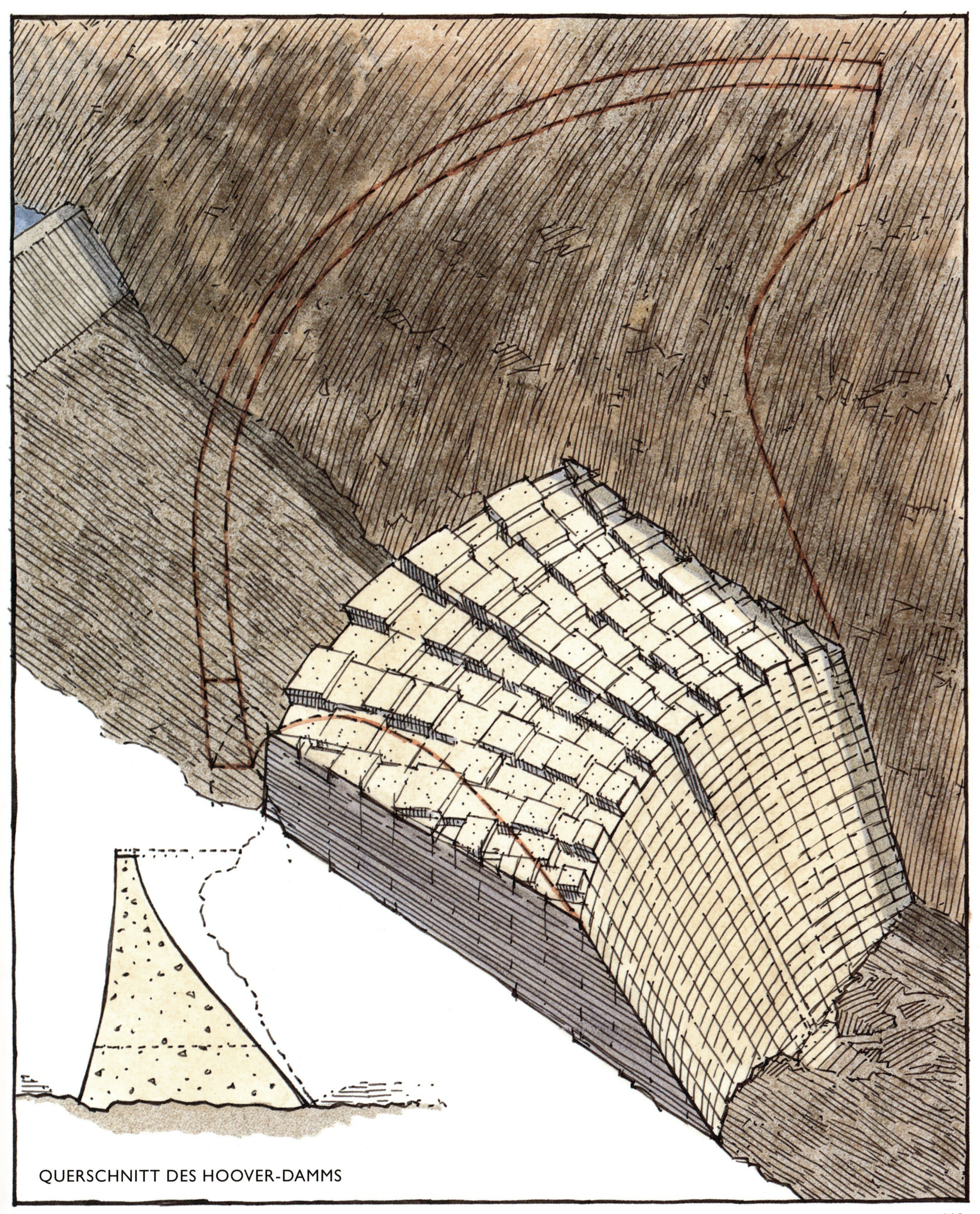

QUERSCHNITT DES HOOVER-DAMMS

Rohre des
Kühlsystems
hölzerne
Verschalung

Der Damm besteht aus 230 Pfeilern, jeder etwa 7,5 m mal 18 m. Die Pfeiler wurden gleichzeitig jeweils um 1,5 m erhöht, und alle wurden versetzt angelegt, sodass die hölzerne Verschalung des noch feuchten Betons leichter bewegt werden konnte. Die Seiten der Pfeiler waren waagerecht oder senkrecht gerippt, damit sie ineinander greifen konnten. Dadurch würde sich der fertige Damm wie ein monolithischer Block verhalten. Indem sie die Pfeiler immer nur stückweise aufstockten, konnten die Arbeiter sicher sein, dass der Beton die Verschalung vollständig ausfüllte und sich gleichmäßig verteilte. Eine Reihe von Schächten und Stollen wurden in den Damm eingelassen, die Inspektions- und Entwässerungszwecken dienen sollten, sowie später, nachdem der Beton getrocknet war, zum Ausfugen mit Mörtel.

Beton ist ein Gemisch aus Kies, Sand und Zement. Wenn man Wasser dazugibt, kommt es mit dem Zement zu einer chemischen Reaktion, der Hydration. Dabei entstehen Kristalle, die untereinander und mit den übrigen Bestandteilen eine Verbindung eingehen. Es entsteht aber auch beträchtliche Wärme, und wenn diese zu schnell oder ungleichmäßig freigesetzt wird, können sich Risse bilden. Natürlich unternimmt man jede Anstrengung, um das zu verhindern.

Die Wärme, die diese enorme Menge an Beton erzeugen und binden würde, stellte die Ingenieure des Hoover-Damms vor zwei Probleme. Das erste war die Gefahr von Rissen aufgrund ungleichmäßiger Abkühlung. Das zweite bestand darin, dass die Fugen zwischen den Pfeilern erst verstrichen werden konnten, wenn die ganze Konstruktion ausgekühlt war. Hätte man nicht nachgeholfen, dann wäre das erst in ungefähr fünfzig Jahren der Fall – von heute an gerechnet!

Um die Auskühlung zu beschleunigen und zu kontrollieren, betonierten die Ingenieure in jede Lage Beton Rohre ein, durch die sie eiskaltes Wasser pumpten. Die Auskühlgeschwindigkeit wurde ständig überwacht und wenn nötig durch Veränderung der Wassertemperatur reguliert. In der Mitte des Damms wurde ein 2,4 m weiter Schacht ausgespart, in dem die mächtigen Rohre verliefen, die Wasser von der Kühlanlage zum Damm leiteten. Der Schacht wurde mit einer Reihe 15 m hoher Lagen gefüllt, während der Damm um ihn herum wuchs. Zwanzig Monate nach dem letzten Betonguss Anfang 1935 war die ganze Konstruktion vollständig ausgekühlt.

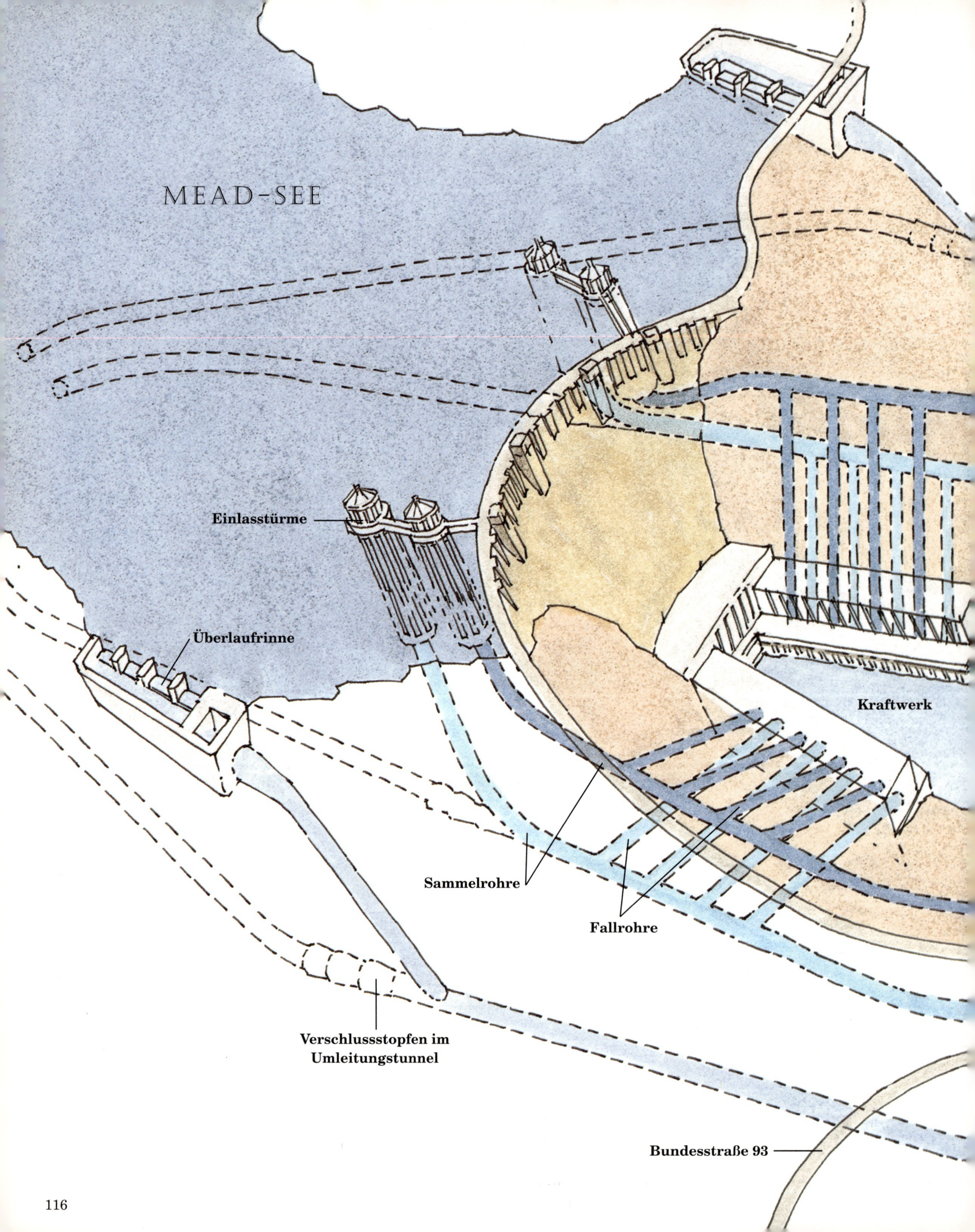
MEAD-SEE
Einlasstürme
Überlaufrinne
Kraftwerk
Sammelrohre
Fallrohre
Verschlussstopfen im
Umleitungstunnel
Bundesstraße 93

Unmittelbar hinter dem Damm befinden sich vier hohe Einlasstürme. Durch sie strömt Wasser vom Stausee in die stählernen Sammelrohre und Fallrohre, die entweder zum Doppelkraftwerk am Fuße des Damms oder zu zwei Ablassgebäuden führen. Die Einlasstürme stehen auf Felsabsätzen, die etwa 100 m über dem Flussbett in die Schlucht gehauen wurden, und können mit enormen röhrenförmigen Toren verschlossen werden. In dem Raum zwischen dem Fuß der Türme und dem Flussbett kann sich der Schlick ansammeln. Die Hauptaufgabe der Ablassgebäude besteht darin, das flussabwärts für die Bewässerung benötigte Wasser abzulassen.

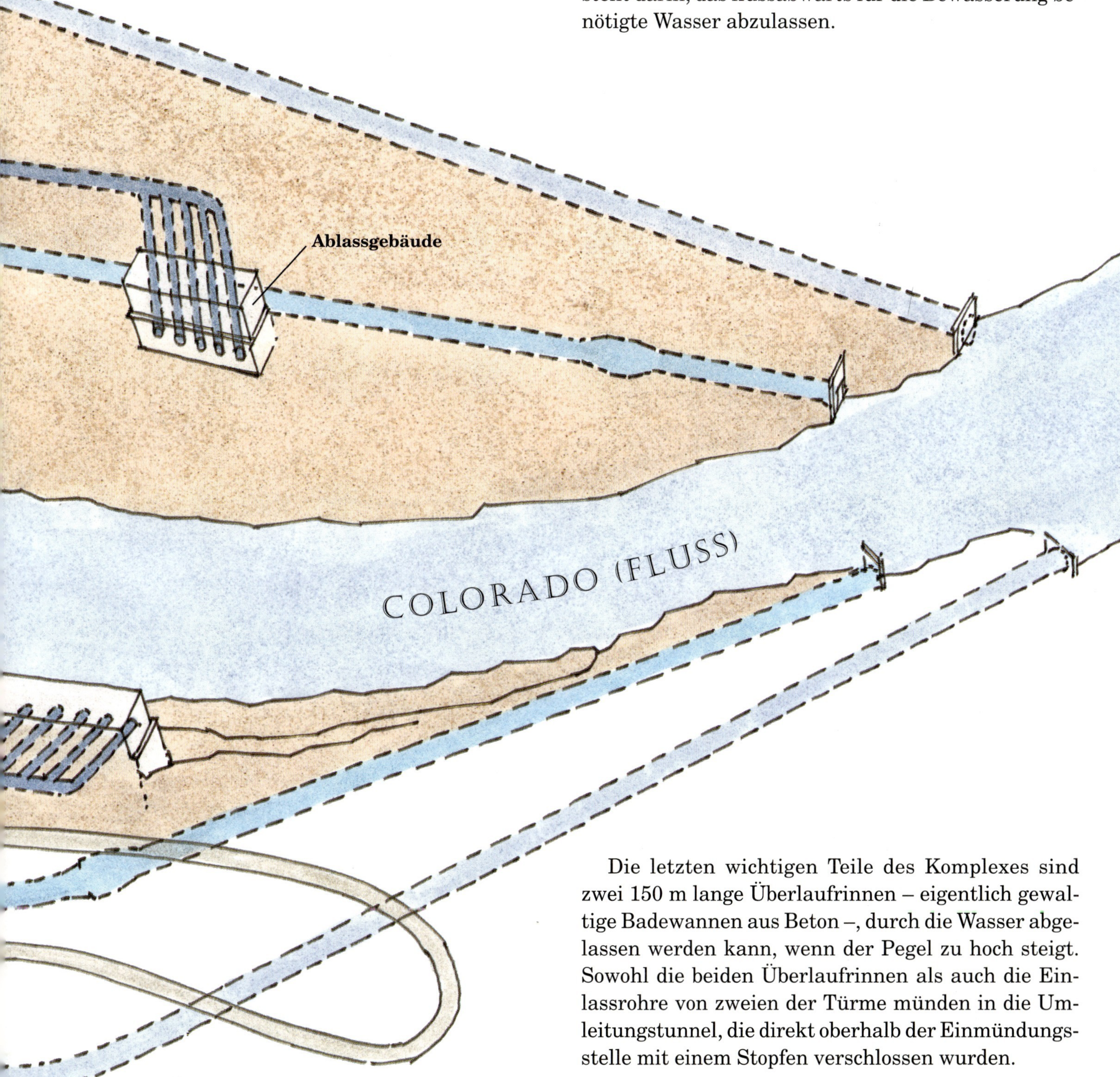


Die letzten wichtigen Teile des Komplexes sind zwei 150 m lange Überlaufrinnen – eigentlich gewaltige Badewannen aus Beton –, durch die Wasser abgelassen werden kann, wenn der Pegel zu hoch steigt. Sowohl die beiden Überlaufrinnen als auch die Einlassrohre von zweien der Türme münden in die Umleitungstunnel, die direkt oberhalb der Einmündungsstelle mit einem Stopfen verschlossen wurden.

# ASSUANSTAUDAMM

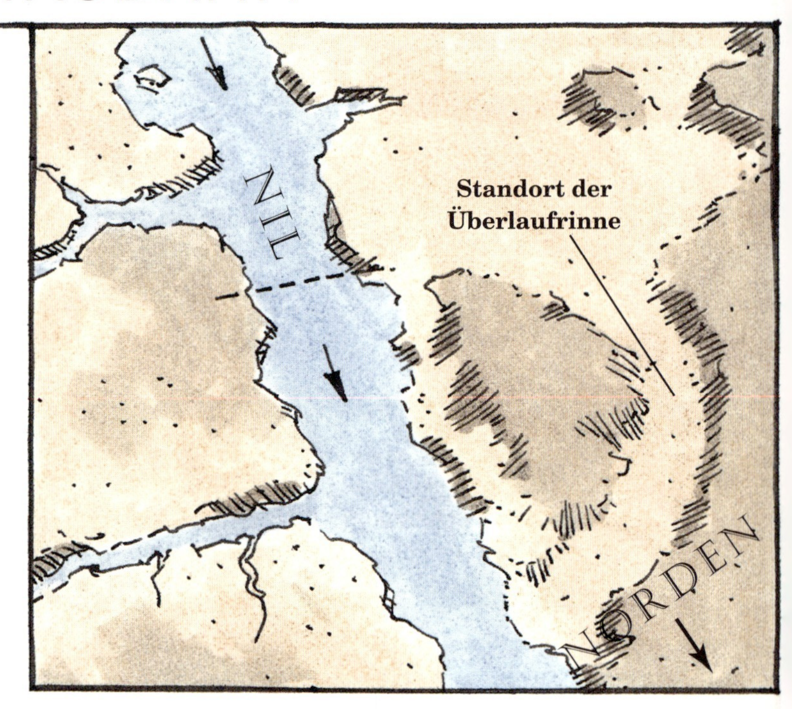


Der Nil, Ägypten, 1960–1971: 24 Jahre nach der Fertigstellung des Hoover-Damms hatten wieder einmal Ingenieure einen Fluss zur »Umschulung« im Visier – dieser war aber viel breiter und viel berühmter als der Colorado. Mehr als 4000 Jahre lang hatte der Nil den Bauern an seinen Ufern nährstoffreichen Schlick zum Düngen ihrer Felder und Wasser zu ihrer Bewässerung geliefert und hatte so zur Entstehung einer der ersten Hochkulturen der Welt beigetragen. Aber wie der Colorado konnte auch der Nil sehr launisch sein. Manches Jahr war er zu großzügig, überschwemmte Dörfer und zerstörte die Ernte. Dann wieder konnte er unglaublich knauserig sein und verbreitete überall Hungersnot.

Am Ende des 19. Jahrhunderts, als die Bevölkerung Ägyptens, insbesondere in und um Kairo, immer mehr anwuchs, empfand man die fast völlige Abhängigkeit von den Launen des Nils als nicht mehr tragbar. Britische Ingenieure versuchten dem Problem zu begegnen, indem sie den Bau des ersten Damms über den Fluss – ein imposantes Bauwerk in der Nähe von Assuan – planten und überwachten. Im Lauf der Jahre wurde der Damm einige Male erhöht, war aber immer noch zu klein, um die Anforderungen zu erfüllen. In den 1950er Jahren begann man Studien zu erstellen und Pläne für ein wesentlich größeres Bauwerk zu entwerfen, das den Namen Assuanstaudamm bekam. Es sollte weit mehr Elektrizität liefern als sein Vorgänger, sowohl für die Industrie als auch zur Hebung des allgemeinen Lebensstandards. Durch die Schaffung eines riesigen Stausees sollte er auch den häufigen Überschwemmungen Herr werden und eine konstante Versorgung mit Wasser gewährleisten. Dann wäre die Landwirtschaft von den Jahreszeiten unabhängig und könnte ganzjährig betrieben werden. Ägypten wäre endlich Herr seines Schicksals.

Auch hier wurden Fangdämme vor und hinter der Baustelle errichtet, und der Fluss wurde umgeleitet. Dieses Mal unterband man zwar die Strömung zwischen den Fangdämmen, das Wasser aber blieb. Weil der Nil breit ist und seine Ufer niedrig sind, entschieden sich die Ingenieure für einen Auffülldamm. Die undurchlässige Barriere – ein massiver Tonkern – sollte durch Schichten von Sand und Steinschütt in Position gehalten werden.

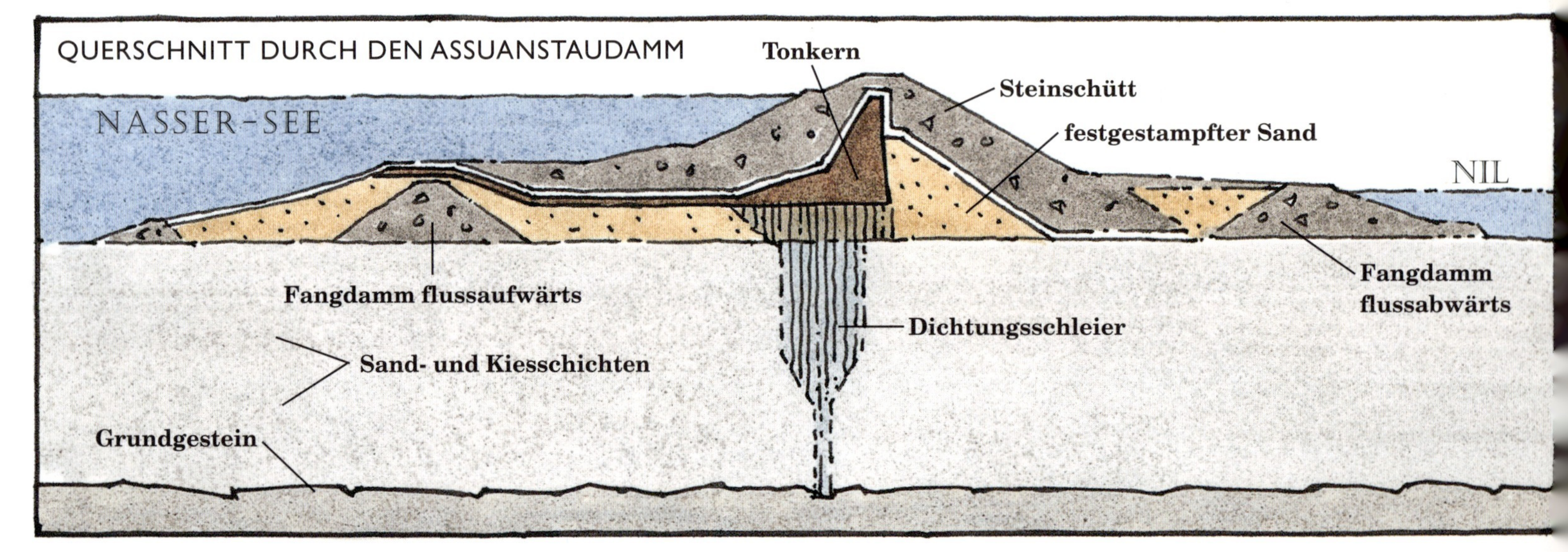

KHOR KUNDI
Fangdamm flussaufwärts
Dammbaustelle
Eingang zum Umleitungs-kanal
Fangdamm flussabwärts
Umleitungskanäle
Ausgang des Umleitungskanals
NIL

HERSTELLUNG DES DICHTUNGSSCHLEIERS
Steinschütt
Tonkern

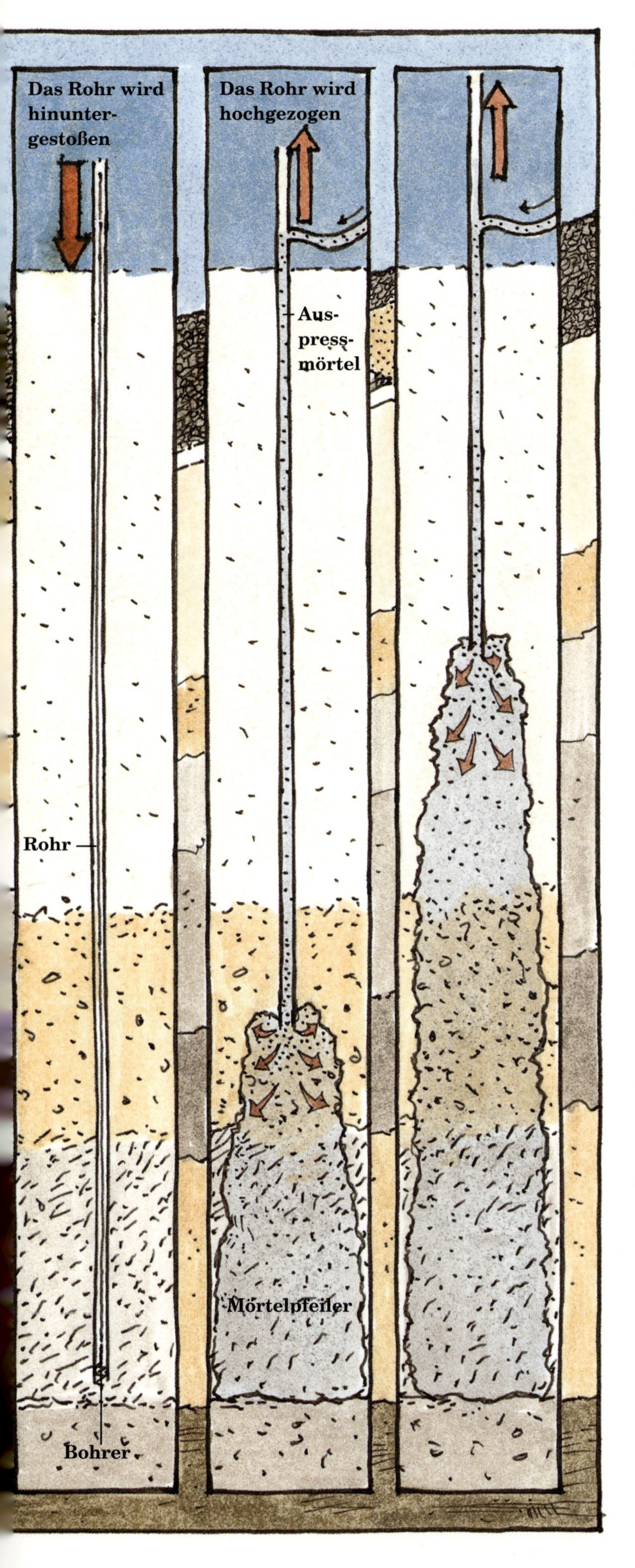


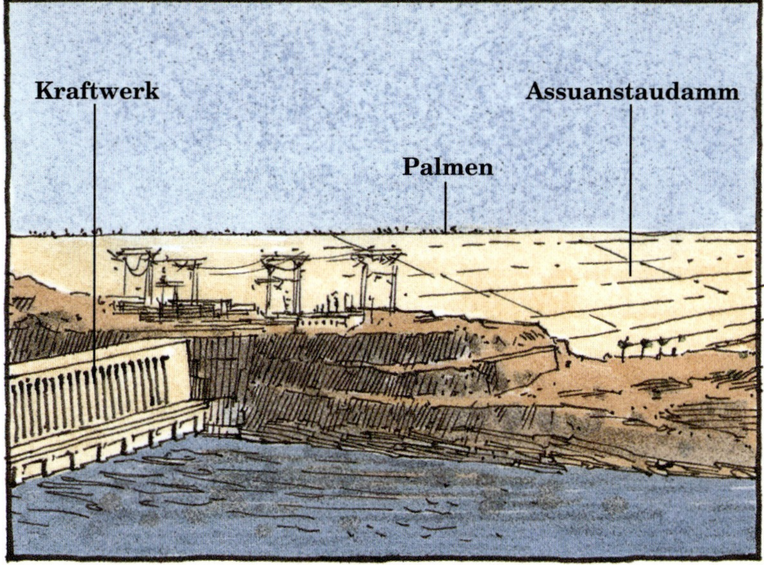


Obwohl der Nil nicht so hohe Seitenwände wie der Colorado hat, so hat er doch eine Schlucht. Nur führt diese leider nach unten statt nach oben; sie fällt auf etwa 180 m ab und ist mit Sand und Kies gefüllt. Zwar würde der Tonkern das Wasser nicht durchlassen, und eine Überlaufrinne würde sein Überschwappen verhindern. Aber das Wasser konnte unter dem Damm entweichen und ihn auf diese Weise gefährden.

Man löste das Problem, indem man eine Unterwasserbarriere baute, einen so genannten Dichtungsschleier – im Wesentlichen eine durchgehende Wand miteinander verbundener Pfeiler. Über die ganze Flussbreite wurden, nach vorher berechneter Anordnung, Löcher gebohrt. Einige gingen die ganzen 180 m hinunter bis zur Felssohle. In jedes der Löcher wurde während des Bohrens ein im Durchmesser 7,5 cm breites Rohr gesteckt. Wenn ein Loch die gewünschte Tiefe erreicht hatte, wurde Mörtel durch das Rohr gepresst, das dann allmählich herausgezogen wurde. Sobald der Mörtel unten aus dem Rohr trat, breitete er sich schnell im umliegenden Erdreich aus. Wenn dieses dichte Gemisch aus Mörtel, Sand und Kies hart geworden war, bildete es einen beständigen Pfeiler von fast 1,5 m Durchmesser. Während die Arbeiter ganze Reihen solcher Pfeiler herstellten und mit Mörtel versetzten, wuchs eine durchgehende wasserdichte Barriere heran. Als schließlich die verschiedenen Schichten aus zusammengepresstem Material über dem Dichtungsschleier in Position lagen, waren beide Fangdämme Teil eines Bauwerks geworden, das sich, 120 m hoch, einen knappen Kilometer in der Längsrichtung des Flusses erstreckte. 30 000 Arbeiter brauchten fast zehn Jahre, um den Assuanstaudamm zu bauen, und 500 von ihnen verloren dabei ihr Leben.

# ITAIPU-STAUDAMM

Der Fluss Paraná zwischen Brasilien und Paraguay, 1975–1991: Im April 1974 unterzeichneten die Regierungen beider Länder einen Vertrag, der den Bau des größten Wasserkraftwerks der Welt in Gang setzte. Nachdem man vier Jahre lang diverse Standorte und Kombinationen von Dämmen geprüft hatte, entschied man sich für einen einzigen riesigen Damm an einem Ort namens Itaipu. 18 enorme Turbinen sollten mehr Strom liefern, als Paraguay nutzen konnte, und dreißig Prozent des gegenwärtigen Bedarfs Brasiliens abdecken.

Die fast 8 km lange Konstruktion ist eine Kombination aus gemauerten Dämmen und Auffülldämmen. Zuerst baute man eine massive Gewichtsstaumauer aus Beton, über die der Fluss anfänglich umgeleitet wurde. Daneben erstreckt sich quer über den Fluss ein hohler Gewichtsstaudamm aus Beton. Da der ausgehöhlte Teil nicht so schwer sein muss, werden die beiden abgeschrägten Außenwände von einer Reihe paralleler Mauern gestützt, zwischen denen sich riesige Hohlräume befinden. An beiden Seiten schließen sich Pfeilerstaumauern aus Beton an. Sie haben nur eine Wand, die von einer Reihe freiliegender abgeschrägter Mauern gestützt wird. Auffülldämme mit einem Tonkern und Außenhüllen aus Steinschütt oder Erde vervollständigen die Konstruktion. Der einzige Dammtyp, der in Itaipu nicht vertreten ist, ist der Bogendamm. Zwei dieses Typs wurden allerdings anfangs dazu benutzt, während des Baus der massiven Gewichtsstaumauer den Umleitungskanal zu blockieren. Kaum war sie fertig, wurden diese Dämme weggesprengt, und der Fluss wurde über den Schutt hinweggeleitet.

Auffülldamm (Steinschütt)

Auffülldamm (Erde)

Wie groß ein Damm wirklich ist, ist manchmal schwer zu begreifen. Obwohl man von der Luft aus alles im Blick hat, hat man kein wirkliches Gefühl für die gewaltigen Ausmaße.

Dies ist der Blick von der so genannten Flussaufwärtsstraße auf die riesigen Fallrohre von 10 m Durchmesser, genau da wo sie sich von der Dammkrone aus auf den Weg zu den Turbinen machen. Wie winzig sieht doch im Vergleich ein normaler Kleinwagen aus.

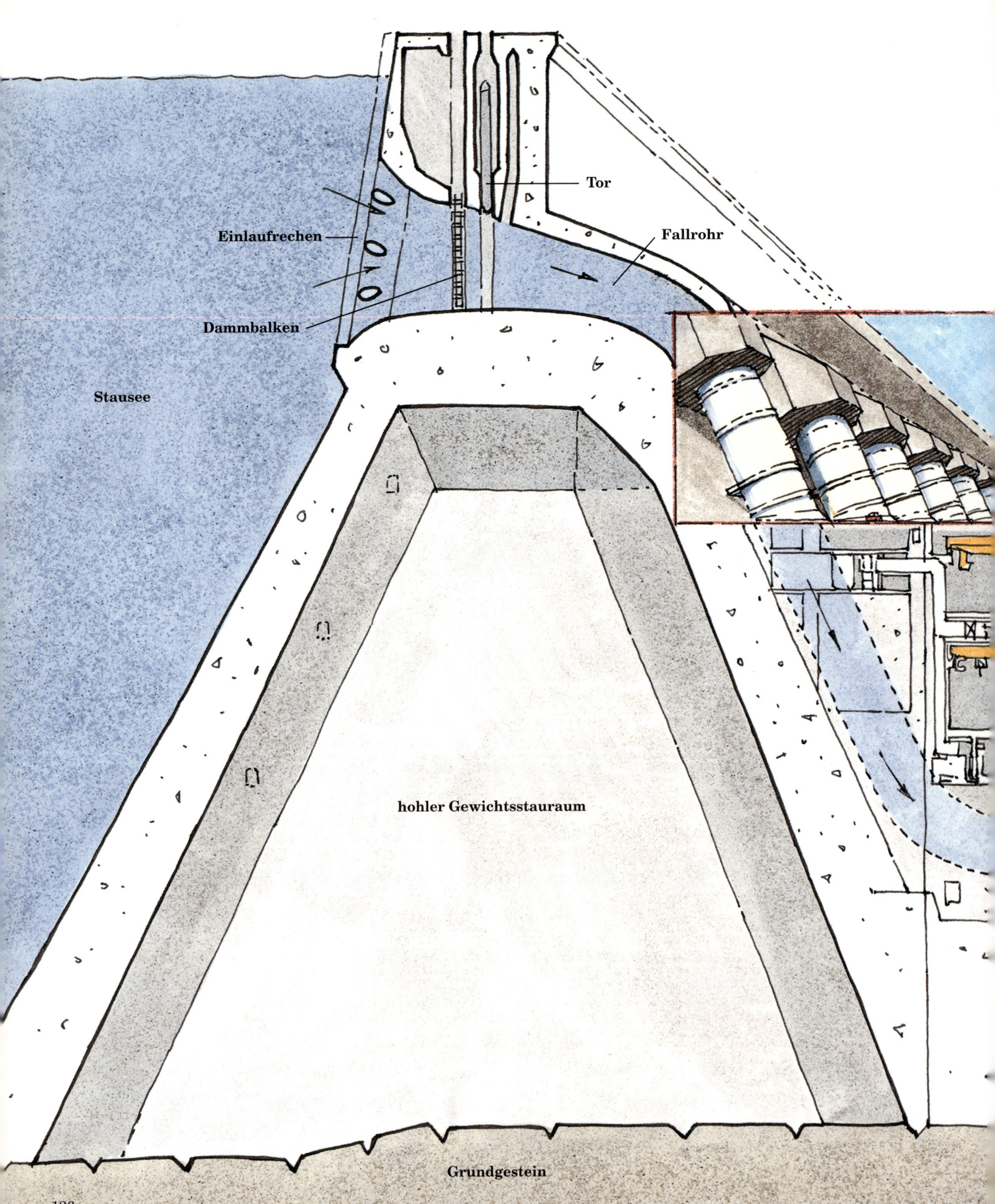
Tor
Einlaufrechen
Fallrohr
Dammbalken
Stausee
hohler Gewichtsstauraum
Grundgestein

Wenn wir jetzt das vorherige Bild an der richtigen Stelle im Querschnitt des Hauptdamms und des Kraftwerks einsetzen, wird es vielleicht etwas klarer, was gewaltige Bautechnik wirklich bedeutet.

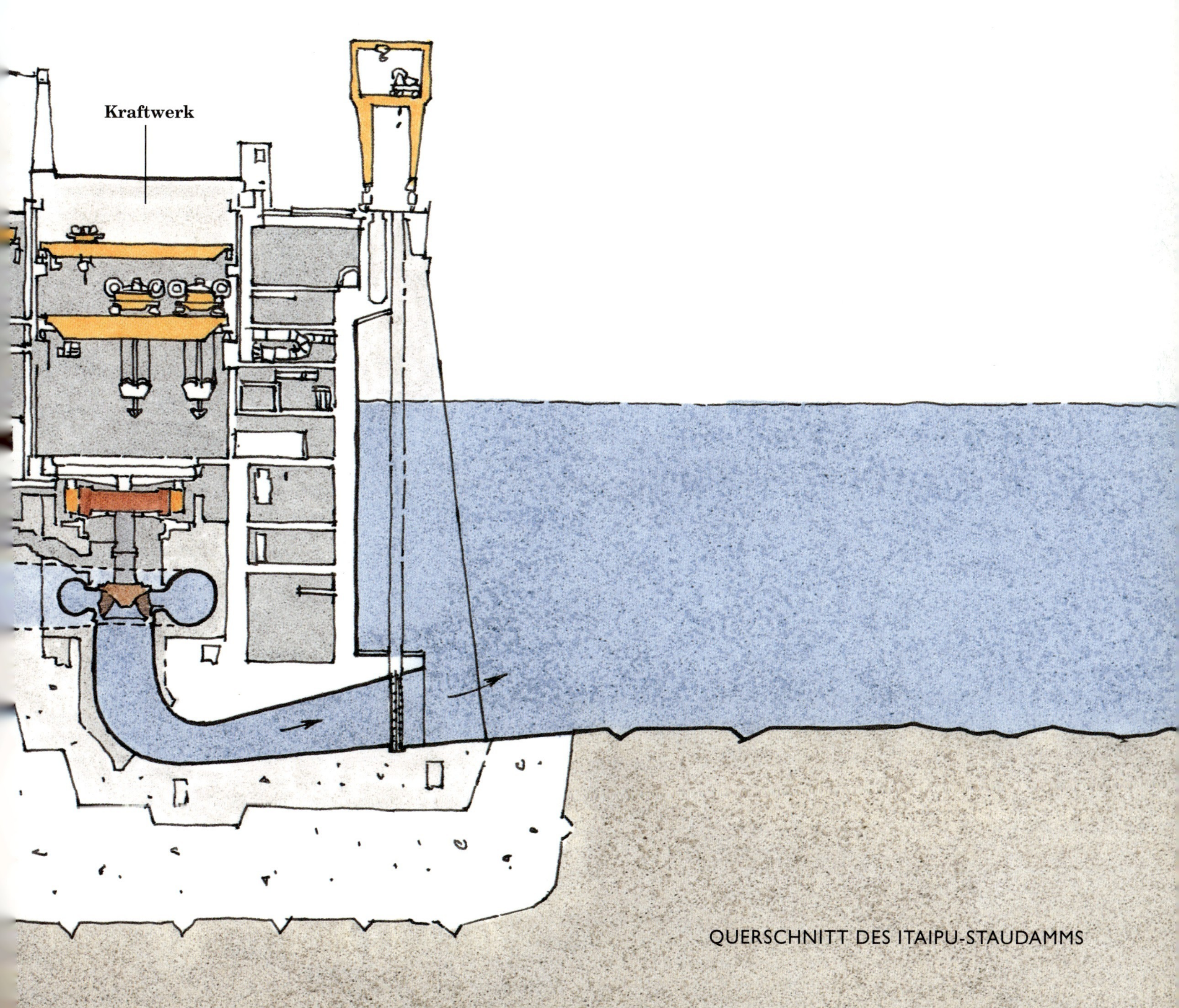


QUERSCHNITT DES ITAIPU-STAUDAMMS

# KUPPELBAUTEN

Die größten Kuppelbauten der Welt haben die Gabe, uns zu bewegen, wörtlich und im übertragenen Sinne. Einerseits umkreisen wir sie, um sie in ihrer ganzen Pracht zu erfassen. Andererseits bewegen sie unser Gemüt, indem sie unseren Blick zum Himmel ziehen oder schwerelos im Raum zu schweben scheinen. Aber die Erbauer dieser bemerkenswerten Konstruktionen wären sicherlich die Ersten, die uns daran erinnern würden, dass es keine leichte Sache ist, der Schwerkraft zu trotzen. Schließlich sind Kuppeln Dächer. Wie groß oder imposant sie auch immer sein mögen, sie sind aus gutem Grund da oben, und da sollen sie auch bleiben.

Die ersten und reinsten Kuppeln waren einzelne Mauergewölbe, deren innere Form sich mehr oder weniger in den äußeren Umrissen widerspiegelte. Im Laufe der Jahrhunderte jedoch begannen Kuppelbauten als Wahrzeichen zu fungieren und wurden als solche immer höher gebaut. Mit der Zeit erschienen die Proportionen des Innengewölbes nicht mehr befriedigend. Die Architekten lösten dieses Problem, indem sie eine zweite Kuppel in die erste hineinbauten. Irgendwann waren bis zu drei Kuppeln oder kuppelähnliche Formen übereinander getürmt. Mit der Komplexität dieser Konstruktionen wuchs auch ihre Bedeutung als Symbol religiöser, kultureller und staatlicher Institutionen.

Als sich im Laufe des 20. Jahrhunderts die Technik rasant entwickelte und die Baustoffe stabiler wurden, entstanden riesige Kuppeln über Stadien und Kongresshallen. Zum Ende des Jahrhunderts verwendete man das Wort »dome« (Kuppel) mit solcher Selbstverständlichkeit für große Versammlungsorte, dass man eine Reihe gewaltiger Plätze damit bezeichnete, die mit irgendwelchen gewölbten Dächern bedeckt waren. Diese »domes« wie der Georgia Dome, der Millennium Dome und der Sky Dome sind sicherlich architektonische Großleistungen, aber bereits zu groß, um uns noch in irgendeiner Weise zu inspirieren. Sie mögen uns beeindrucken, ja, überwältigen – aber dass wir von ihnen hingerissen sind, wie beim Anblick des Pantheons oder des Petersdoms in Rom? Das glaube ich kaum.

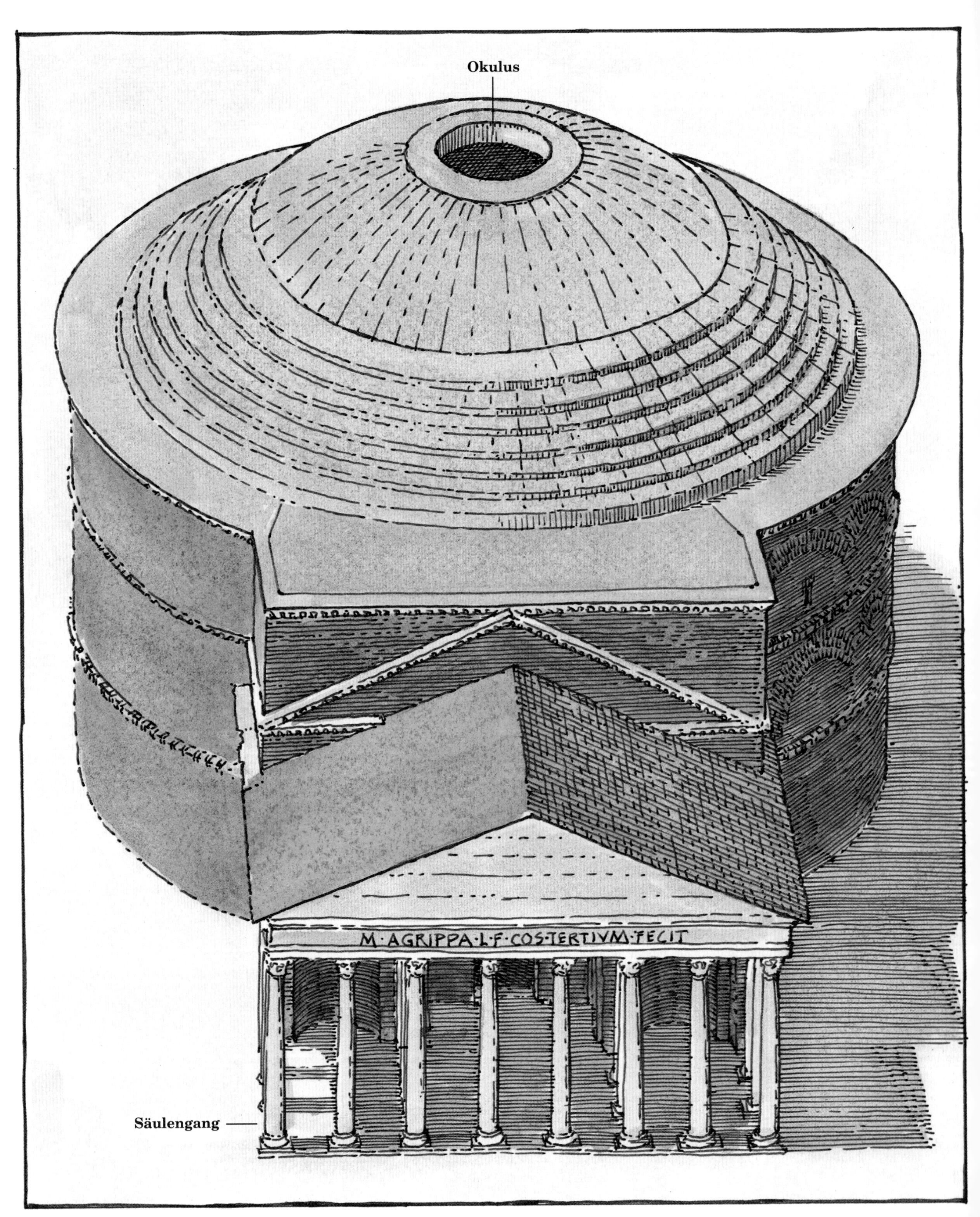
Okulus
M·AGRIPPA·L·F·COS·TERTIVM·FECIT
Säulengang

# PANTHEON

Rom, Italien, 118–125 n. Chr.: Zur Besteigung des Throns startete Hadrian, der dreizehnte Kaiser des Römischen Reichs, eine Art PR-Kampagne. Wie üblich erließ er gewisse Schulden und sorgte für prächtige, schaurige Spektakel im Colosseum, aber er wollte auch etwas schaffen, das ihn unvergesslich machen würde. Als begabter Hobbyarchitekt verstand Hadrian sehr wohl, welche Macht ein Gebäude haben kann – besonders ein großes. Da er außerdem wusste, dass auch ein Kaiser ein paar Verbündete im Jenseits gebrauchen konnte, erarbeitete er zusammen mit seinen Architekten Pläne für ein Pantheon – einen Tempel für alle Götter. Es sollte das alte Pantheon des Agrippa ersetzen, das sich inzwischen in recht baufälligem Zustand befand.

Das Gebäude hatte zwei Hauptteile. Der erste war die Art von Eingang, die Leute vor einem Tempel erwarteten – ein erhöhter Säulenvorbau mit Ziergiebel. Der zweite sollte jedoch eine Überraschung sein – ein riesiger kreisförmiger Raum, überdacht von einer einzigen Kuppel. Dieser eingeschlossene, ansonsten aber unverbaute Raum unter einem von Menschenhand geschaffenen Betonhimmel bekam eine Direktverbindung zu den Göttern durch ein an der Spitze angebrachtes Auge von 8 m Durchmesser, den Okulus. Ein brillanter Plan. Nicht nur, dass ein sehr großes Publikum dem Kaiser bei der Führung seiner Amtsgeschäfte zusehen konnte, sondern er würde auch unter den Augen und daher mit der stillschweigenden Billigung der Götter handeln.

Ob sie nun die Form einer Halbkugel, eines Eies oder einer Untertasse haben, alle Kuppelbauten gehorchen bestimmten Prinzipien. Die Zeichnung unten zeigt, wie eine Kuppel funktioniert. Die senkrechten Linien heißen Meridiane, die waagerechten Parallelen. An der Spitze einer Kuppel neigen sich die Meridiane zur Mitte, wie bei einem Bogen, und drücken die Parallelen zusammen. Unten dagegen drücken die Meridiane nach außen, dehnen die Parallelen und setzen sie unter Spannung. Auf einer bestimmten Höhe zwischen den beiden Gruppen von Parallelen befindet sich eine Stelle, die weder unter Druck noch unter Spannung steht. Sie ist mit der gepunkteten Linie gekennzeichnet. Wenn eine Kuppel halten soll, dann muss diesen beiden entgegengesetzten Kräften Rechnung getragen werden.

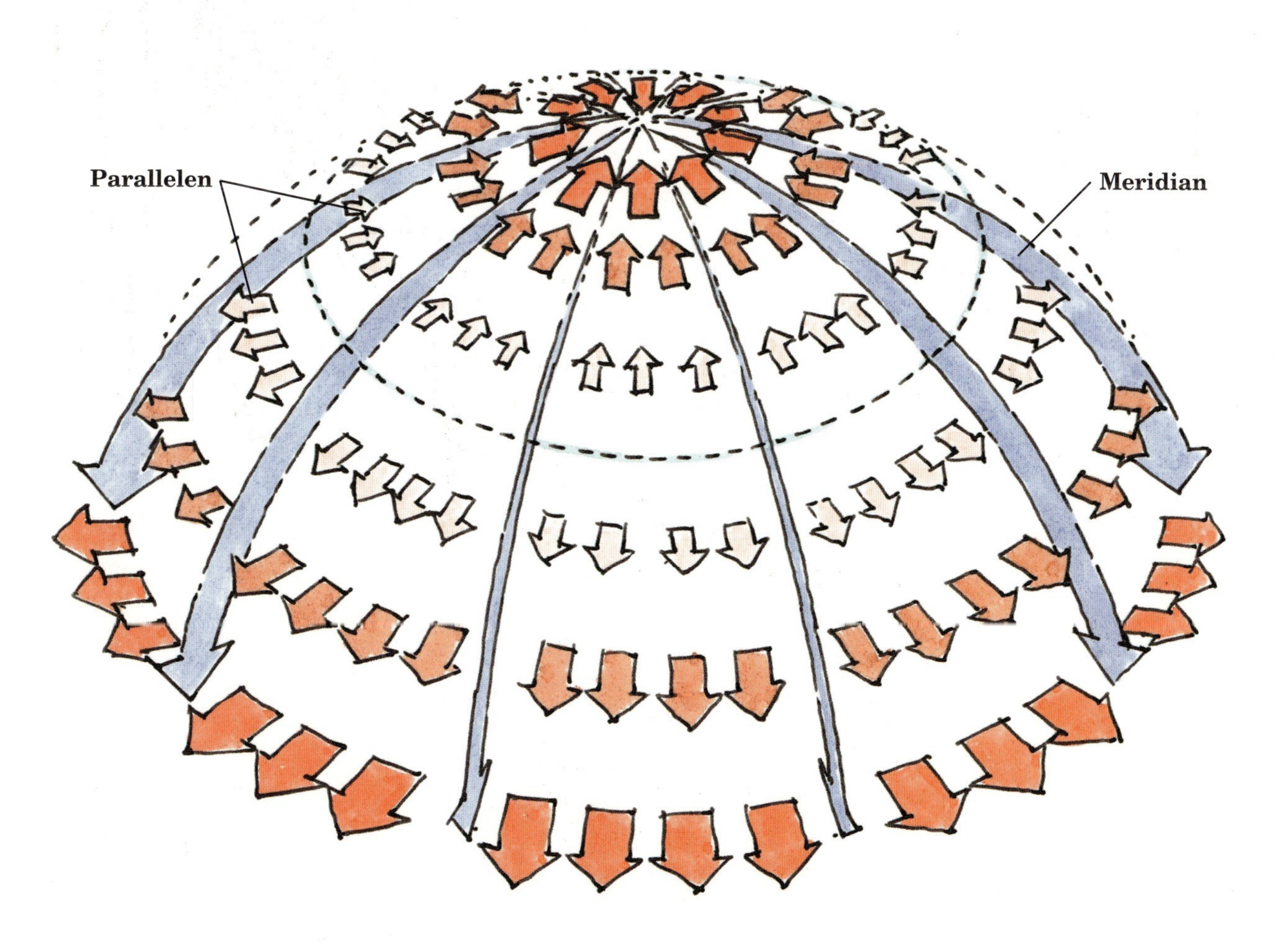

**Entlastungs-
bogen**

Obwohl das Pantheon die größte Betonkuppel der Welt bekommen sollte, waren weder die Form, noch das Material etwas völlig Neues für die römischen Bauherren. Die Form war die logische Fortführung des Gewölbes, die ihrerseits die logische Fortführung des Bogens gewesen war. Der mit Ziegelsteinen verkleidete Betonzylinder, auf dem die Kuppel ruhen sollte, war genau genommen ein Ring aus massiven Pfeilern, die durch relativ dünne Wände und im Mauerwerk versteckte große Bogen verbunden waren. Diese Bogen hatten den Zweck, das gewaltige Gewicht, das auf ihnen ruhte, zu tragen und an Fenstern, Durchgängen und Nischen vorbei an die Pfeiler und das Fundament weiterzugeben.

Obwohl das Pantheon fast vollständig aus Beton war, spielte auch Holz bei seinem Bau eine wichtige Rolle. Die Arbeiter füllten den Raum, den am Ende der Zylinder umfassen sollte, mit einem riesigen Holzgerüst. Dieser von Menschenhand geschaffene Wald lieferte Plattformen für die Arbeiter, die die Wand errichteten, und trug die halbkugelförmige Verschalung, in die die Betonkuppel gegossen werden sollte. Fünf horizontale Ringe von trapezförmigen Einbuchtungen, so genannte Kassetten, sollten in die innere Oberfläche der Kuppel gegossen werden. Ihre Aufgabe bestand nicht nur darin, die visuelle Vielfalt zu steigern, sondern auch das Gewicht zu reduzieren. Dazu mussten sie natürlich umgekehrt zuerst einmal in der Verschalung hervorstehen.

Beton stellt man her, indem man Zuschlag, wie etwa Stein und Sand, mit Zement und Wasser mischt. Um das Gewicht ihrer Kuppel weiter zu verringern, benutzten die Erbauer des Pantheons verschiedene Arten von Zuschlag. Für die Basis der Kuppel nahm man schweren Basalt, während man zur Spitze hin ein viel leichteres Vulkangestein verwendete, Bimsstein.

Um die Basis der Kuppel herum wurden mehrere Schichten Beton hinzugefügt, um den Spannungskräften entgegenzuwirken. Diese so genannten Stufenringe erzeugten das nötige Gewicht, um die horizontalen Kräfte nach unten in die Mauern zu leiten. Die Dicke des oberen Teils der Kuppel beträgt ungefähr 1,5 m; durch sieben zusätzliche Stufenringe wächst sie unten auf 5 m an.

Das vielleicht Bemerkenswerteste an der ganzen Kuppel ist der Okulus. Gerade da, wo der Druck am größten ist, verzichtete man auf jegliches Material. Den immensen Kräften bietet stattdessen ein 1,4 m dicker Ring aus Ziegelsteinen Paroli, ein so genannter Druckring. Wie im Querschnitt eines runden Tunnels widersteht dieser Ring dem Druck aus jeder Richtung; so bleibt der Platz in seiner Mitte offen. Diese Öffnung lässt allerdings statt Zügen oder Autos Licht herein, und manchmal ein wenig Regen. Innen bildet die Kuppel eine perfekte Halbkugel von 43 m Durchmesser. Das entspricht genau der Entfernung vom Okulus zum Mittelpunkt des Fußbodens. Nimmt man hierzu noch die geometrische Perfektion der Sonnenstrahlen, die jeden Tag im Innern der Kuppel ihre Bahn ziehen, und den nächtlichen Anblick der Sterne, dann ist das Pantheon weit mehr als nur ein Göttertempel. Es ist ein Sinnbild des Himmels selbst, der fest im Herzen von Hadrians Reich verankert ist.

QUERSCHNITT DURCH DAS PANTHEON

Druckring
Kassetten
Stufenringe

# HAGIA SOPHIA

Konstantinopel (Istanbul, Türkei), 532–537: Wieder einmal brauchte der Herrscher über das inzwischen christliche Reich eine kleine PR-Aktion. Nachdem er gerade einen Aufstand niedergeschlagen hatte, der 35 000 Menschen das Leben kostete, folgte Justinian dem Beispiel Hadrians und wandte sich einem großen Kuppelbauvorhaben zu – in diesem Fall einer Kirche, mit dem Namen Hagia Sophia, Göttliche Weisheit.

Die Architekten, Anthemios von Tralles und Isidor von Milet, begannen damit, ein Quadrat von 60 m Seitenlänge in drei parallele Rechtecke aufzuteilen. So entstanden ein breiter Raum in der Mitte für Prozessionen und zwei schmalere Gänge für die Zuschauer. In der Mitte des breiten Rechtecks zeichneten sie ein Quadrat von gut 30 m Seitenlänge ein. Darüber sollte sich die Kuppel befinden. Eine runde Kuppel bauen zu wollen, die auf einem Quadrat ruht, schuf Probleme, die Hadrian und seinen Architekten erspart geblieben waren. Zuerst baute man vier massive Kalksteinpfeiler, einen an jeder Ecke des Quadrats. Die Spitzen dieser Pfeiler waren durch ausladende Mauerbogen verbunden. Der Raum zwischen den Bogen wurde mit Mauerwerk ausgefüllt. Das dabei entstandene leicht gerundete, dreieckige Gebilde nennt man einen Hängezwickel. Nach ihrer Fertigstellung bildeten die Oberseiten der vier Hängezwickel eine durchgehende kreisförmige Basis für die Kuppel.

Wie der Rest des Gebäudes wurde auch die Kuppel aus flachen Ziegelsteinen gebaut, 5 cm dick und ungefähr 64 cm im Quadrat. Sie wurden mit sehr dicken Mörtelfugen auf ein hölzernes Lehrgerüst gelegt.

Um mehr Licht hineinzulassen, bauten die Architekten Fenster in die Basis der Kuppel ein. Das hieß aber, dass sie nicht, wie beim Pantheon, durchgehende Stufenringe einsetzen konnten, um den horizontalen Druck abzufangen. Stattdessen verwendeten sie Segmente von Stufenringen zwischen den Fenstern als Stützstreben und stabilisierten die Kuppel mit dünnen Rippen. Ohne durchgehende Stufenringe mussten die verbleibenden Spannungen zwischen der Kuppel und den vier Bogen, auf denen sie ruhte, anders gebändigt werden.

An der Hauptachse der Kirche brachten die Architekten zwei Halbkuppeln an, eine an jedem der Hauptbogen. Diese wurden ihrerseits mit einer Folge von kleineren Halbkuppeln und Gewölben abgestützt. Diese Kombination verschiedener Mauerformen gab die wichtigsten Kräfte über die Pfeiler und Wände an die Fundamente ab. Um den Kräften entgegenzuwirken, die im rechten Winkel zur Hauptachse gegen die Pfeiler drückten, baute man vier massive rechteckige Blöcke direkt gegen die Hauptpfeiler. Dann füllte man die Räume unter den beiden Hauptbogen mit einem zweiten kleineren Bogen und einer Kombination aus Mauern, die von Fenstern und Säulengängen durchbrochen waren.

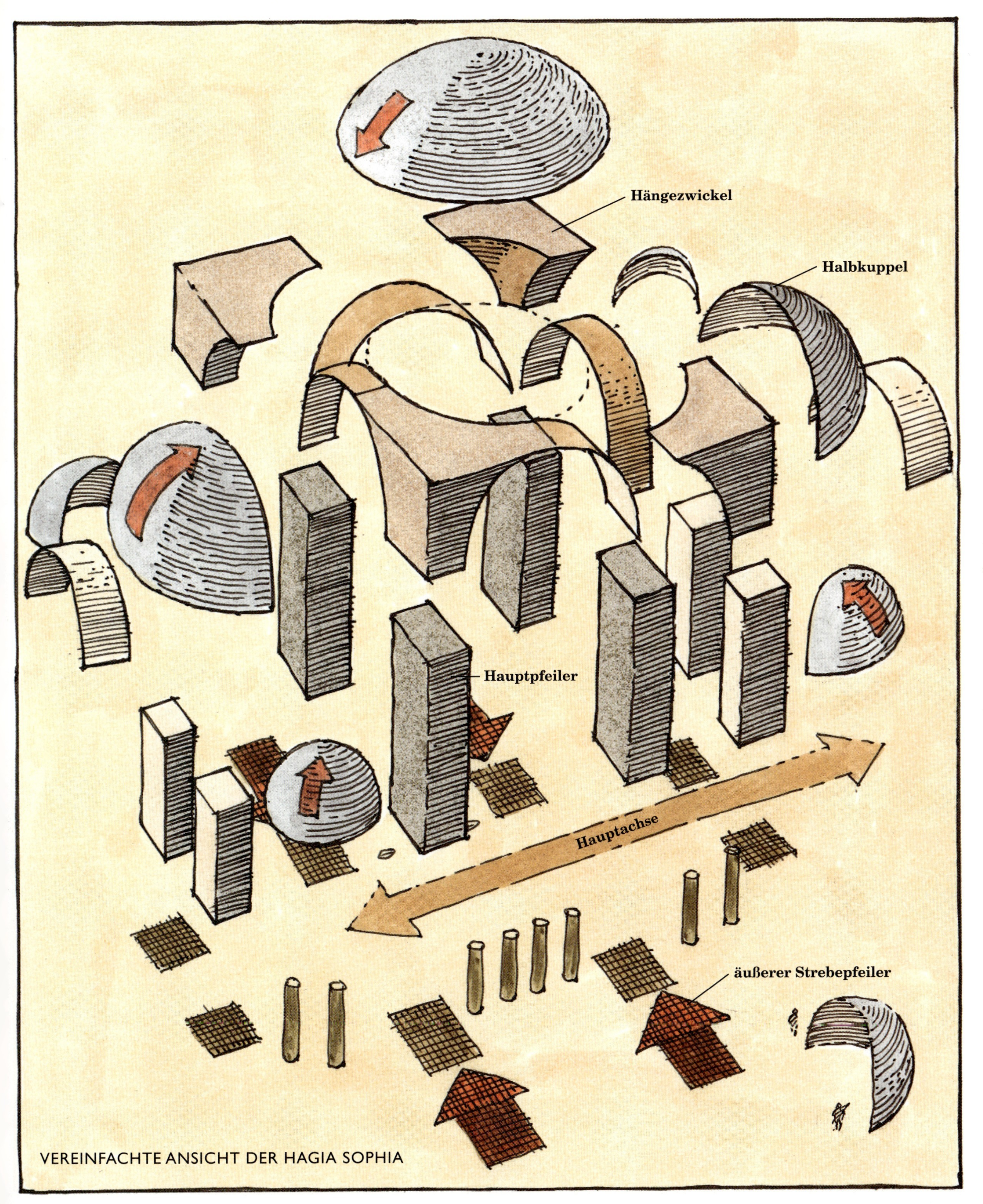


VEREINFACHTE ANSICHT DER HAGIA SOPHIA

Gut zwanzig Jahre nach Fertigstellung der Hagia Sophia brachten Erdbeben Teile der Kuppel und eine der Halbkuppeln zum Einsturz. Als Justinian den Wiederaufbau der Kirche befahl, erkannte der neue Architekt, dass eines der Hauptprobleme die durch die

QUERSCHNITT ENTLANG DER HAUPTACHSE

zu flache Wölbung der ursprünglichen Kuppel verursachten enormen Spannungen waren. Diese konnte er verringern, indem er eine steilere Form verwendete. Und die sehen wir heute noch.

# SEHZADE-MOSCHEE

Istanbul, Türkei, 1544–1548: Als Konstantinopel gegen 1450 an die Türken fiel, wurde aus der Hagia Sophia plötzlich eine islamische Moschee. Und als der große ottomanische Ingenieur und Architekt Sinan hundert Jahre später den Bau mehrerer neuer Moscheen in Auftrag nahm, suchte er sicherlich in Justinians tausendjähriger Schöpfung nach Anregungen – nicht nur was Größe und Form, sondern auch was Dauerhaftigkeit betrifft.

In den Grundzügen stand der Plan der Moschee fest. Sie sollte einen Innenhof haben, einen zentralen Gebetsraum und ein oder mehrere Minarette. Also konzentrierte sich Sinan darauf, den Innenraum auf elegante und effiziente Weise einzufassen. Bei der Hagia Sophia wurden alle von der großen Kuppel ausgehenden Kräfte von zwei verschiedenen Systemen austariert, für jede Achse eins. Das gleiche System, nur diesmal mit kleineren Kuppeln und Halbkuppeln, wendete man an beiden Achsen der Sehzade-Moschee an. So entstand eine symmetrische Konstruktion. Auch die äußeren Stützpfeiler waren kleiner und unauffälliger in den Bau integriert.

# PETERSDOM

Vatikan, Italien, 1585–1590: Seit 1506 war so ziemlich jeder bedeutende Architekt und Künstler Italiens gerufen worden, um beim Bau des großen Petersdoms zu helfen. Nachdem er bereits die Decke der Sixtinischen Kapelle bemalt hatte, kehrte Michelangelo 1546 nach Rom zurück, um die Stelle des Chefarchitekten zu übernehmen. Er war jetzt 72 Jahre alt. Die massiven Mittelpfeiler der Vierung standen bereits, und die Außenmauer wurde gerade hochgezogen. Sein Ehrgeiz bestand darin, die ganze Konstruktion unter einer monumentalen Kuppel zu vereinen.

Im Gegensatz zur Kuppel der Sehzade-Moschee, die eine organische Fortführung ihrer Stützstruktur zu sein scheint, erscheint die Kuppel des Petersdoms als sehr eigenständige Konstruktion, der das Gebäude darunter nur als Ausgangspunkt dient. Sie besteht aus mehreren verschiedenen Schichten. Die unterste – die Basis – ruht auf den Haupthängezwickeln. Die nächsten beiden Schichten, von denen die erste von einem Ring von Säulen umgeben ist, bilden den Tambour. Auf dem Tambour sitzt das Kuppeldach und darauf die Laterne.

Möglicherweise aus Ehrerbietung gegenüber Hadrians Kuppel verpasste Michelangelo der seinen einen um 1,8 m geringeren Durchmesser. Aber was er an Breite wegnahm, machte er an Höhe mehr als wett. Allein die Basis begann 3 m über der Gesamthöhe des Pantheon, und die Entfernung von der Laternenspitze bis zum Boden betrug 135 m.

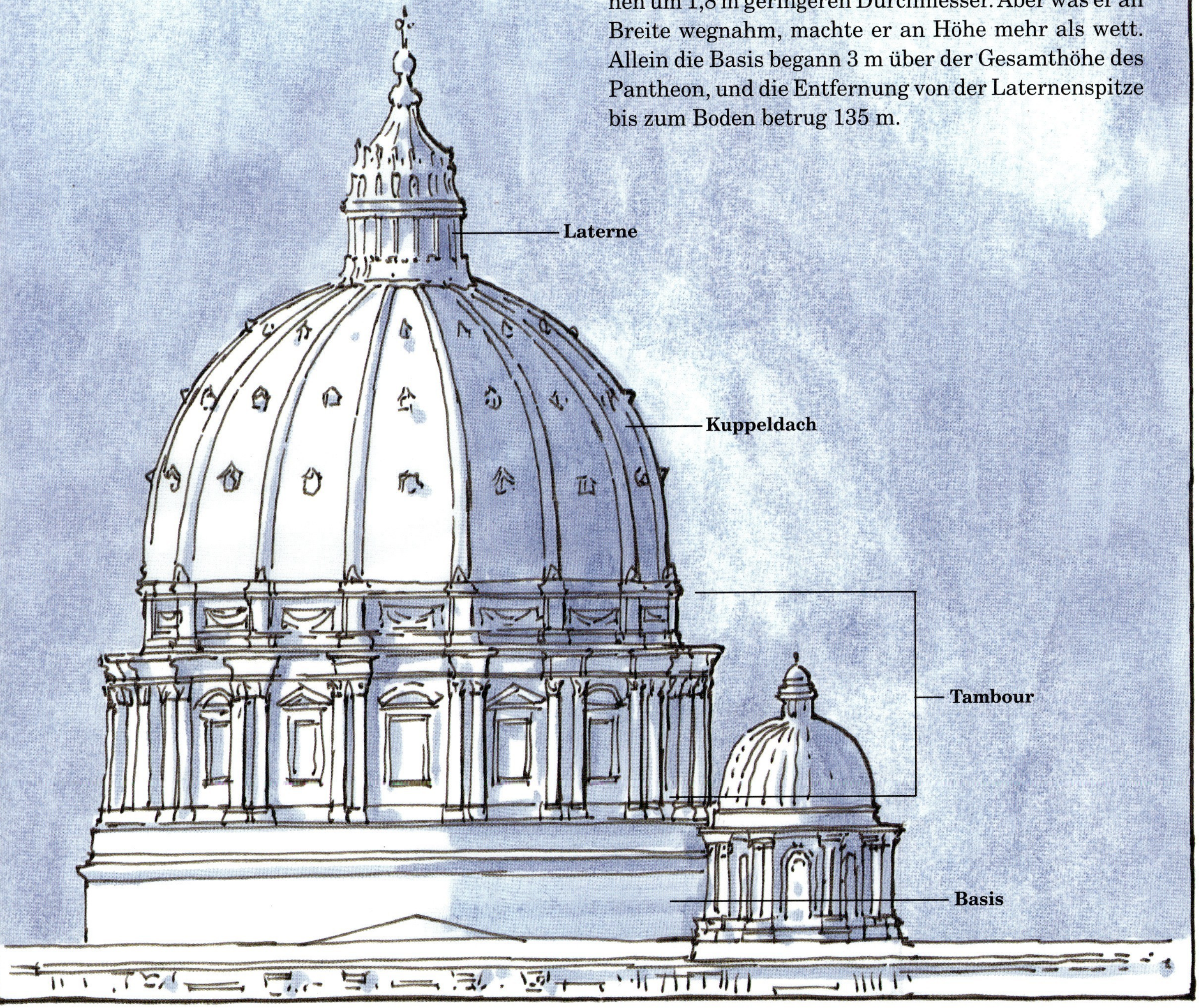

Michelangelo war ebenfalls von einer bemerkenswerten Kuppel beeinflusst, die ein anderer Florentiner, Filippo Brunelleschi, hundertfünfzig Jahre vorher gebaut hatte. Um die Vierung der Kathedrale seiner Heimatstadt zu überdachen, hatte Brunelleschi eine achteckige Kuppel mit einem dicken Innenmantel und einem dünnen äußeren Schutzmantel gebaut. Beide Mäntel waren aus Backstein und wurden durch ein Steinraster aus vertikalen Rippen und horizontalen Streifen zusammengehalten. Diese brillante Konstruktion reduzierte nicht nur das Gewicht der Kuppel, sie war auch stabiler und leichter in Schuss zu halten. Brunelleschis Lösung ist so berühmt, dass man das ganze Gebäude schlicht »Duomo« (Dom) nennt.

Diese Hüllen des Duomo haben denselben elliptischen Umriss. Von Michelangelos Kuppeldach ist nur der äußere Teil elliptisch. Die Innenwand ist halbkugelförmig – eher wie das Pantheon. Dieser Unterschied mag auf Giacomo della Porta zurückgehen, den Architekten, der die Bauarbeiten zwanzig Jahre nach Michelangelos Tod beaufsichtigte. Obwohl die elliptische Form von Brunelleschis Kuppel weniger nach außen gerichteten Druck produzierte als die des Petersdoms, wurden beide durch eine Reihe um sie herumgelegter Eisenketten verstärkt.

Eine der bemerkenswertesten Eigenheiten des Duomo ist, dass er ohne Baugerüst gebaut wurde. Das schaffte Brunelleschi, indem er das Mauerwerk so band, dass es als Druckring funktionierte, obwohl die oberste Schicht Backsteine noch nicht gelegt war. Das Kuppeldach des Petersdoms, mit seinen beiden stärker voneinander unabhängigen Schichten, wurde sicherlich mit einer Art Lehrgerüst gebaut. Wahrscheinlich stand es eher auf dem Tambour als auf dem Boden. Wie dem auch sei, Michelangelo kümmerte sich nicht um solche Details. Er verließ sich lieber auf die Findigkeit der Handwerker, die sein Meisterstück bauen sollten.

Querschnitt durch den Petersdom mit Umriss des vermutlich verwendeten Lehrgerüsts

# INVALIDENDOM & ST. PAUL'S CATHEDRAL

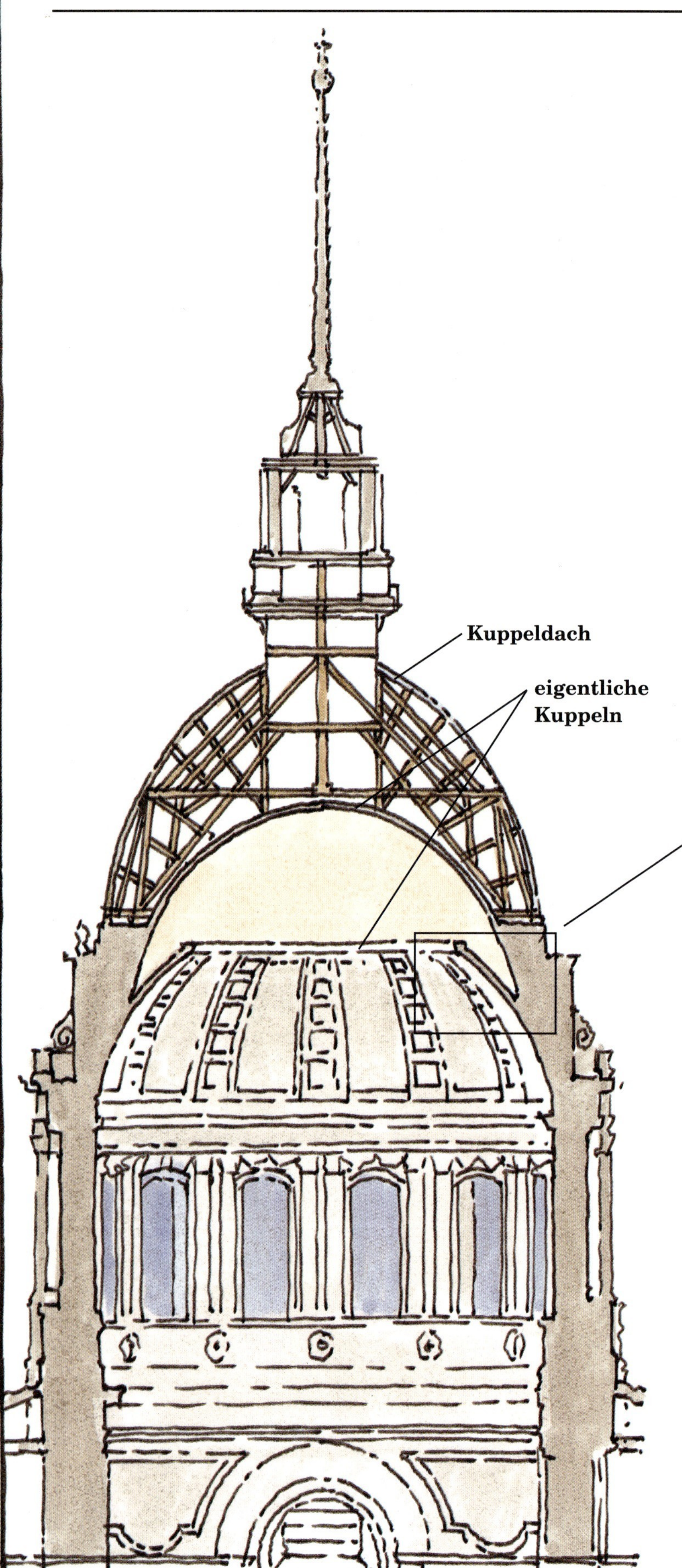


Paris, Frankreich, 1680–1691: Sollte die Kuppel des Petersdoms noch auf Jahre hinaus das Basismodell bleiben, so führte der anhaltende Wunsch, Kuppeln in die Höhe zu bauen, zu einer Vielfalt raffinierter Lösungen. Als J.H. Mansart seine Kuppel über den Invalidendom baute, entschied er sich für eine dreiteilige Konstruktion. Der untere Teil, eine richtige Kuppel mit Okulus und angedeuteten Kassetten, ist aus Stein. Darüber erhebt sich eine zweite Steinkuppel, deren großes Gewicht ein Sammelsurium aufgemalter Wolken und Gottheiten zu tragen scheint. Um dem nach außen gerichteten Druck entgegenzuwirken, verstärkte Mansart die Basen beider Kuppeln. Auf der oberen Kuppel thront schließlich schützend ein kuppelförmiges bleigedecktes Holzdach.

London, England, 1675–1710: In Sir Christopher Wrens bemerkenswerter Konstruktion steht eine innere Backsteinkuppel, inklusive Okulus, 65 m über dem Boden der St. Paul's Cathedral. Zwischen ihr und dem äußeren Kuppeldach ragt ein Backsteinkegel in die Höhe. Offensichtlich wählte Wren diese sehr tragfähige Form vor allem, um die Laterne aus massivem Stein zu halten, die schätzungsweise über 800 t wiegt. Den Kegel umschließen vier Eisenketten, die jeglicher Spannung Widerstand leisten sollen, die sowohl durch sein Eigengewicht als auch durch das der Laterne entsteht. Das Gewicht von Kegel und Laterne sowie das des oberen Teils des Tambours neutralisieren die horizontalen Kräfte an den Seiten der eigentlichen Kuppel.

# KAPITOL DER VEREINIGTEN STAATEN

Washington, D.C., 1856–1863: Die Möglichkeit der symbolischen, ja, propagandistischen Wirkung von Kuppelbauten wurde zu Beginn des 19. Jahrhunderts von niemand anderem als George Washington erkannt. Obwohl er selbst nie eine Kuppel gesehen hatte, glaubte er daran, dass man das wichtigste Gebäude eines jungen Landes – sein Kapitol – mit einer Kuppel obendrauf viel ernster nehmen würde.

Die erste, 1824 fertiggestellte Kuppel kombinierte eine am Pantheon angelehnte Backsteinkonstruktion im Innern mit einem kuppelförmigen Holzdach, das eine Kupferverkleidung hat. Auf Drängen des Präsidenten James Monroe war diese Außenkonstruktion viel höher gebaut worden als geplant. Den so entstandenen architektonischen Kompromiss empfand man immer als unbefriedigend. Als ein verheerendes Feuer in der Kongressbibliothek fast dieses verletzliche und nicht sonderlich beliebte Dach erreichte, beschloss man, der Mittelrotunde ein völlig neues Dach zu verpassen.

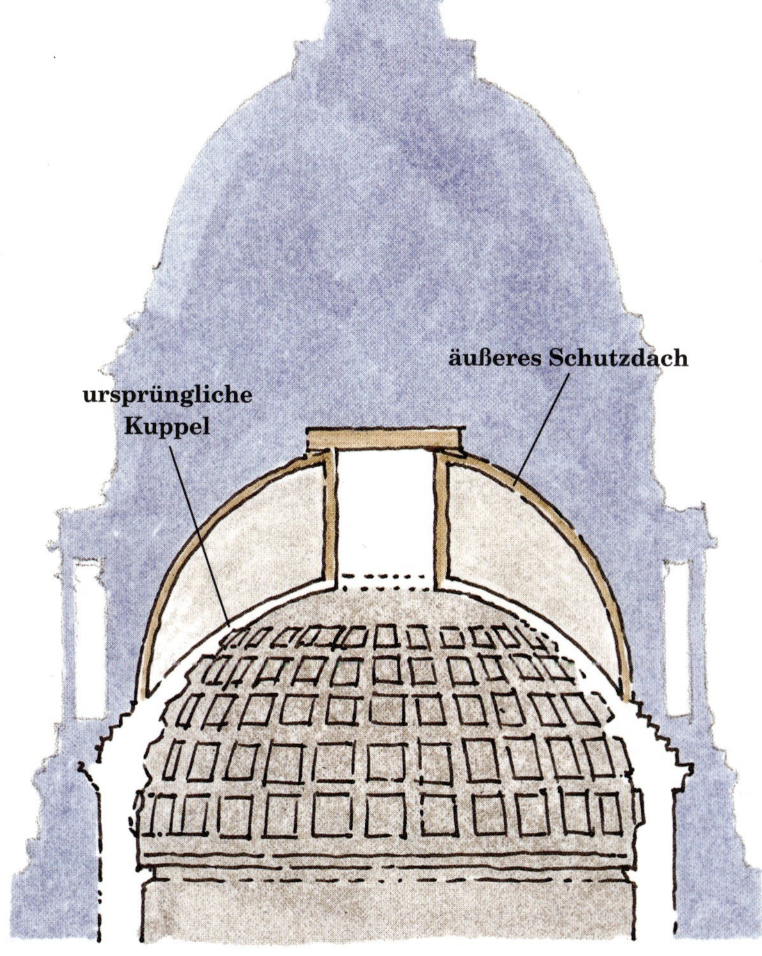

Die ersten Pläne für die neue Kuppel stammten von dem Architekten Thomas U. Walter. Während seiner Reisen in Europa hatte Walter den Petersdom, den Invalidendom und St. Paul's Cathedral besucht, und sein Entwurf ist sicherlich von ihnen beeinflusst worden. Aber auch von der St.-Isaaks-Kathedrale in St. Petersburg in Russland, die Walter nur anhand von Zeichnungen studiert hatte, war er beeindruckt. Gemein ist allen vier Konstruktionen das herkömmliche Fundament, ein zweiteiliger Tambour, Kuppeldach und Laterne, jedoch mit dem kleinen Unterschied, dass all dies bei der St.-Isaaks-Kathedrale aus Gusseisen ist. Mit Gusseisen konnte man genauso prächtige Kuppeln bauen wie in der Vergangenheit, nur viel billiger als mit Backstein, und es war feuersicher.

Unter den wachsamen Blicken von Thomas U. Walter und Hauptmann Montgomery C. Meigs vom Ingenieurkorps der Armee begann man 1856 mit der Demontage der alten Kuppel und der Installation eines provisorischen Dachs. Wegen ihres größeren Durchmessers benötigte die neue Kuppel eine neue, breitere Basis – der einzige Teil, den Walter aus Stein zu mauern gedachte. Wegen ihrer Abmessungen und ihres enormen Gewichts hätte dies jedoch bedeutende und kostspielige Veränderungen an der vorhandenen Konstruktion mit sich gebracht, bis hin zu den Fundamenten.

Meigs hatte eine bessere Idee. Er ließ den oberen Teil der Mauer der Rotunde umbauen und verstärken, ohne seinen Durchmesser zu ändern. Auf der Mauer brachte er einen Ring aus großen Krageisen an, die fast 3 m über den Außenrand hinausreichten – zwei für jede der 36 Säulen, die den Tambour umgeben sollten. Die Krageisen wurden mit einem dicken Eisenring zusammengehalten und im Mauerwerk eingebettet. Um den Anschein einer soliden Steinbasis zu erwecken, ließ er dann eine dünne gusseiserne Blende zwischen den Enden der Krageisen und dem Dach darunter anbringen.

Da die ganze Konstruktion Stück für Stück zusammengeschraubt wurde, war ein Lehrgerüst im herkömmlichen Sinne nicht nötig. Auf den Boden der Rotunde baute man lediglich einen einsamen Holzturm, der den Ladebaum und das erforderliche Hebegerät tragen sollte. Immer an der Wand entlang, geleiteten die Arbeiter jede der 8 m langen gusseisernen Säulen an ihren Platz und befestigten sie an der Basis. Dann stellten sie etwa 1,8 m hinter jeder Säule direkt an der Wand vier kreuzförmige, gusseiserne Säulen auf. Diese sollten nicht nur den Ausgangspunkt der Rippen bilden, die dann ihrerseits die Kuppel tragen sollten, sie sollten auch die Wand verankern, die den Tambour umschloss.

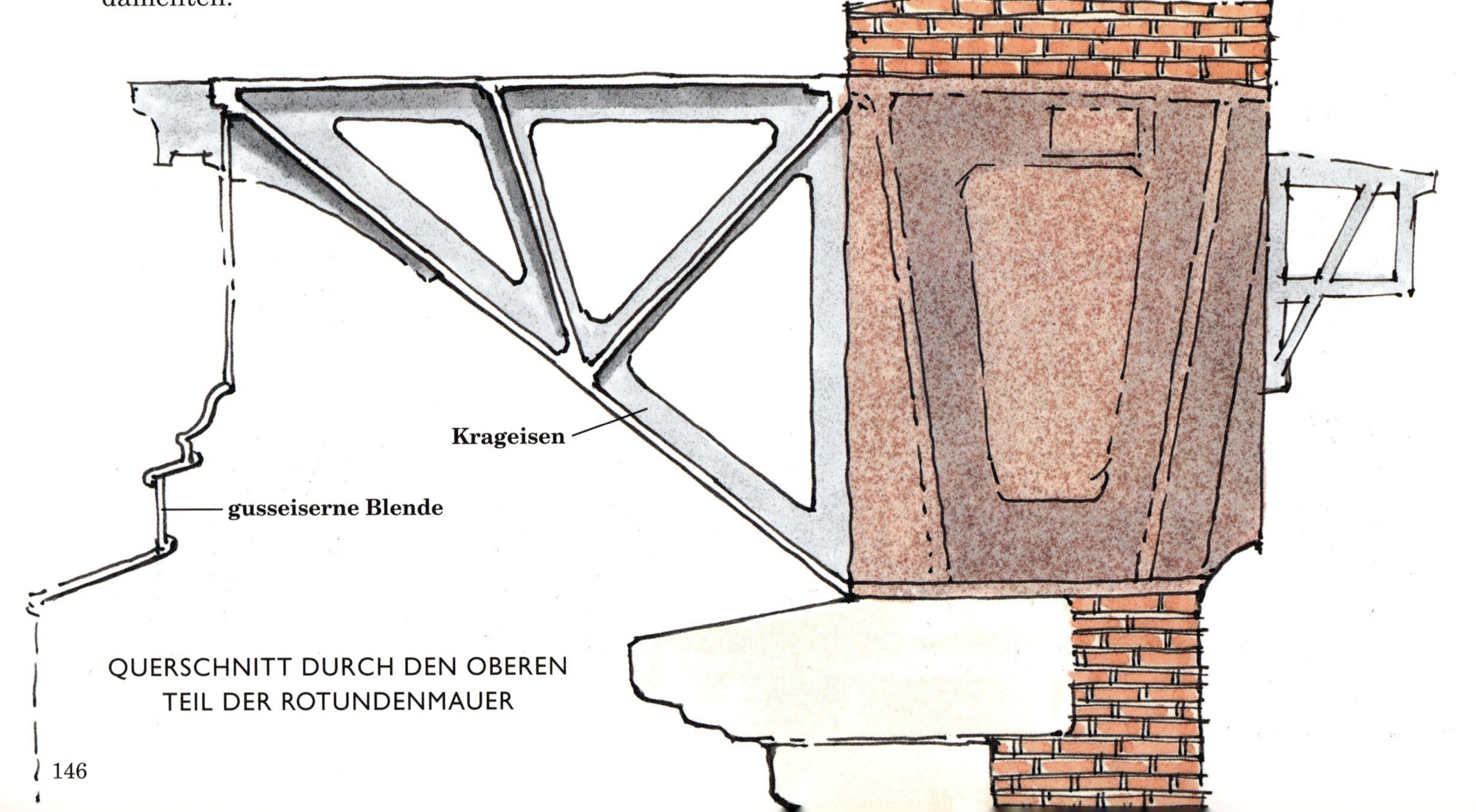


QUERSCHNITT DURCH DEN OBEREN TEIL DER ROTUNDENMAUER

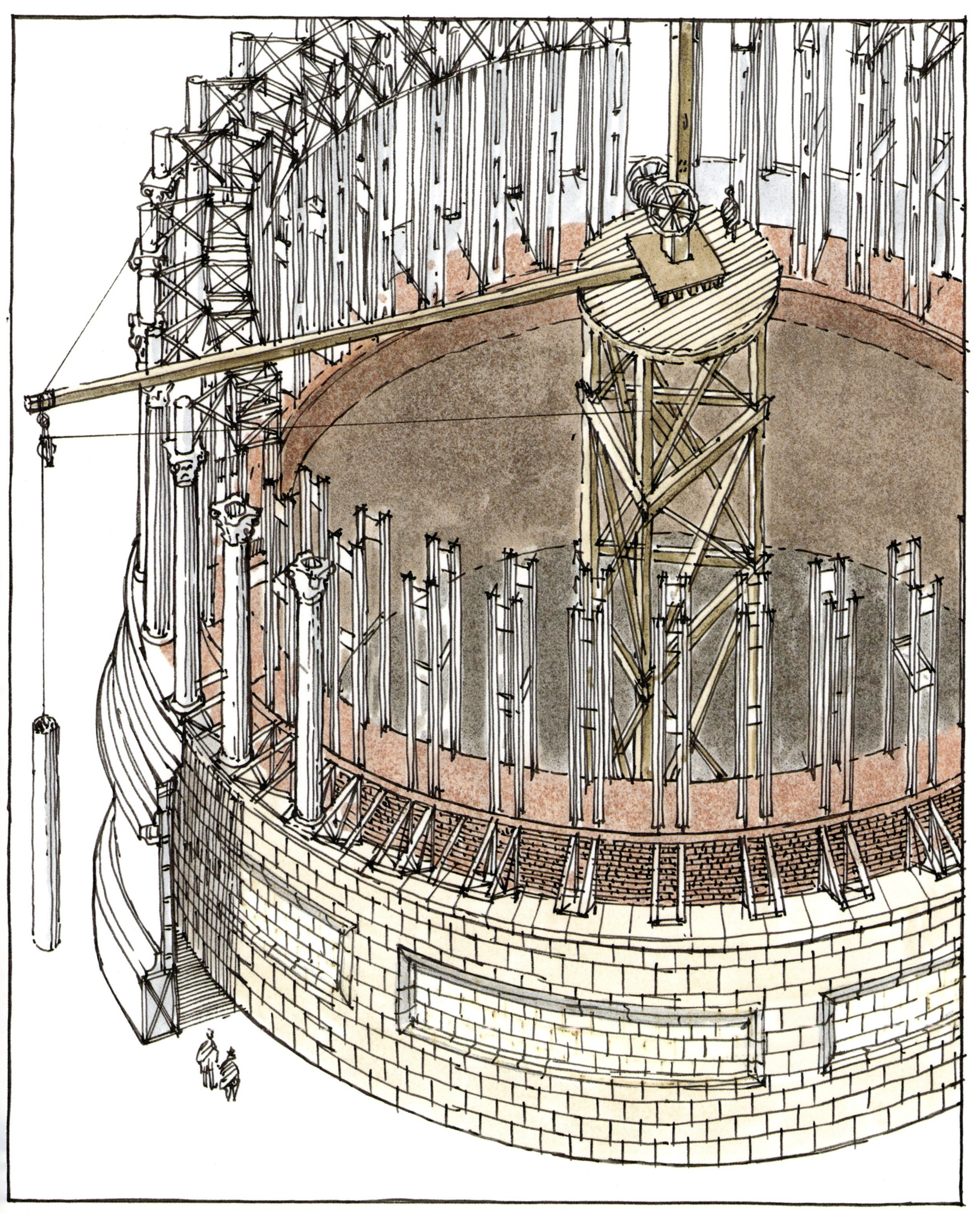

Als das Unterteil des Tambours fertig war, begannen die Arbeiter, die 36 gekrümmten Rippen aufzustellen und die prunkvollen Teile des oberen Tambours

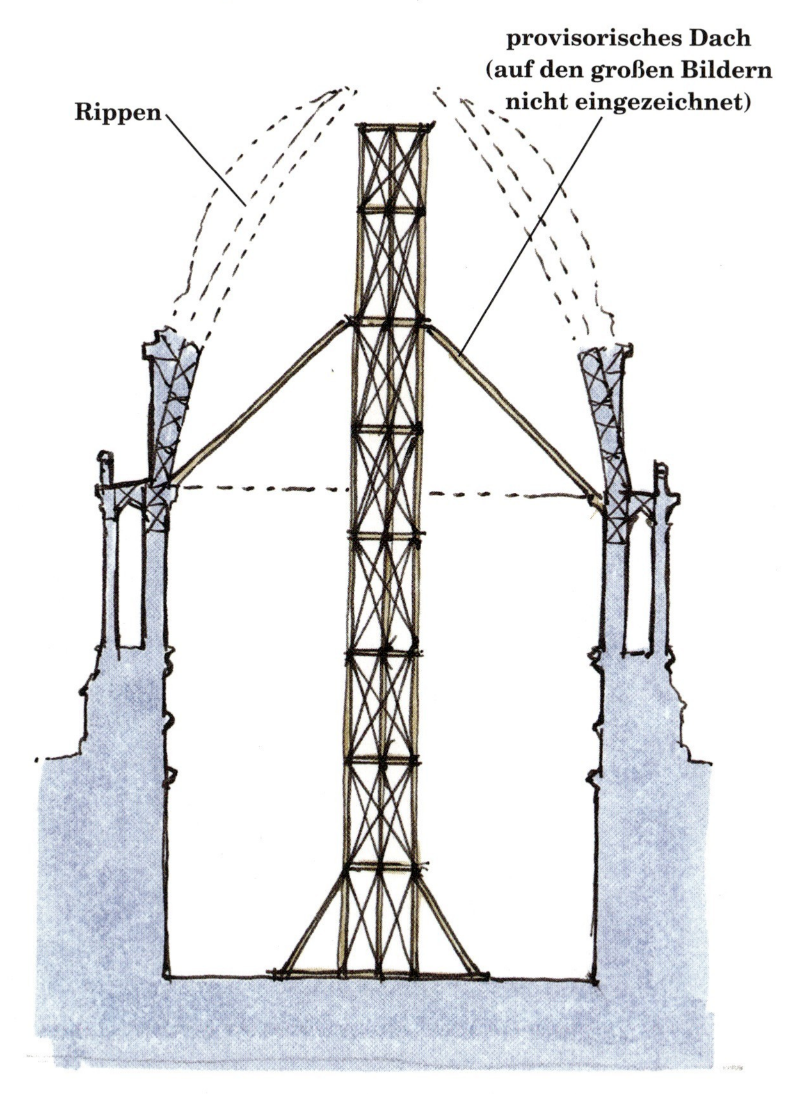


hinzuzufügen. Nach Fertigstellung des Tambours musste der Holzturm erhöht werden, damit die obersten Teile des gesamten Bauwerks zusammengebaut werden konnten.

Mitte 1861 brach der Bürgerkrieg aus. Die Gelder, die für den Bau der Kuppel bewilligt worden waren, wurden jetzt nötiger gebraucht, um Soldaten auszurüsten und zu verpflegen. Alle Verträge wurden auf Eis gelegt und kein neues Material geliefert. Die paar Arbeiter, die geblieben waren, bauten lediglich die bereits vorhandenen Gusseisenteile zusammen.

Aber einmal mehr setzte sich die öffentliche Symbolwirkung einer Kuppel durch. 1862, als der Krieg im vollen Gange war, beschloss man, die Arbeit am Kapitol wieder aufzunehmen, als Zeichen des entschlossenen Glaubens an eine Zukunft in Eintracht.

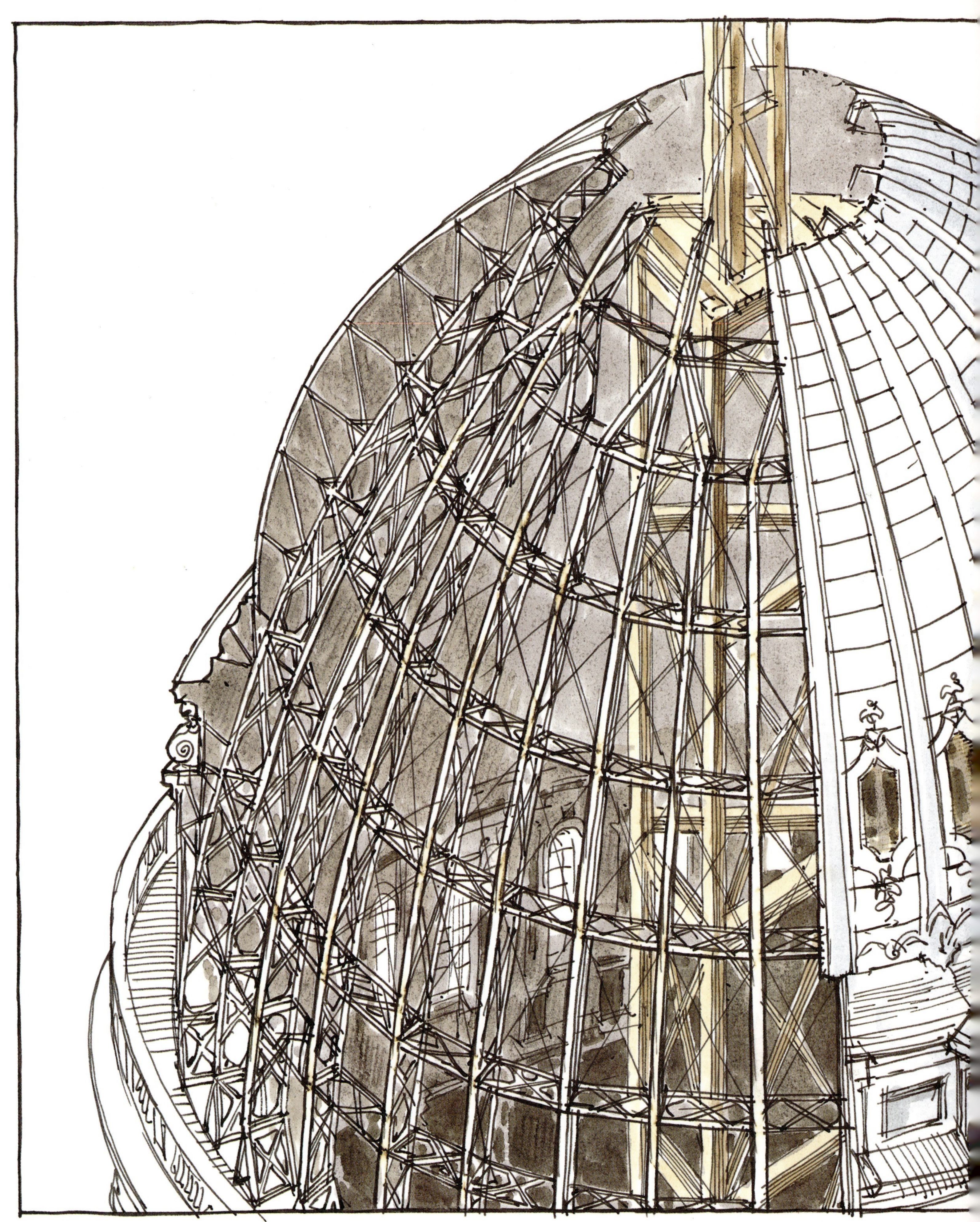

Bald kamen neue Bauteile an, die schnell eingebaut wurden. Als die Rippen emporwuchsen, banden die Arbeiter sie mit horizontalen gusseisernen Bändern zusammen und sicherten sie zusätzlich mit Kabeln, deren Spannung genau eingestellt werden konnte. An der Außenseite jeder Rippe ragten die Stützen heraus, an denen die einzelnen Teile des Kuppeldachs angebracht wurden.

Etwa 60 m über dem Boden der Rotunde wurden die Spitzen der 36 Rippen in Dreiergruppen zusammengezogen. Nur 12 Rippen sollten schließlich die Laterne halten. Anfang Dezember 1863 wurde die große Freiheitsstatue aus Bronze an der Spitze der Laterne befestigt, und die Außenwand der Kuppel war fertig.

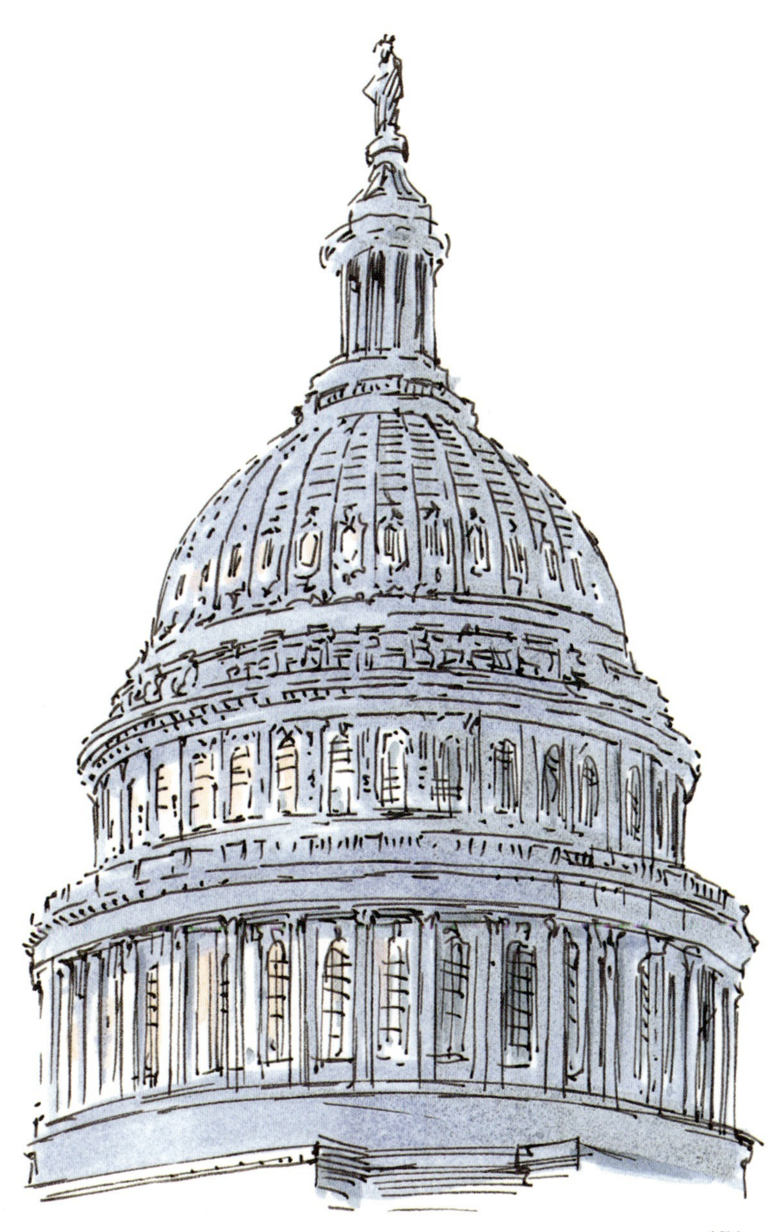

Jetzt konnte die Arbeit im Innern aufgenommen werden. Eine prunkvolle Innenkuppel, mit Kassetten und Okulus, wurde Stück für Stück an die Rippen gehängt. Unmittelbar darüber wurde ein kuppelförmiger Baldachin gespannt; ein monumentales Gemälde auf diesem Baldachin sollte jedem, der durch den Okulus sah, einen unvergesslichen Anblick bieten. Der Künstler, Constantiono Brumidi, war noch nicht fertig mit seinem Meisterstück, als im Frühjahr 1865 die Leiche Abraham Lincolns in der Rotunde aufgebahrt wurde.

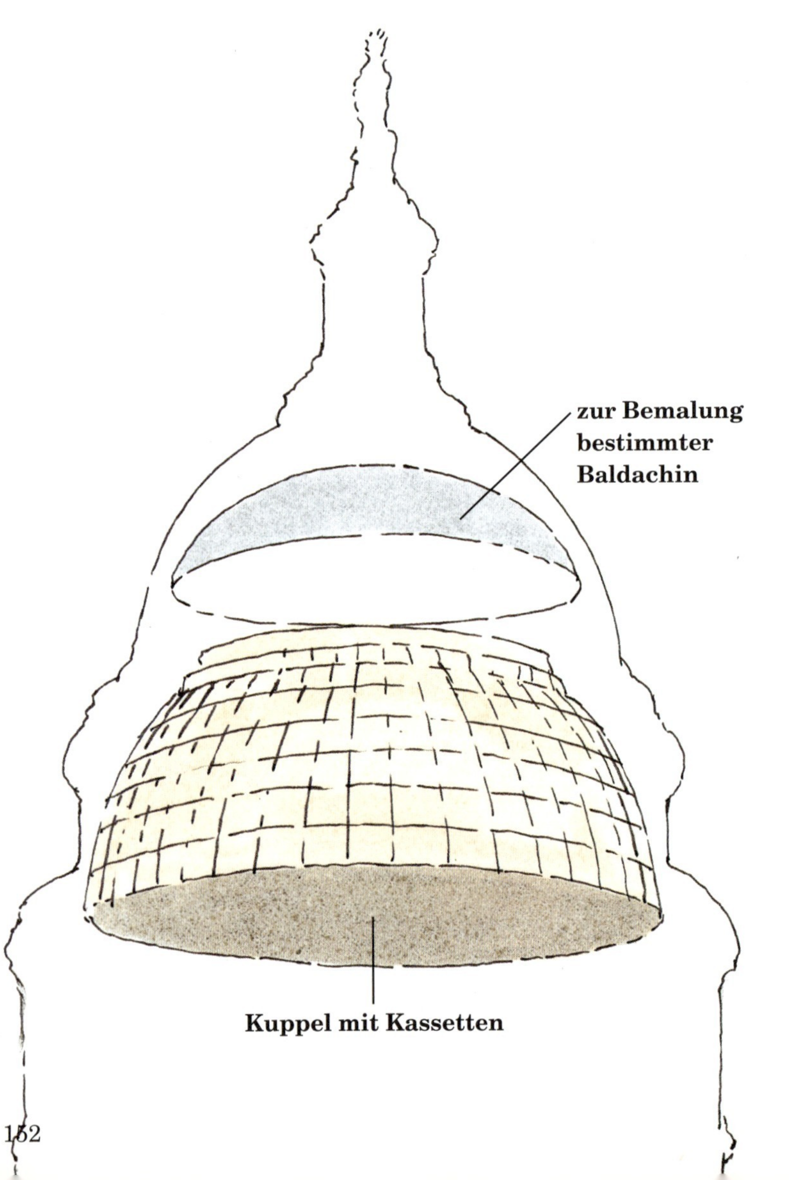

# ASTRODOME

Houston, Texas, 1962–1965: Houston brauchte ein Stadion, das groß genug für ein Baseballfeld war, 50 000 Fans Sitzplätze bot, von Hitze, Feuchtigkeit und Insekten abgeschirmt und anschließend klimatisiert werden konnte. Da die Sitzanordnung um ein Baseballfeld mehr oder weniger kreisförmig ist und auf das Spiel oder die Sicht störende Säulen verzichtet werden sollte, war es nur logisch, dass die Wahl auf einen Kuppelbau fiel. Und da Kuppelbauten über 2000 Jahre bewiesen hatten, wie gut sie dazu geeignet waren, sowohl Orte als auch Menschen ins rechte Licht zu rücken – warum sollte dann einer mit einer Spannweite von 200 m nicht dasselbe für Houston leisten? So schien zumindest ein gewisser Judge Roy Hofheinz zu denken – eine große Nummer im Showbiz, Baseballfan und Texaner.

Die Kuppel, die er schließlich bekam, ein so genanntes Lamellendach, bestand aus vorgefertigtem Stahlsprengwerk, das zu Bogen gebündelt war, die dann untereinander durch ein Gitter ineinander greifender Diagonalen verbunden wurden. Im Gegensatz zu allen anderen Kuppeln, die wir bisher gesehen haben, wurde der Astrodome mithilfe 37 provisorischer Türme von der Mitte nach außen gebaut.

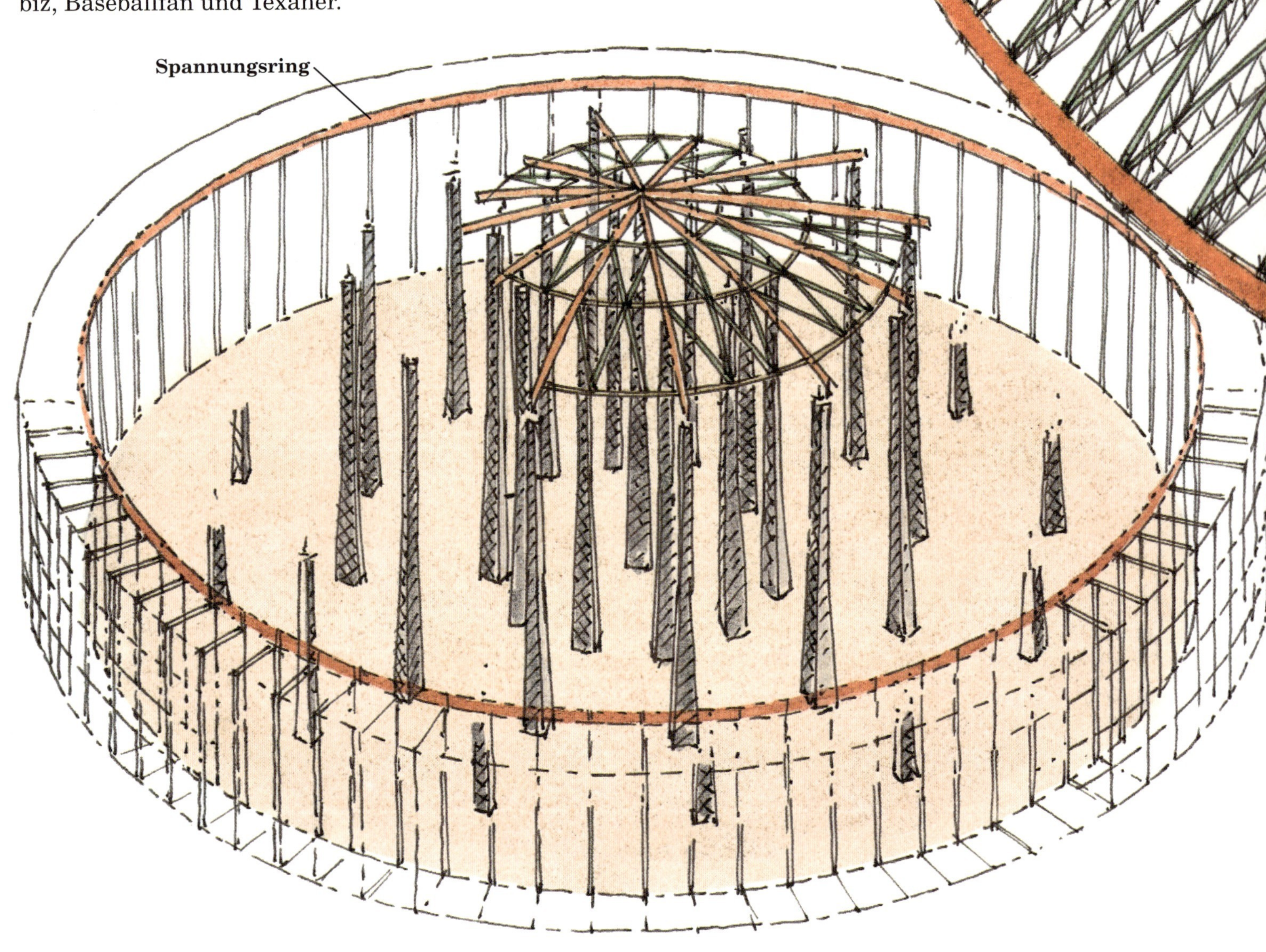

Um in dieser relativ flachen Konstruktion den enormen Auswärtsdruck zu überwinden, band man die Seiten der Kuppel in einen starken stählernen Spannungsring ein. Unter diesem Ring geben 72 Säulen das Gewicht der Kuppel an das Fundament weiter. Die eigentliche Verbindung zwischen dem Lamellendach und dem Spannungsring schaffen Scharniere, damit die Kuppel sich dehnen und zusammenziehen kann.

Als die gesamte Stahlkonstruktion fertig war, senkten die Arbeiter die hydraulischen Stützen auf den Türmen alle zugleich behutsam ab, und zwar jeweils immer nur um 1,6 mm, bis sich die Kuppel in ihre Endposition gesenkt hatte.

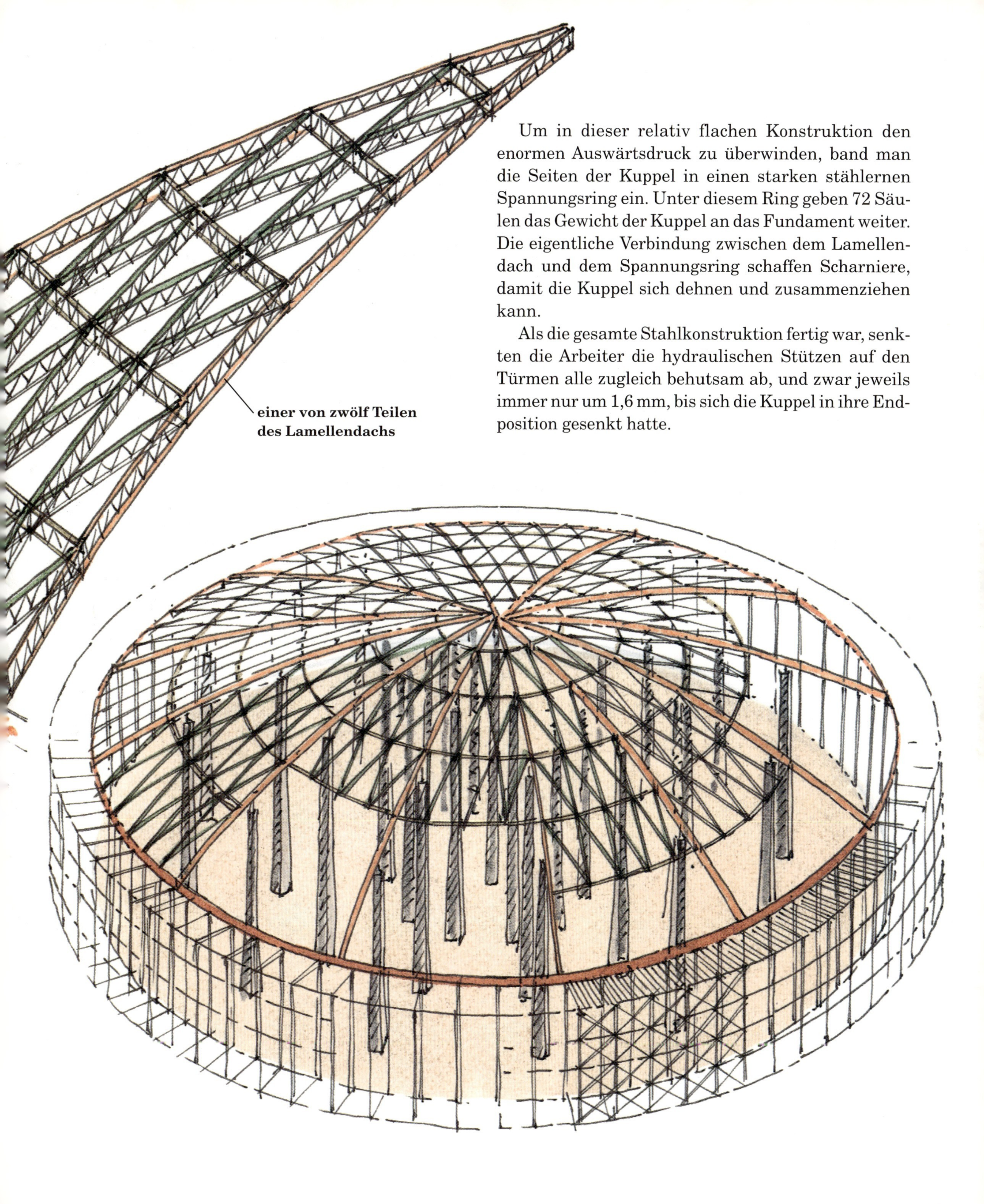

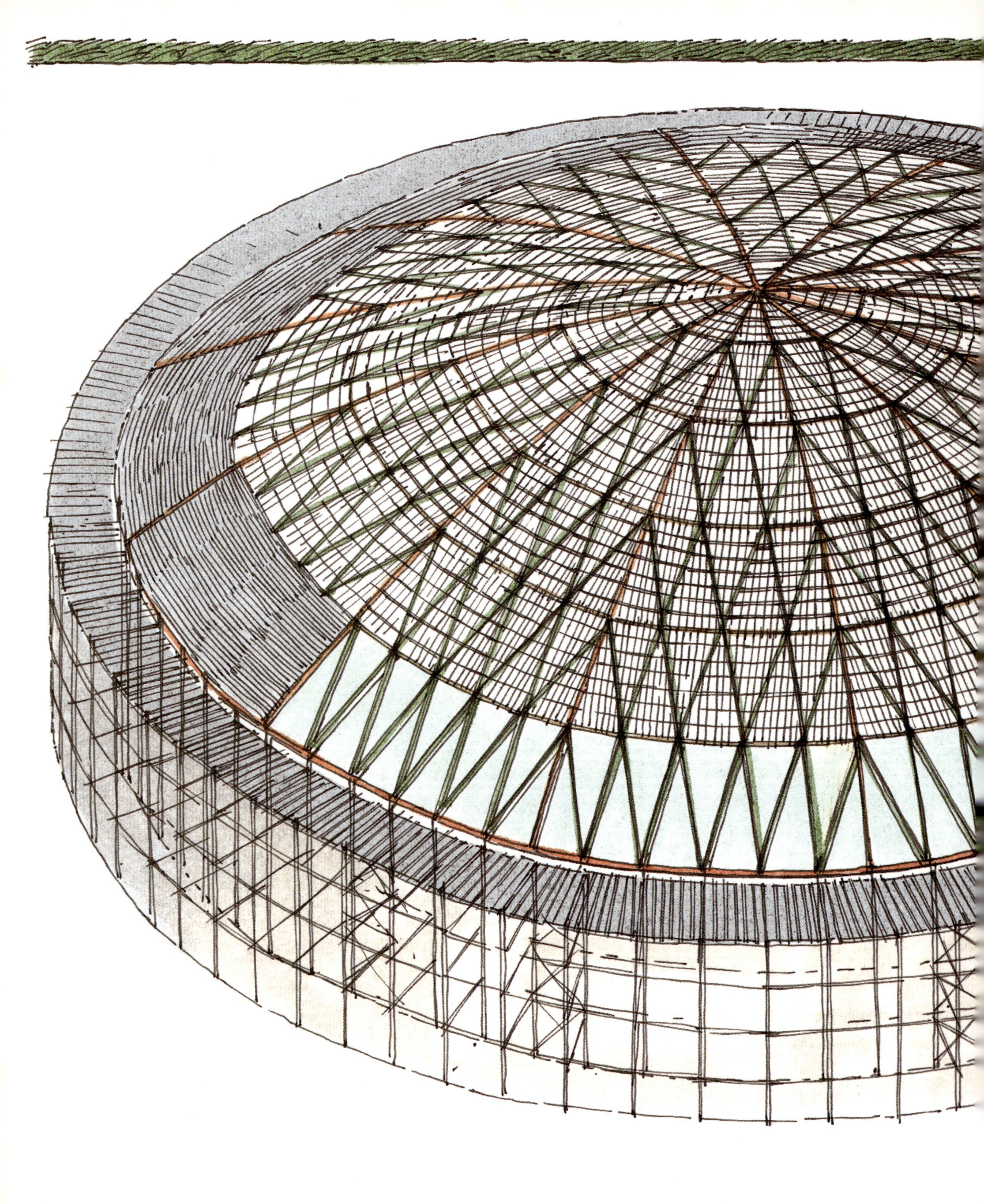

Die Oberfläche der fertigen Kuppel wurde mit Oberlichtern aus Acryl versehen, und der Boden wurde, wie sich das für ein Baseballstadion gehört, mit Gras bepflanzt. Erst als dieses »achte Weltwunder« schließlich in Betrieb genommen wurde, traten einige Probleme auf. Die Oberlichter ließen das Sonnenlicht nicht nur hindurch, sie intensivierten es so sehr, dass es fast unmöglich war, die Bälle im Flug zu sehen. Als man sie übermalte, ging das Gras ein, da es nicht ohne Sonnenlicht auskam. Also erfand man als Ersatz ein Gras aus Plastik, auch AstroTurf genannt, das in dünnen Streifen auf die erbarmungslosen Betonplatten geklebt wurde.

Im Astrodome wurden bis zum Ende der Saison 1999 Baseballspiele veranstaltet. Jetzt aber haben die Astros und ihre Fans das alte Gebäude aufgegeben, um direkt im Herzen der Stadt ein nagelneues Stadion mit Schiebedach zu beziehen. Zumindest auf dem Papier sollte das Enron Field, so sein Name, allen Wünschen gerecht werden.

Ja, und was stellt man an mit einem Kuppeldachstadion, das zwar oft leer steht, aber immer noch Eindruck macht, das einen riesigen Parkplatz und erstklassige Anbindung an die Autobahn hat? Ich würde dort die erste internationale Kuppelbauausstellung der Welt unterbringen. Was könnte wohl mehr Spaß machen, als nebeneinander stehende Kuppelbauten miteinander zu vergleichen, und das alles in einem vollklimatisierten Raum? Natürlich würde der Erfolg eines solchen Unternehmens in entscheidendem Maße von der Großzügigkeit derer abhängen, die ihre Leihgaben zur Verfügung stellen. Eine solche Ausstellung auszurichten, würde astronomische Summen verschlingen. Aber andererseits, hey, schließlich sind wir hier in Texas! Nicht wahr, Judge?

# WOLKENKRATZER

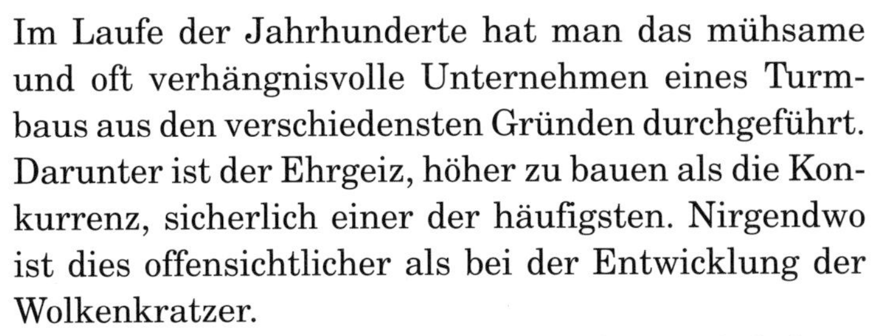

Im Laufe der Jahrhunderte hat man das mühsame und oft verhängnisvolle Unternehmen eines Turmbaus aus den verschiedensten Gründen durchgeführt. Darunter ist der Ehrgeiz, höher zu bauen als die Konkurrenz, sicherlich einer der häufigsten. Nirgendwo ist dies offensichtlicher als bei der Entwicklung der Wolkenkratzer.

Es begann in Chicago am Ende des 19. Jahrhunderts. Die Jahre nach dem verheerenden Feuer von 1871 brachten wachsenden Wohlstand und stetig steigende Einwohnerzahlen, was unter anderem einen Boom auf dem Immobilienmarkt zur Folge hatte. Einige der begehrtesten Grundstücke lagen im Herzen der Stadt – ein Gebiet mit wenigen Häuserblocks zwischen dem Chicago River im Norden und Westen und dem Michigan-See im Osten. In den 1880er Jahren konnte das verbleibende Bauland die Nachfrage nicht mehr befriedigen. Für den Häusermakler oder Geschäftsmann gab es nur noch eines: ein Stockwerk aufs andere zu setzen, und zwar so hoch und schnell wie möglich.

Als im Jahre 1893 eine Reihe von Gebäuden die 60-m-Marke erreichten, und manche diese sogar überschritten, wurde man im Rathaus nervös. Da man befürchtete, dass diese hohen, überdimensionalen Kästen die sonnigen Straßen in dunkle, unwirtliche Schluchten verwandeln könnten, wurde für alle neuen Bauvorhaben eine Obergrenze von zehn Stockwerken verordnet. Wenn dies auch in eben der Stadt, die diese uramerikanische Bauweise hervorgebracht hatte, dem Erscheinen wirklicher Wolkenkratzer ein deutliches Hindernis entgegensetzte (was Chicago noch heute überkompensiert), so war das Bürohochhaus gesund und munter und brannte darauf, in die Welt hinauszuziehen. Es machte sich rasch nach Osten auf. Innerhalb von nicht einmal fünfundzwanzig Jahren erhoben sich in New York die größten Gebäude der Welt. Es sollte noch einmal sechzig Jahre dauern, bis Chicago diesen Anspruch für sich erheben konnte.

# RELIANCE BUILDING

Chicago, Illinois, 1892–1895: William Hales neues Gebäude sollte eine Reihe verschiedener Firmen beherbergen. Das Unter- und Erdgeschoss war für ein Warenhaus vorgesehen. Im zweiten Stock sollten sich Juweliere, Schneider und Hutmacher niederlassen. Die Stockwerke darüber würden der wachsenden Zahl von Ärzten und Zahnärzten samt ihren Patienten modernste Räumlichkeiten bieten.

Der Platz, auf dem das Gebäude stehen sollte (17 m mal 26 m), wurde an zwei Seiten von der State bzw. Washington Street begrenzt, an den anderen beiden Seiten von einem L-förmigen Gebäude. Weil man vor dem Inkrafttreten der neuen Höhenlimits mit dem Bau begonnen hatte, sollte es 15 Stockwerke haben. Ein höheres Gebäude hätte für die Tonschicht, die wenige Meter unter der Erdoberfläche begann, ein zu großes Gewicht dargestellt.

Stahlgerüst und Blendfassade

Bis zu diesem Zeitpunkt hatten fast alle hohen Gebäude gemauerte tragende Wände. Um das große Gewicht eines Gebäudes zu tragen, mussten diese Wände, insbesondere an der Basis, dick sein. Das schränkte Zahl und Größe der Fenster entscheidend ein. Aber in Chicago entwickelte man eine alternative Bauweise, die die Notwendigkeit tragender Außenmauern hinfällig werden ließ: ein dreidimensionales Gitter aus Balken und Pfeilern, das imstande war, alle Belastungen auszuhalten, denen ein Gebäude ausgesetzt sein konnte. Hierzu gehören vertikale Kräfte, wie das Gewicht der Stockwerke und ihrer Bewohner, sowie horizontale Kräfte, verursacht durch Wind oder, in einigen Gegenden, durch Erdbeben.

Das von den Architekten John Root und Charles Atwood entworfene Reliance Building folgte diesem Konzept. Da ein Stahlskelett alle statischen Anforderungen erfüllte, konnten die Außenwände recht dünn sein. Sie dienten allein dem Zweck, Licht hereinzulassen und vor den Unbilden des Wetters zu schützen.

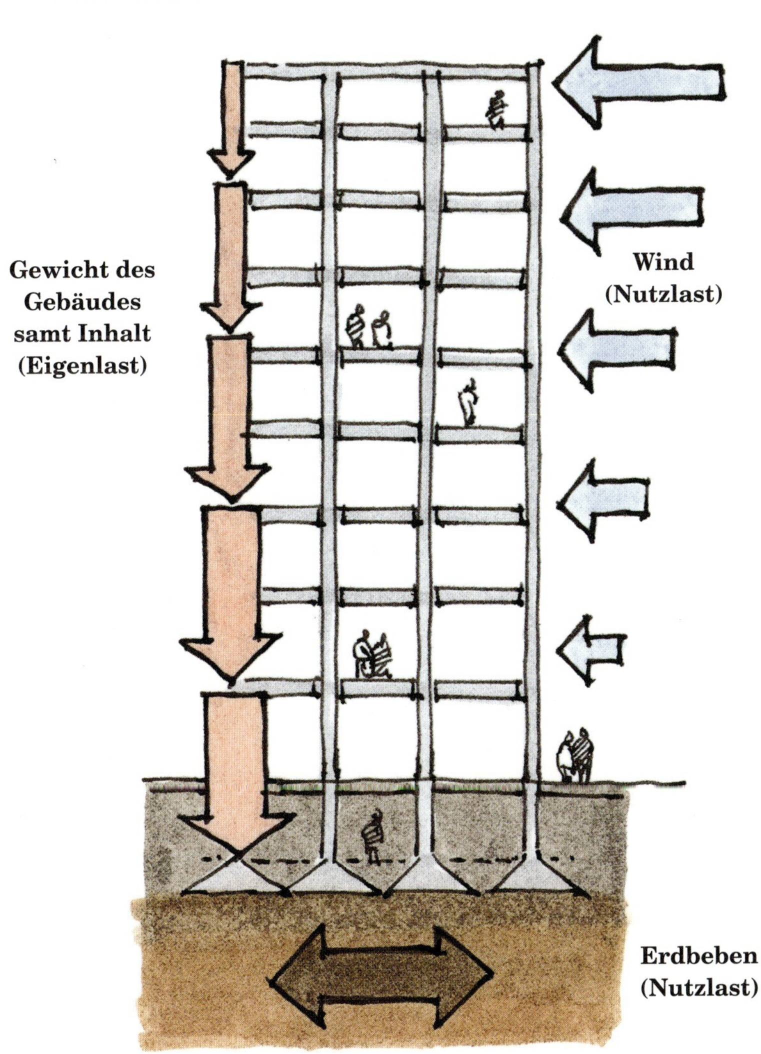

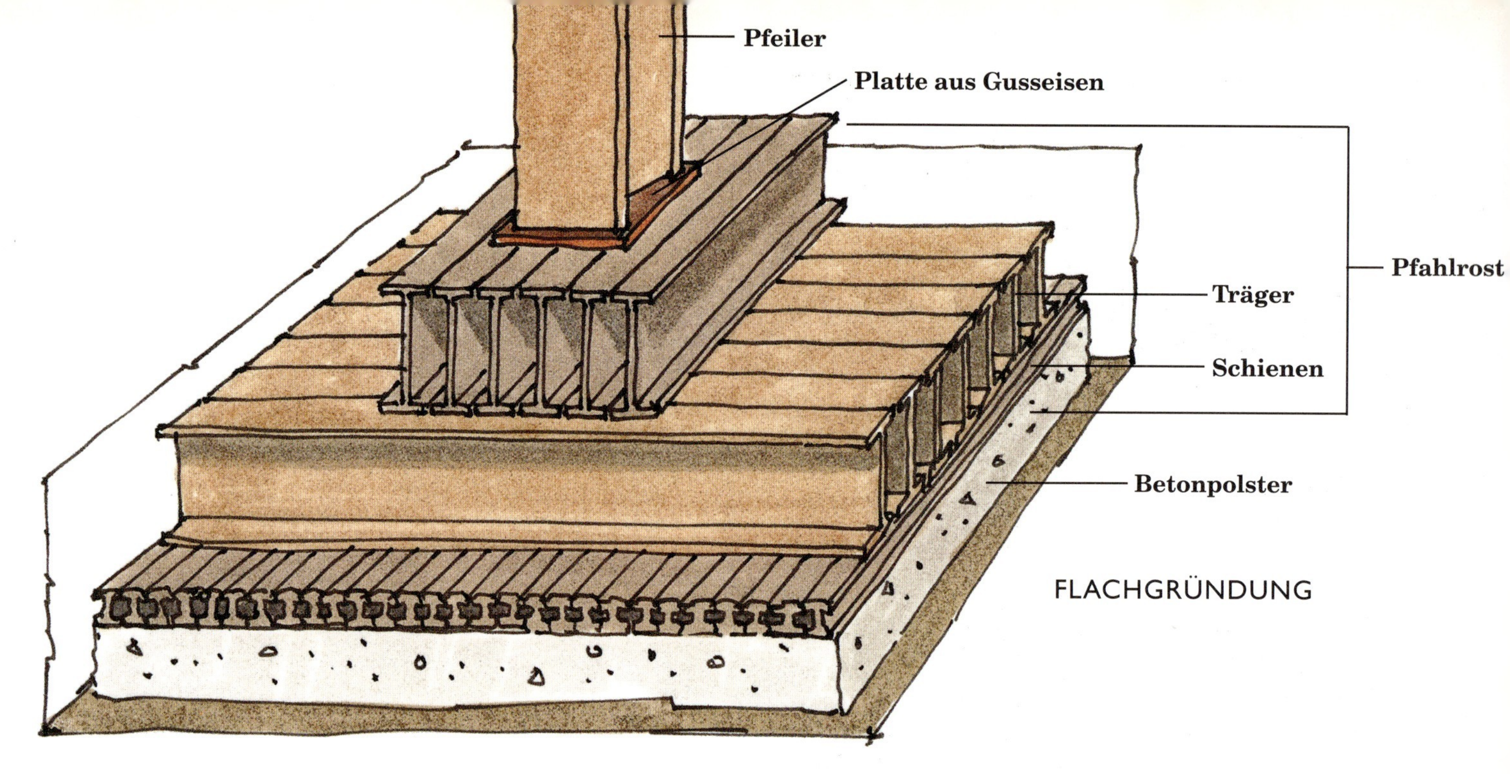


Wenn die diversen Lasten eines Gebäudes schließlich den Fuß eines jeden Stützpfeilers erreichen, drücken sie mit konzentrierter Kraft nach unten auf eine sehr kleine Fläche. Das Fundament muss diese Kraft auf eine größere Fläche verteilen oder, wenn nötig, an den festen Boden oder ans Grundgestein weitergeben. Indem sie das richtige Fundament wählen, versuchen Ingenieure, eine möglichst geringe und gleichmäßige Absenkung des Gebäudes zu erreichen.

Bevor das Fundament des Reliance Building gelegt werden konnte, musste der Standort auf 4,2 m Tiefe ausgeschachtet werden, um den festen Ton freizulegen, auf dem es stehen sollte. Dies wurde erschwert durch die Tatsache, dass sich an Ort und Stelle bereits ein Gebäude befand – inklusive Mietern. Anstatt auf das Auslaufen der Mietverträge zu warten, beschloss Hale, die bewohnten Stockwerke zeitweilig auf ein Stützgerüst zu stellen, sodass seine Arbeiter in aller Ruhe den Boden darunter abtragen konnten.

Da die Pfeiler des Gebäudes nicht direkt auf dem Ton stehen konnten, bekam jeder von ihnen seine eigens gebaute Stützkonstruktion, eine so genannte Flachgründung. Diese pyramidenförmigen Gebilde bestanden aus mehreren Schichten. Ganz unten befand sich ein dickes, direkt auf den Ton gegossenes Betonpolster. Es folgten zwei oder mehr Schichten aus Stahlschienen oder -balken, deren Ausrichtung von Schicht zu Schicht um 90° verschoben wurde. Der so entstandene Pfahlrost wurde ebenfalls mit Beton übergossen. Eine dicke gusseiserne Platte auf dem Pfahlrost trug schließlich den eigentlichen Fuß des Pfeilers.

Als 1893 schließlich die letzten Mieter ausgezogen waren, wurde das alte Gebäude abgerissen, und man begann mit dem Bau des Stahlrahmens. Die Pfeilersegmente, die so hoch waren wie zwei Stockwerke, wurden an ihren Platz gehievt und dann miteinander vernietet. Um das Gerüst noch besser gegen die horizontalen Kräfte des Windes zu versteifen, wurden zwischen den Außenpfeilern auf jedem Stockwerk dicke Trägerbalken eingeschraubt. Innerhalb von vier Wochen stand das gesamte Gerüst.

Die Außenhülle (die schließlich die Bezeichnung Blendfassade erhielt) bestand aus einer Reihe waagerechter Streifen, in denen sich hohe Fenster und schmale, mit Stuck verzierte Terrakottastücke abwechselten. Diese glasierten Tonblöcke dienten der Fassade nicht nur als Dekor, sie schützten auch das Rahmenskelett vor Feuer. Obwohl Stahl nicht brennen kann, wird er geschwächt, wenn er zu lange sehr hohen Temperaturen ausgesetzt ist. Diese Art von Brandschutz, sowie auch das Einplanen geeigneter Fluchtwege und eine zuverlässige Wasserversorgung auf jedem Stockwerk stellten weitere wichtige Neuerungen beim Bau von Wolkenkratzern dar.

Eine weitere Sache begünstigte die Blüte dieser neuen Bauform – die Entwicklung zuverlässiger Aufzüge. Niemand verstand besser als Hale, dass Treppen für die meisten Menschen nach 5 Stockwerken ihren Reiz verlieren. Anfang der 1880er Jahre hatten er und seine Brüder die Firma des Elisha Otis, des Erfinders des Fahrstuhls, aufgekauft. Die Hale Elevator Company erhob den Anspruch, die modernsten Aufzüge von Chicago zu bauen, und die Architekten waren gern bereit, vier davon im Reliance Building einzubauen.

BAU DES RELIANCE BUILDING

# WOOLWORTH BUILDING

Eine gesunde Konjunktur und jede Menge festes Gestein direkt unter der Erdoberfläche bereiteten den Boden – im wahrsten Sinne des Wortes – für New Yorks unglaublichen Ausflug in die Welt der Wolkenkratzer. Als Frank W. Woolworth den Architekten Cass Gilbert bat, einen neuen Wolkenkratzer zu entwerfen, wollte er etwas mit gotischem Touch, das außerdem den nächststehenden Rivalen, den 210 m hohen Metropolitan Life Insurance Tower, um mindestens 15 m überragen sollte.

Was er bekam, war ein außergewöhnliches Gebäude. Seine Gesamterscheinung ergab sich in starkem Maße daraus, wie viel Nutzfläche in ihm untergebracht werden musste. Aber Gilbert betonte die Vertikale, indem er Streifen aus reich verziertem Terrakotta aneinander setzte und die Pfeiler der Fenster dazwischen ein kleines Stück in die Wand einließ.

Obwohl es gebaut wurde, um erstklassigen Büroraum zu schaffen, ausgestattet mit den schnellsten Aufzügen und den neusten Sicherheitsvorrichtungen, lautete die eine Botschaft des Woolworth Building: Höhe. Das Vorhandensein des Gebäudes und seine auffällige Erscheinung haben viel mit Frank W. Woolworths Entschlossenheit zu tun, auf Biegen und Brechen einen Rekord aufzustellen – was ihm auch gelang. Von 1913 bis 1930 war sein Gebäude das höchste der Welt. Unter der Hülle dieses im wirklichen Sinne »modernen« Wolkenkratzers erhebt sich ein mit jeder Menge Streben versteifter Stahlrahmen über rund 60 Stockwerke. Er ruht auf Senkkästen, die tief im feuchten Boden stecken.

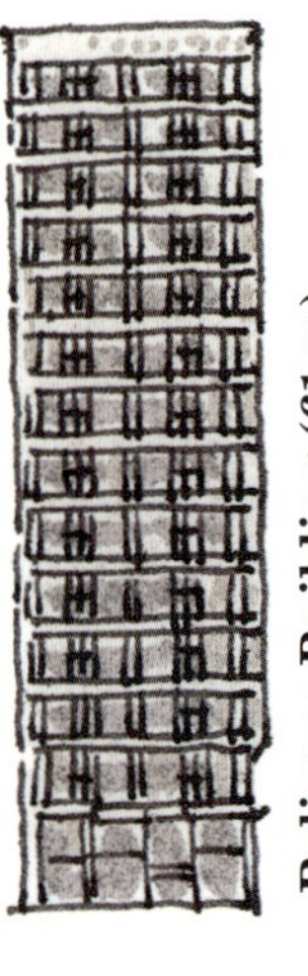
Reliance Building (61 m)

Metropolitan Life Insurance Tower (213 m)

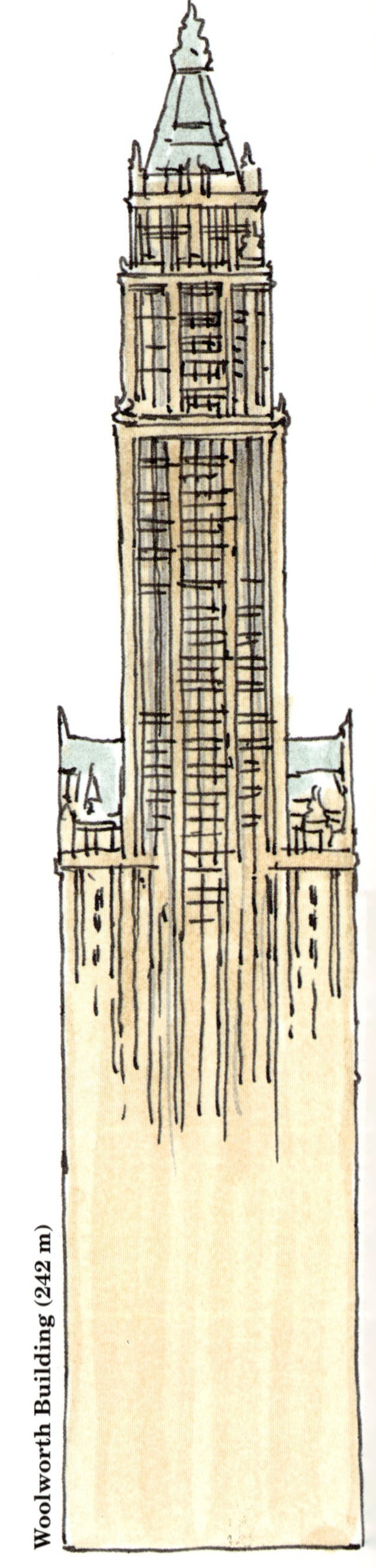
Woolworth Building (242 m)

# CHRYSLER BUILDING

Als der Titel »höchster« schließlich an einen anderen Wolkenkratzer überging, verließ er zwar den Stadtteil, blieb aber in Manhattan. William Van Alens Chrysler Building – das fast 80 m höher ist als das Woolworth Building – war wie sein Vorgänger ein Hohelied auf Ego und Selbstdarstellung. Und wie das Woolworth Building hat es einen schweren Stahlrahmen, den Diagonalstreben, die zwischen den Fahrstuhlschächten angebracht sind, ausreichend versteifen, um den von der Seite einwirkenden Kräften des Windes trotzen zu können.

Den größten Teil des Gebäudes bedeckt eine schlichte Hülle aus weißem und grauem glasierten Backstein. Der einzige Hinweis darauf, dass hier etwas Ungewöhnliches im Spiel ist, sind die überdimensionalen Zierhauben, die den nach oben wandernden Blick kurz innehalten lassen. Ganz oben aber erwarten uns mit Chromnickelstahl verkleidete, sichelartig angeordnete strahlende Sonnenräder, zwischen denen hier und da dreieckige Fenster auftauchen. Haben sich unsere Augen erst einmal an diese glänzende Verrücktheit gewöhnt, dann erreichen sie die Turmspitze, die den Eindruck eines Springteufels macht, der noch kurz vor Bauende aus dem Dach hervorgeschossen ist, um die höhenmäßige Überlegenheit des Chrysler Building über seinen größten Rivalen, die Bank of Manhattan, sicherzustellen. Aber auch solche Tricks reichten nicht aus, um den nächsten Herausforderer in seine Schranken zu weisen.

**Bank of Manhattan (283 m)**

**Chrysler Building (319 m)**

# EMPIRE STATE BUILDING

New York, 1929–1931: Nachdem man festgelegt hatte, wie viel Bürofläche das Empire State Building bieten sollte, wie viel es kosten sollte und dass es das höchste Gebäude der Welt werden sollte, wurde der Auftrag an das Architekturbüro Shreve, Lamb und Harmon vergeben. Dem Chefkonstrukteur, William Lamb, kam die Aufgabe zu, den Bau zu beaufsichtigen und dem Gebäude seine endgültige Gestalt zu verleihen.

Viele Faktoren mussten berücksichtigt werden, darunter einige, wie etwa Bezirksbauverordnungen und Einschränkungen bezüglich des Standorts, auf die die Architekten keinen Einfluss hatten. Eine dieser Bauvorschriften, die darauf zielte, auf Straßenhöhe ein Minimum an Licht und frischer Luft zu garantieren, forderte, dass, je nach Breite der angrenzenden Straßen, hohe Gebäude in festgelegten Intervallen auf dem Weg nach oben »zurückgestuft« werden müssten. Eine andere besagte, dass der über dem dreißigsten Stock gelegene Teil eines Gebäudes eine beliebige Höhe haben könne, solange die Grundfläche keines der Stockwerke größer sei als 25 Prozent der Grundfläche des Gebäudes.

Unter Einbeziehung dieser Auflagen musste Lamb entscheiden, wie er seinen Kunden die geforderte Nutzfläche und Gebäudehöhe verschaffen und sich seinen eigenen Wunsch erfüllen konnte, dass kein Büroangestellter mehr als 8,5 m von einem Fenster entfernt war. Jede merkliche Vergrößerung der Bürofläche bedeutete mehr Aufzüge, damit niemand allzu lange warten musste. Je mehr Aufzüge er plante, desto mehr Bürofläche schluckten sie. Je mehr Bürofläche sie schluckten, desto mehr Stockwerke musste er oben draufsetzen. Die Batterie von Fahrstühlen wuchs mit der Höhe des Gebäudes und seiner behördlich verordneten Form. Die Berechnungen ergaben schließlich, dass, um jedermanns Bedürfnissen zu entsprechen, ein Bauwerk von 85 Stockwerken erforderlich war.

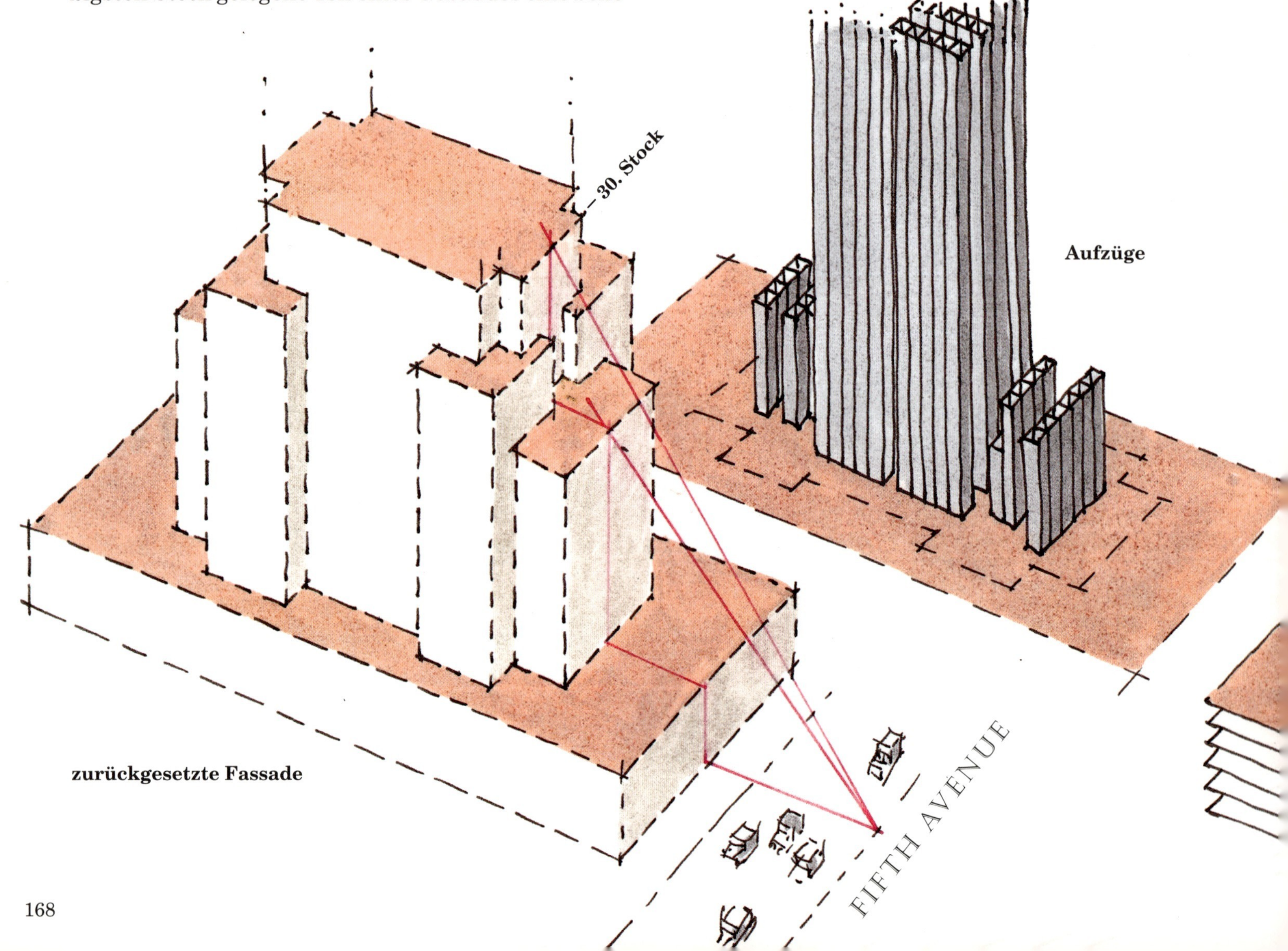

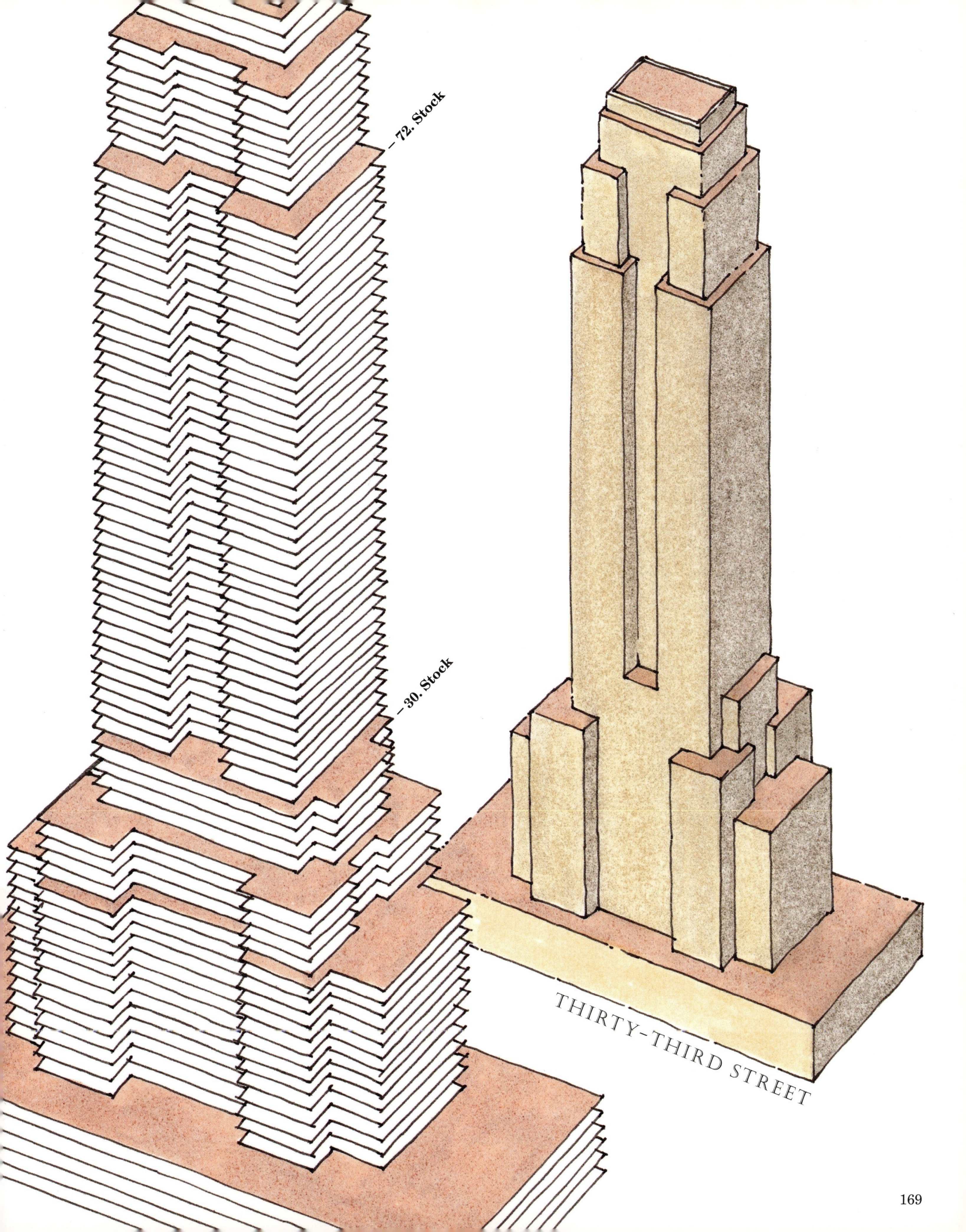

–72. Stock
–30. Stock
THIRTY-THIRD STREET

## WARUM EIN I ?

Wenn sich ein Balken oder ein Pfeiler biegt, dann steht eine Seite unter Druck, während die andere unter Spannung steht. Der Bereich an der Mittellinie zwischen den beiden ist neutral. Das heißt, dass in einem massiven rechtwinkligen Balken sich genau in der Mitte Material befindet, das nicht viel tut. Bei einem Eisen- oder Stahlträger kann man einen Großteil dieses unterforderten Materials dahin verfrachten, wo es mehr dafür tun kann, diesen Kräften zu widerstehen. Das Ergebnis ist ein Träger in der Form eines I. Die beiden parallelen Teile, die so genannten Flansche, verrichten die meiste Arbeit. Das Stück, das beide verbindet, die Tragrippe, kann dünner sein, weil sie nicht so viel Kraft aushalten muss. Obwohl die Träger des Reliance Building im Gegensatz zu denen des Empire State Building nicht aus einem Stück gewalzt, sondern aus Winkeln und dicken Stahlplatten genietet waren, ist ihre Form letztlich dieselbe.

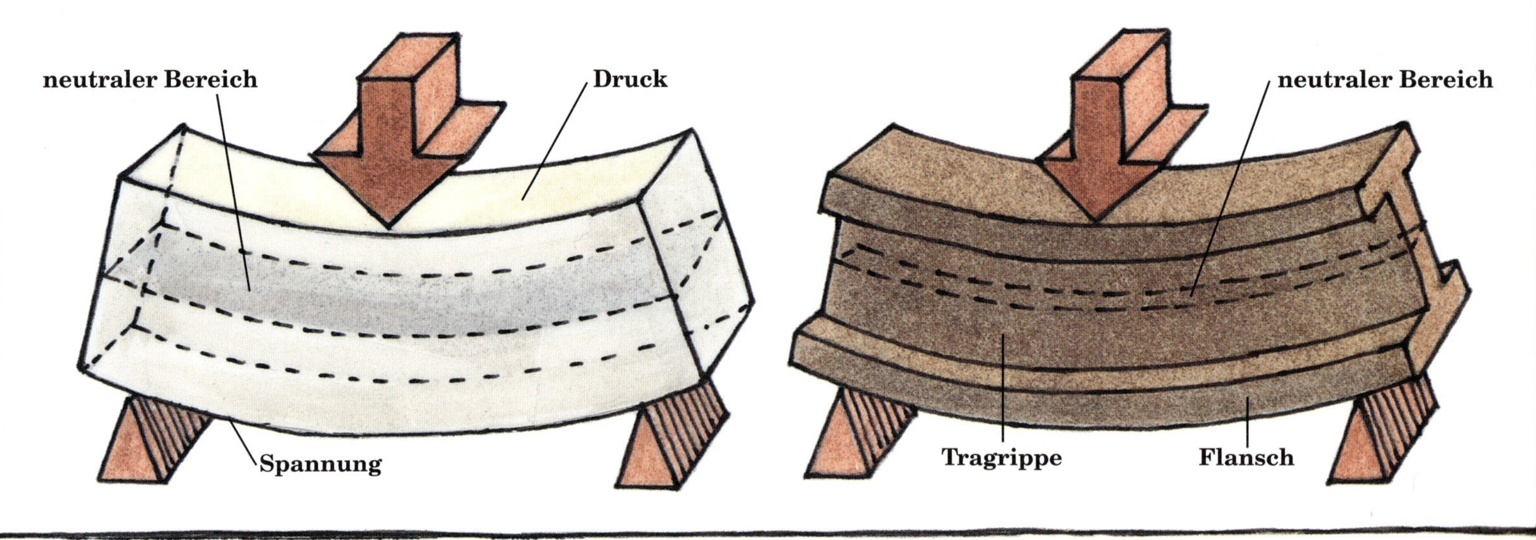


Sobald die Architekten die Anzahl der Stockwerke und ihre genaue Grundfläche bestimmt hatten, errechneten die Ingenieure den genauen Standplatz aller Träger und Pfeiler sowie ihre nötige Stärke. Während Träger, unabhängig von ihrem Stockwerk, mehr oder weniger gleich groß sein können, hängen Stärke und somit Dicke der Pfeiler sehr von ihrer Position im Rahmenskelett ab.

Nachdem der Standort des Empire State Building geräumt worden war, wurde der Boden bis zum Grundgestein abgetragen (nur etwa 9 m unter Straßenniveau), und Flachgründung wurde vorbereitet.

Inzwischen wurden die einzelnen Teile des Skeletts hergestellt. Die schwersten Pfeiler, die am Fuße des Gebäudes, wurden aus I-Trägern und Stahlplatten gefertigt. Sie wurden in Teilstücken geliefert, die zwei Stockwerke hoch waren, mit vorgebohrten Löchern für die Nieten und bereits vormontierten Krageisen für die Träger. Sobald man die ersten Pfeiler auf ihre Basen gestellt hatte, wurden Träger zwischen ihnen angebracht, um die Konstruktion zu versteifen und die kleineren Deckenbalken zu tragen. Als die Arbeiter sich überzeugt hatten, dass die Pfeiler absolut senkrecht standen, nieteten sie die verschiedenen Verbindungen fest.

Als die ersten Reihen standen, wurden provisorische Hebegeräte, genannt Montagekräne, aufgebaut. Diese sollten die verschiedenen Stahlteile an ihren Platz hieven. Alle paar Stockwerke mussten Arbeiter diese Montagekräne abbauen und an höherer Stelle wieder aufbauen, um mit dem Bau Schritt zu halten.

Während die Stahlarbeiter den Rahmen zusammensetzten, waren andere damit beschäftigt, die Betonböden zu gießen. Sie bauten eine provisorische Verschalung um die Träger und Balken und legten dann schwere Drahtgitter um den Stahl, um die 10 cm Beton zu verstärken, die die Grundlage jedes Etagenbodens bildeten.

Sobald der Beton hart war, begannen andere Arbeiter damit, die Kalksteinblöcke, Aluminiumpaneelen, Verzierungen aus Chromnickelstahl und Fenster anzubringen, aus denen die Blendfassade bestand. Um den sehr engen Zeitplan einzuhalten, waren alle Teile so konstruiert, dass sie unabhängig von den andern eingebaut werden konnten.

BAU DES EMPIRE STATE BUILDING

In weniger als sieben Monaten hatten die Arbeiter die Höhe der Aussichtsplattform auf dem 86. Stockwerk erreicht. Obwohl das Gebäude jetzt 1,2 m höher als das Chrysler Building war, zogen sie den Rahmen weiter in die Höhe, um einen 60 m hohen Turm bauen zu können, angeblich zum Andocken von Zeppelinen. Als sich das Andocken als zu riskant erwies – es wurden nur zwei Versuche unternommen –, ließ man den Gedanken fallen. Wenn auch der Andockmast verkehrsmäßig ein Flop war, so schließt er doch den Höhenflug des Gebäudes perfekt ab. Im Übrigen verschaffte er dem Empire State Building einen soliden Vorsprung von 60 m gegenüber seinem Art-déco-Nachbarn und eine »Luftherrschaft«, die vierzig Jahre anhalten sollte.

Lamb und seine Ingenieure wussten, dass das eigentliche Problem des Bauens in große Höhen der immer heftigere Kampf gegen den Wind ist. Selbst ein so schwerer Wolkenkratzer wie das Empire State Building wird bei starkem Wind ein paar Zentimeter zur Seite schwanken.

Wenn ein solches Schwanken auch selten die Struktur selbst bedroht, so kann es doch das Stehvermögen seiner Bewohner auf eine harte Probe stellen. In den letzten fünfzig Jahren sind nur eine Hand voll Gebäude entstanden, die höher sind als das Empire State Building, aber viele sind schmaler und alle leichter geworden. Anstatt schwerer Blendmauern wie beim Empire State Building stabilisieren heutzutage Glaswände das Stahlskelett. Einige dieser neueren Konstruktionen können bis zu 60 cm in jede Richtung schwanken; deshalb mussten die Ingenieure neue Wege finden, ihre Gebäude zu versteifen.

Solange Wolkenkratzer gebaut werden, haben Ingenieure Verbindungen eingesetzt, die der Rotation und Elastizität am Ende der Träger und Pfeiler entgegenwirken sollten. In so genannten steifen Verbindungen werden sowohl Flansche als auch Trägerrippen befestigt. Dadurch verhalten sich die miteinander verbundenen Pfeiler und Träger mehr wie ein einzelnes Teil. Beim Empire State Building erzielte man diese steife Verbindung durch Nieten. Heutzutage sind steife Verbindungen viel stärker, weil sie extrastarke Stahlverschraubungen mit Schweißnähten kombinieren. Da sie jedoch so kompliziert und zeitaufwändig herzustellen sind, sind sie auch sehr teuer.

Von einer gewissen Höhe an reichen selbst steife Verbindungen allein nicht mehr aus, Schwankungen auf ein erträgliches Maß zu reduzieren. Deshalb wurde in Gebäuden wie dem Chrysler, dem Woolworth und dem Empire State Building der eigentliche Kern des Gebäudes durch den Einbau stählerner Diagonalverstrebungen zwischen den Aufzugschächten verstärkt. In jüngster Zeit ist man dazu übergegangen, mit Stahlbetonwänden, die sich über die ganze Höhe des Gebäudes erstrecken, noch stabilere Kerne zu schaffen. Ob er nun aus Stahl oder Beton ist, im Kern eines Gebäudes sind Aufzugschächte, Treppenhäuser, Toiletten und andere Versorgungssysteme untergebracht. Wenn man das Problem der Schwankungen bei hohen Gebäuden von innen aus löst, kann man oft das äußere Rahmenskelett leichter machen und die Anzahl teurer Verbindungen entscheidend reduzieren. Bei den höchsten Gebäuden jedoch ist man gezwungen, den Außenwänden wieder ihre »tragende Bedeutung« zuzuweisen.

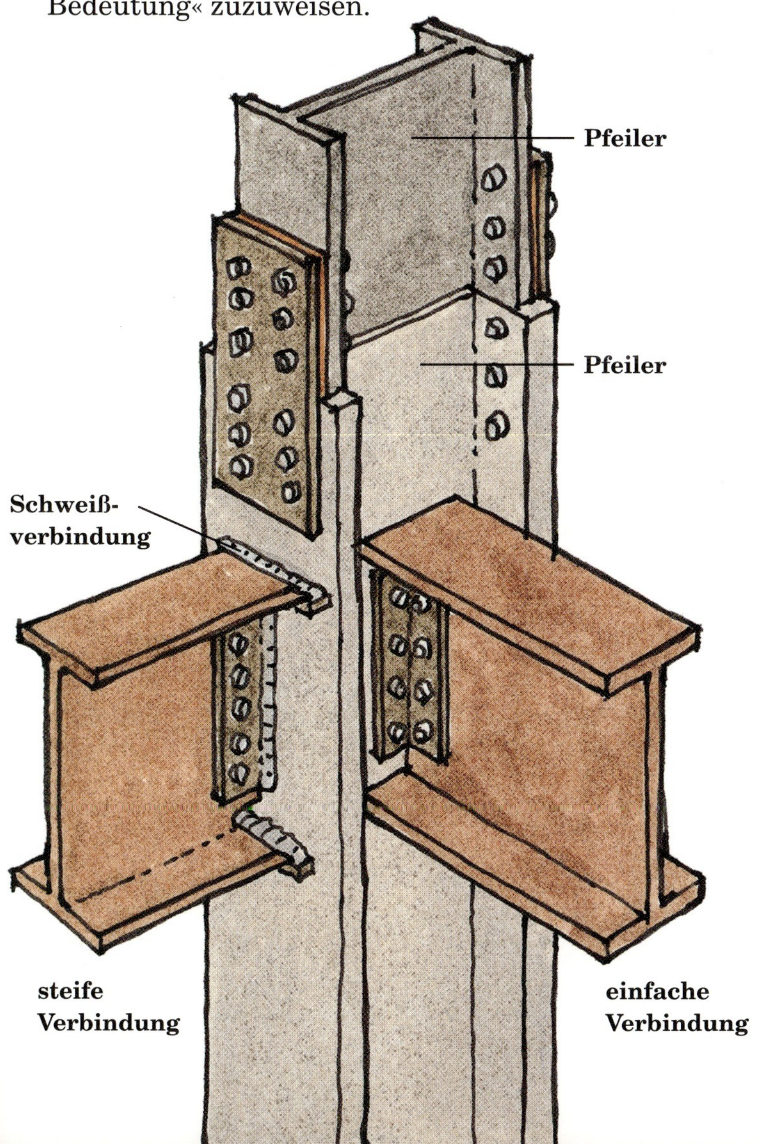


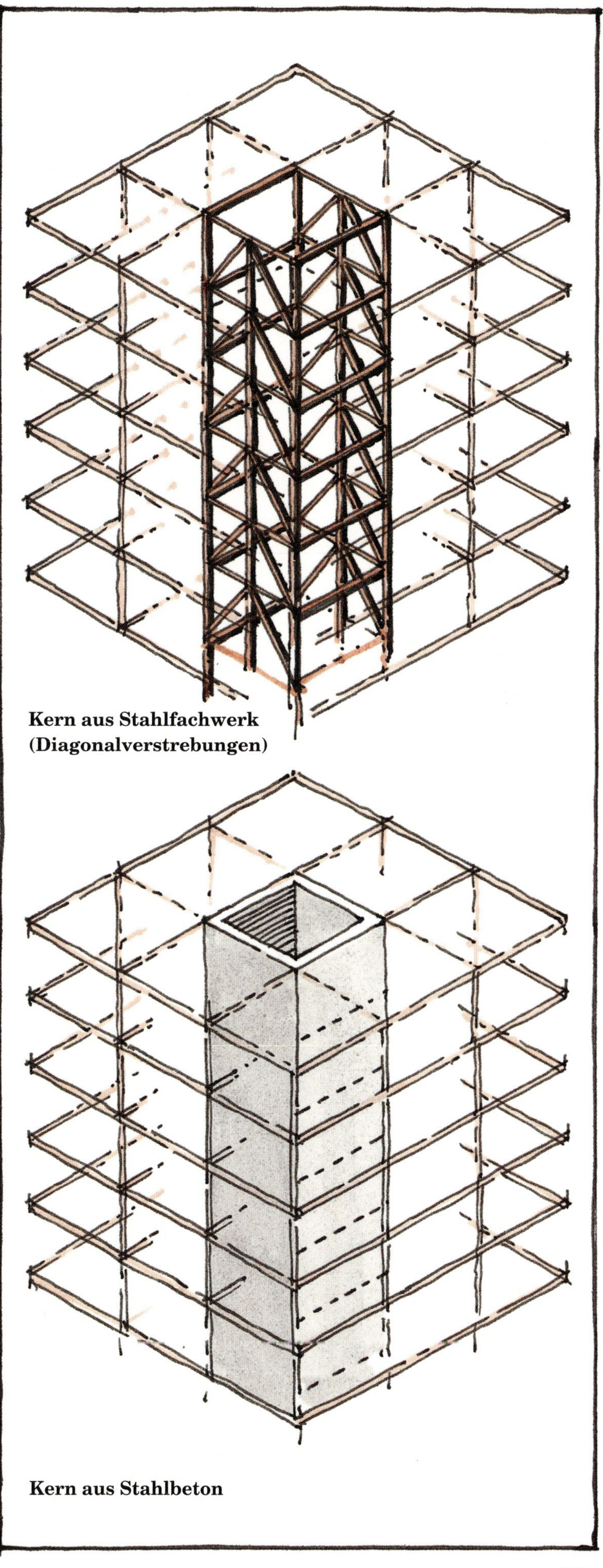

**Kern aus Stahlfachwerk (Diagonalverstrebungen)**

**Kern aus Stahlbeton**

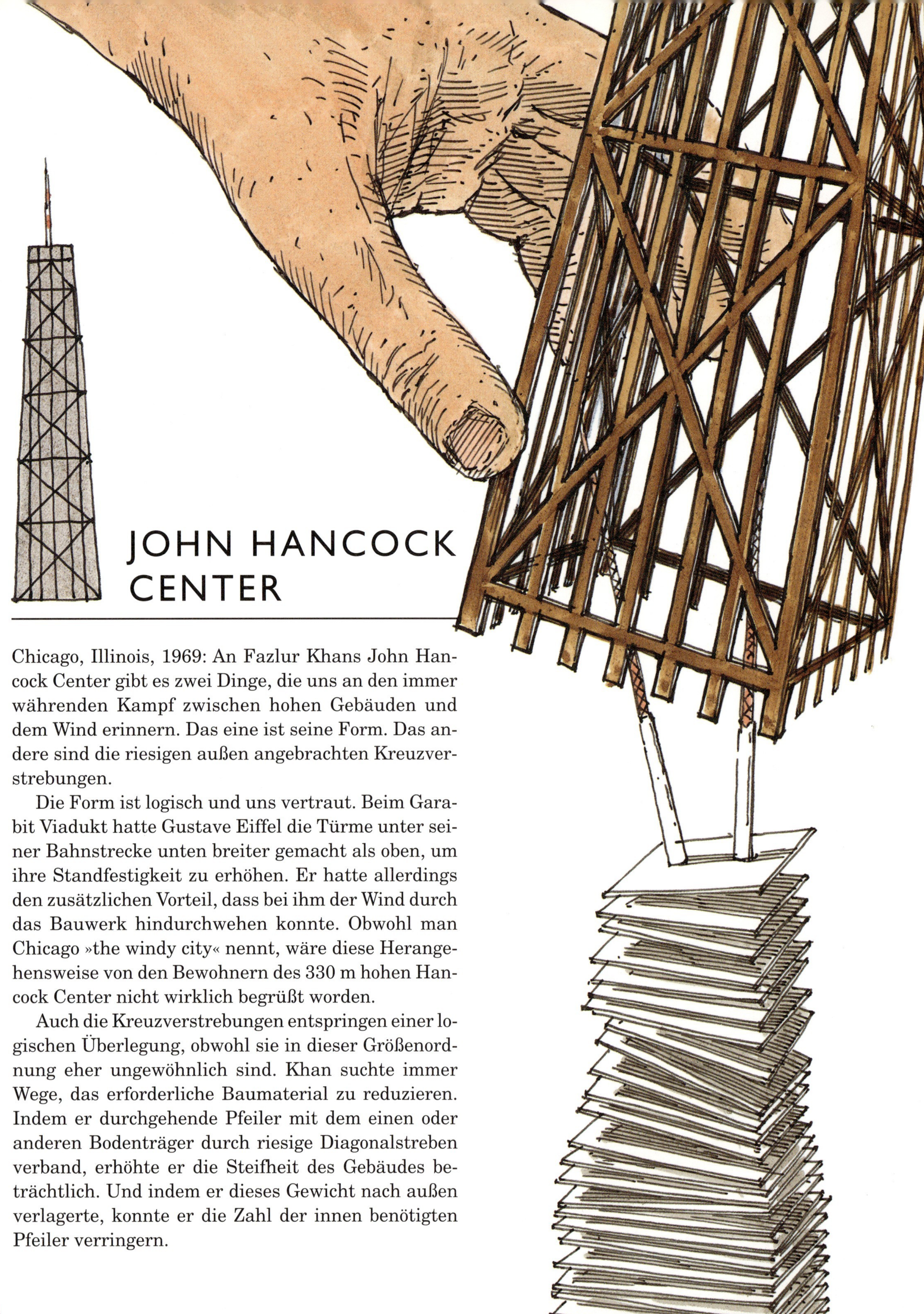

# JOHN HANCOCK CENTER

Chicago, Illinois, 1969: An Fazlur Khans John Hancock Center gibt es zwei Dinge, die uns an den immer währenden Kampf zwischen hohen Gebäuden und dem Wind erinnern. Das eine ist seine Form. Das andere sind die riesigen außen angebrachten Kreuzverstrebungen.

Die Form ist logisch und uns vertraut. Beim Garabit Viadukt hatte Gustave Eiffel die Türme unter seiner Bahnstrecke unten breiter gemacht als oben, um ihre Standfestigkeit zu erhöhen. Er hatte allerdings den zusätzlichen Vorteil, dass bei ihm der Wind durch das Bauwerk hindurchwehen konnte. Obwohl man Chicago »the windy city« nennt, wäre diese Herangehensweise von den Bewohnern des 330 m hohen Hancock Center nicht wirklich begrüßt worden.

Auch die Kreuzverstrebungen entspringen einer logischen Überlegung, obwohl sie in dieser Größenordnung eher ungewöhnlich sind. Khan suchte immer Wege, das erforderliche Baumaterial zu reduzieren. Indem er durchgehende Pfeiler mit dem einen oder anderen Bodenträger durch riesige Diagonalstreben verband, erhöhte er die Steifheit des Gebäudes beträchtlich. Und indem er dieses Gewicht nach außen verlagerte, konnte er die Zahl der innen benötigten Pfeiler verringern.

# WORLD TRADE CENTER

New York, 1972: Der Architekt Minoru Yamasaki und die Ingenieure John Skilling und Leslie R. Robertson begegneten den Kräften von Wind und Schwerkraft auf eine andere Weise. Bei den 409 m hohen Türmen des World Trade Center bilden die tragenden äußeren Pfeiler die Außenwand. Sie stehen nur 90 cm voneinander entfernt und sind in jeder Etage durch einen dicken Querträger verbunden. Das Ergebnis ist ein stabiles Gitterwerk, das beide Türme wie eine sehr steife Röhre umschließt. Auch der Kern ist eine sehr starke Röhre. Der Abstand zwischen Innen- und Außenröhre wird durch die Bodenplatten überbrückt. So entstanden große Büroflächen, die kein einziger Pfeiler stört.

Die Außenwand wurde aus Teilstücken errichtet, die entweder 7,3 m oder 10 m (zwei oder drei Etagen) hoch und so breit wie drei Pfeiler waren. Ebenso wie beim Reliance Building wurden sie leicht versetzt miteinander verbunden, damit nicht alle Fugen auf gleicher Höhe saßen, was die Wand geschwächt hätte. Jeder Pfeiler bekam schließlich einen Aluminiumüberzug, in den eine Stahlschiene als Führung eingelassen war, für die Plattform der Fensterputzer.

**nördlicher Turm**

Auch die Böden kamen in vorgefertigten Teilstücken an, einige bis zu 18 m mal 4 m groß. Sie wurden mit einem leichten Stahlbelag überzogen, über den schließlich der Betonboden gegossen wurde. Alle Teilstücke des Baus wurden von einem der vier Kletterkräne an ihren Platz gehoben, die in den Aufzugschächten des Kerns untergebracht waren. Jedes Mal wenn der Bau die Höhe der Kräne erreicht hatte, wurden sie mit gewaltigen hydraulischen Winden ein ganzes Stück angehoben.

Nichts was wir bauen, ist unzerstörbar, und nie ist dies so deutlich geworden wie am Morgen des 11. September 2001. Zwei entführte Passagierflugzeuge wurden in voller Absicht gegen die Zwillingstürme des World Trade Center gesteuert. Die enorme Hitze, die das brennende Flugzeugbenzin freisetzte, führte dazu, dass die Stahlkonstruktion beider Türme soweit nachgab, dass sie das Gewicht der Stockwerke oberhalb der Stelle, wo die Flugzeuge eingeschlagen waren, nicht mehr tragen konnte. In weniger als zwei Stunden machte die Schwerkraft aus beiden 110-stöckigen Gebäuden einen Haufen rauchender Trümmer.

Die Erschütterung angesichts des Todes so vieler Menschen und angesichts des scheinbar problemlos erreichten Einsturzes dieser beiden Wolkenkratzer sollte uns daran erinnern, dass wir zwar in fast jeder Größenordnung bauen, aber niemals alle die Kräfte vorhersehen können, die sich möglicherweise gegen das von uns Erreichte richten werden

**südlicher Turm**

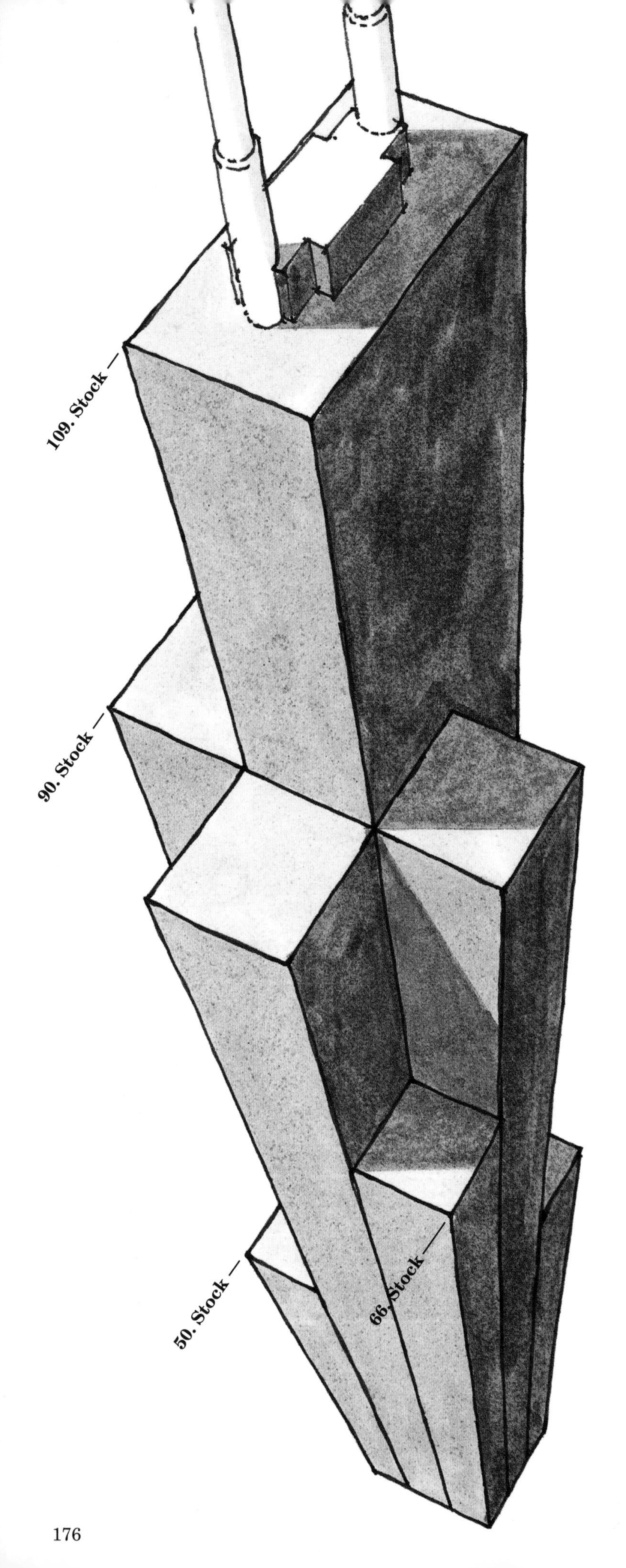


# SEARS TOWER

Chicago, Illinois, 1974: Wenn eine Röhre gut ist, können neun nur besser sein. Der Sears Tower, für den ebenfalls Fazlur Khan, aus dem Architekturbüro Skidmore, Owings und Merrill, verantwortlich zeichnet, brachte den Titel des höchsten Gebäudes der Welt (443 m) schließlich zurück nach Chicago, in die unmittelbare Nachbarschaft des Reliance Building. (1997 verlor er ihn wieder, um lumpige 6,6 m, aber im harten Geschäft der Höchstleistungen ist ein Meter ein Meter.) Die Überlegung war hier, mehrere kleine Röhren zu nehmen und sie so zu bündeln, dass eine Grundfläche von 100 m im Quadrat entstand. Während das Gebäude emporwächst, enden alle Röhren, bis auf eine äußere, nach und nach auf verschiedenen Höhen. Dieser Stufeneffekt schafft sowohl eine vernünftige Statik als auch einen Vertrauen erweckenden Anblick. Nur zwei der Röhren erreichen, aneinander geklammert wie ängstliche Kinder, die volle Höhe.

Anstatt wie beim World Trade Center eine Reihe kleinerer Pfeiler dicht nebeneinander zu setzen, umschloss Khan jede Röhre mit riesigen Pfeilern, die 4,5 m Abstand zueinander hatten und durch gut 1 m dicke Träger miteinander verbunden waren. In jedem Stockwerk umspannen dicke Verstrebungen die Pfeiler. So werden auch hier weite, freie Nutzflächen geschaffen. Das ganze Gebäude ist verkleidet mit einer Kombination aus bronzefarbenen Fenstern und schwarzen Aluminiumpaneelen, die zwar die Position der Pfeiler andeuten, ihr Ausmaß aber völlig verbergen.

Bei einem Bauwerk dieser Größe hätte Flachgründung auf Ton nicht ausgereicht. Stattdessen steht jeder der Hauptpfeiler drei Stockwerke unter der Straße auf einem Betonpfeiler von 2,1 m Durchmesser. Diese Pfeiler reichen 18 m tief bis ins Grundgestein, wo sie fest eingebettet sind.

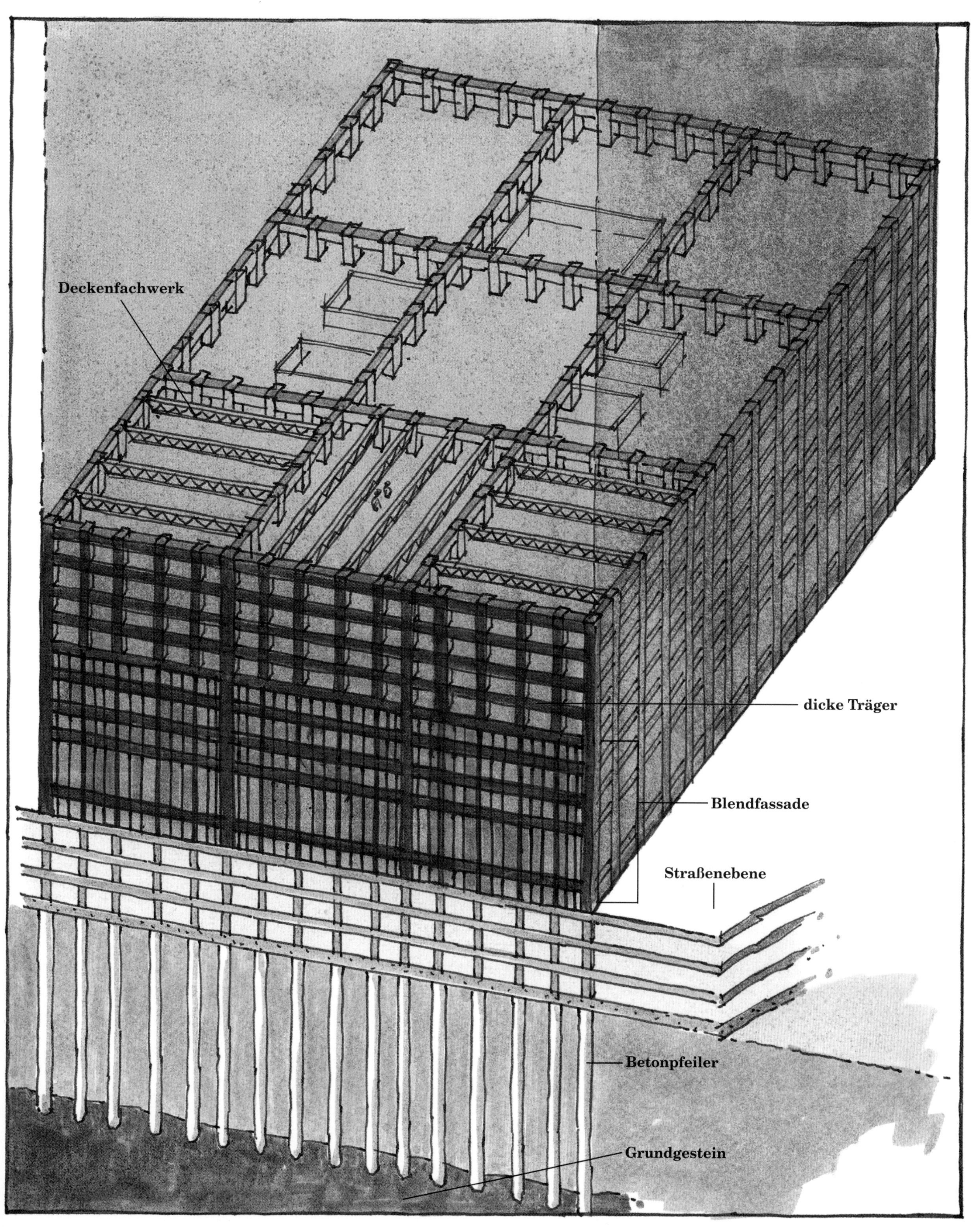
Deckenfachwerk
dicke Träger
Blendfassade
Straßenebene
Betonpfeiler
Grundgestein

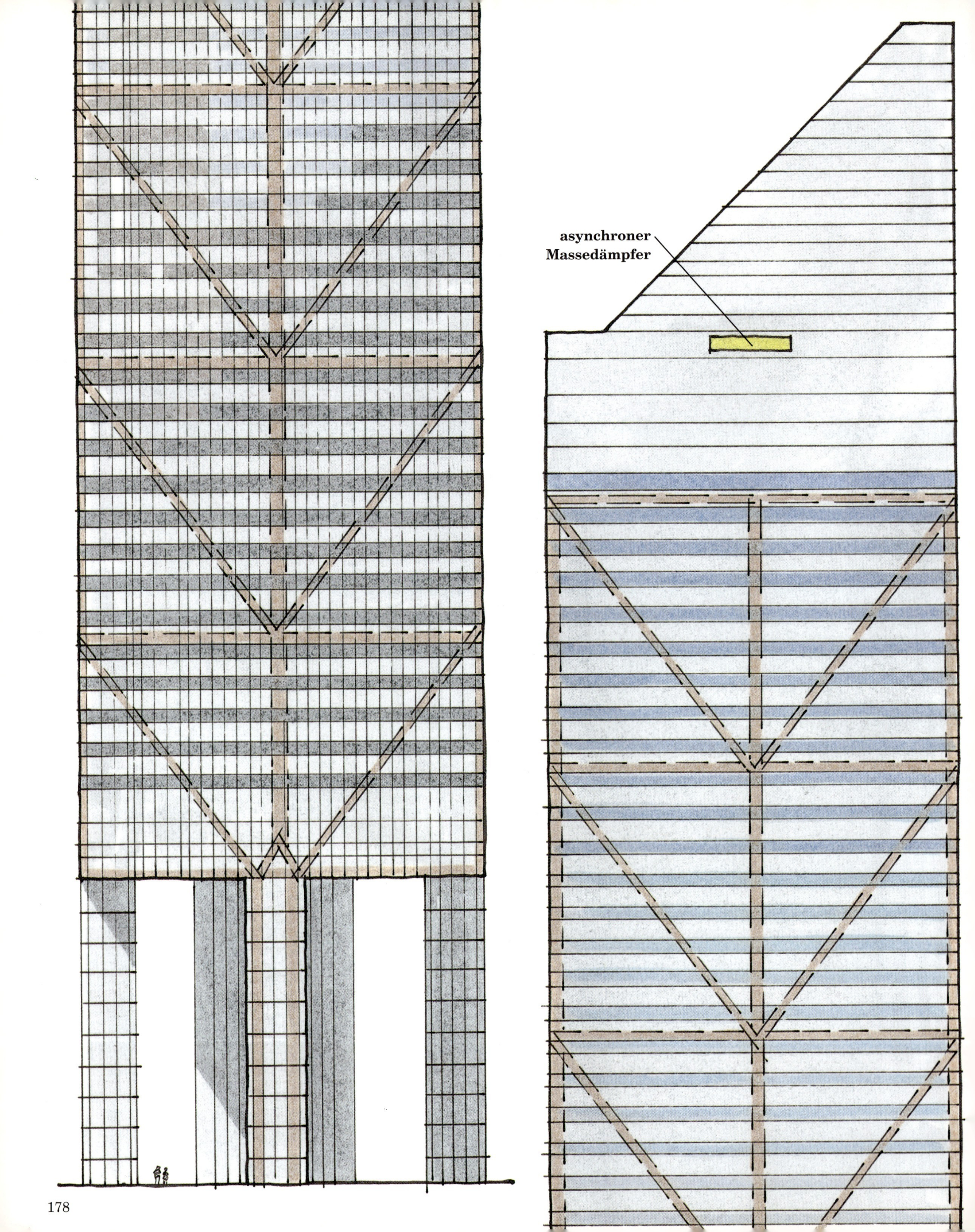
asynchroner
Massedämpfer

# CITIGROUP CENTER

New York, 1977: Das von dem Architekten Hugh Stubbins und dem Statiker William Le Messurier entworfene Citigroup Center hat einiges Interessante zu bieten. Zum einen wäre da die abgeschrägte Spitze, die dem Gebäude eine unverwechselbare Form gibt. Weiter sieht man vier Pfeiler am Fuß des Gebäudes, die sich nicht in den Ecken befinden, sondern in der Mitte jeder Seite. Damit sollte sowohl ebenerdiger Raum als auch Platz für eine neue Kirche geschaffen werden; die alte hatte dem Gebäude weichen müssen. Das Gewicht der Außenwand wird, hinter einer Hülle aus Glas und Aluminium, von auf dem Kopf stehenden Dreiecksverstrebungen auf ebendiese Pfeiler übertragen. Und schließlich ist da die Art und Weise, wie dieses Gebäude dem Problem der Schwankungen begegnet.

Der Schlüssel hierzu ist ein so genannter asynchroner Massedämpfer; dessen Kernstück bildet ein 400 t schwerer Betonblock von 9 m im Quadrat und 1,8 m Dicke. (Aus naheliegenden Gründen wurde er an Ort und Stelle gegossen, bevor das Gebäude oben geschlossen wurde.) Dieser Block liegt auf einem 90 cm dicken Betonfuß, der auf zwölf Platten von 60 cm Durchmesser steht. Das ganze komische Ding ruht auf einem glatten Betonbett in der Mitte des 63. Stocks.

Wenn ein Computersystem aufkommenden Wind registriert, wird Öl durch die Platten gepumpt, wodurch der Block ein ganz klein wenig angehoben wird. Wenn sich jetzt das Gebäude bewegt, wird der Dämpfer durch eine Reihe von Kolben aktiviert und beginnt der Bewegung zu folgen. Wegen des Öls hat er jedoch Mühe, hinterherzukommen. Nach einigen Sekunden hat das Gebäude das Ende seines Ausschlags erreicht und beginnt, sich zurück zur anderen Seite zu bewegen. Der Dämpfer setzt aber seine Reise noch eine kurze Zeit fort, bis diverse Arme und Federn seine Bewegung stoppen und ihn dem Gebäude in die neue Richtung hinterherschicken. So sehr er sich auch bemüht, er kann seinen »Wirt« niemals einholen, bevor nicht beide im Ruhezustand sind. Aber mit dieser leicht versetzten Choreografie reduziert der asynchrone Massedämpfer das Schwanken des Gebäudes um fast die Hälfte.

Verschiedene Typen von Dämpfern sind im Einsatz, nicht nur in Gebäuden, sondern auch an den Spitzen der höchsten Hängebrückentürme. Einer, der für einen sehr hohen (bisher noch nicht gebauten) Wolkenkratzer in Paris entworfen wurde, basiert auf einem 600 t schweren Pendel, von dem ein Teil in einer großen mit Silikon gefüllten Wanne hängt. Wenn das Gebäude schwankt, versucht das Pendel mitzuhalten, wird aber in seiner Bewegung durch das extrem zähe Silikon entscheidend eingeschränkt. Durch diesen verblüffend einfachen Trick wird die Windenergie in Wirklichkeit auf das Silikon übertragen. Dadurch wird das Gebäude von einem Teil jener Kraft verschont und somit die Schwankung reduziert.

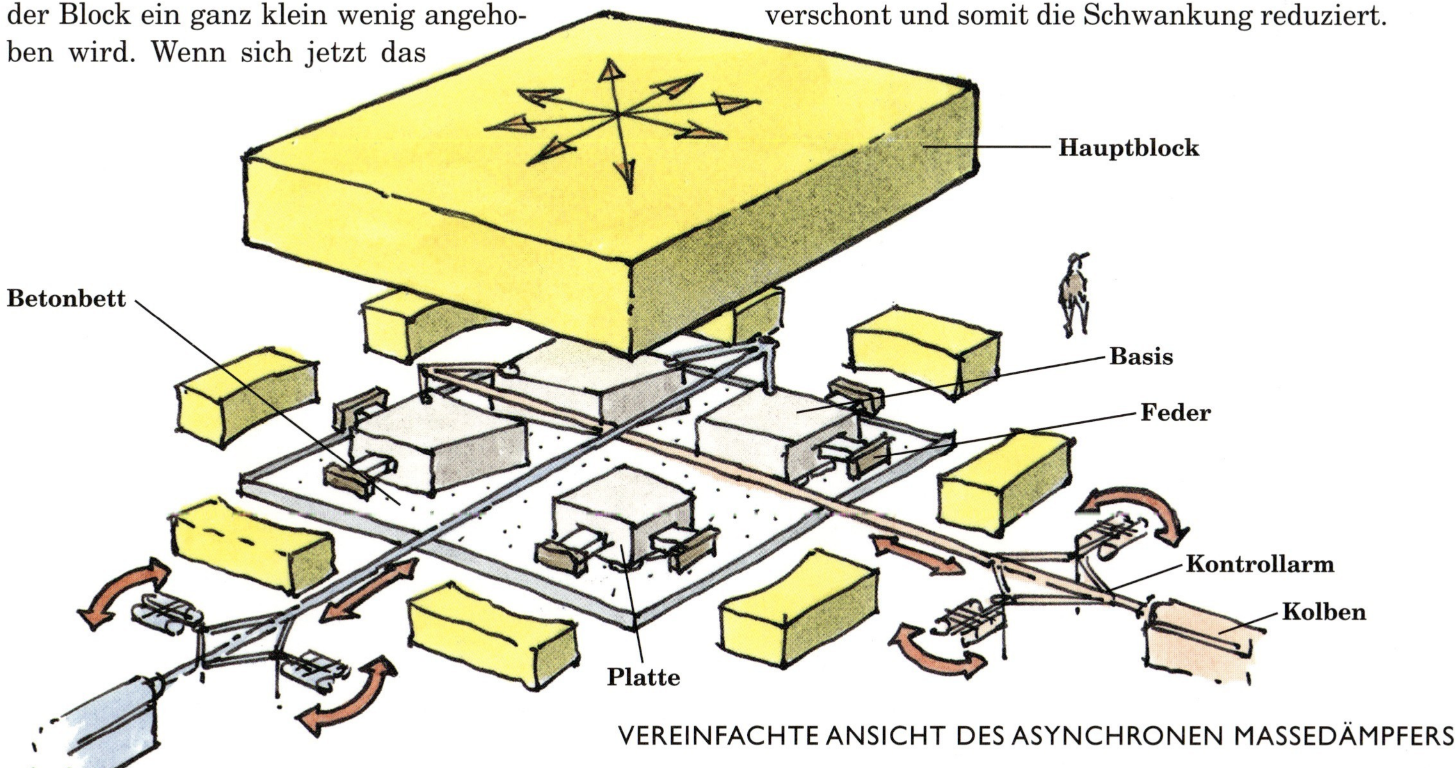


VEREINFACHTE ANSICHT DES ASYNCHRONEN MASSEDÄMPFERS

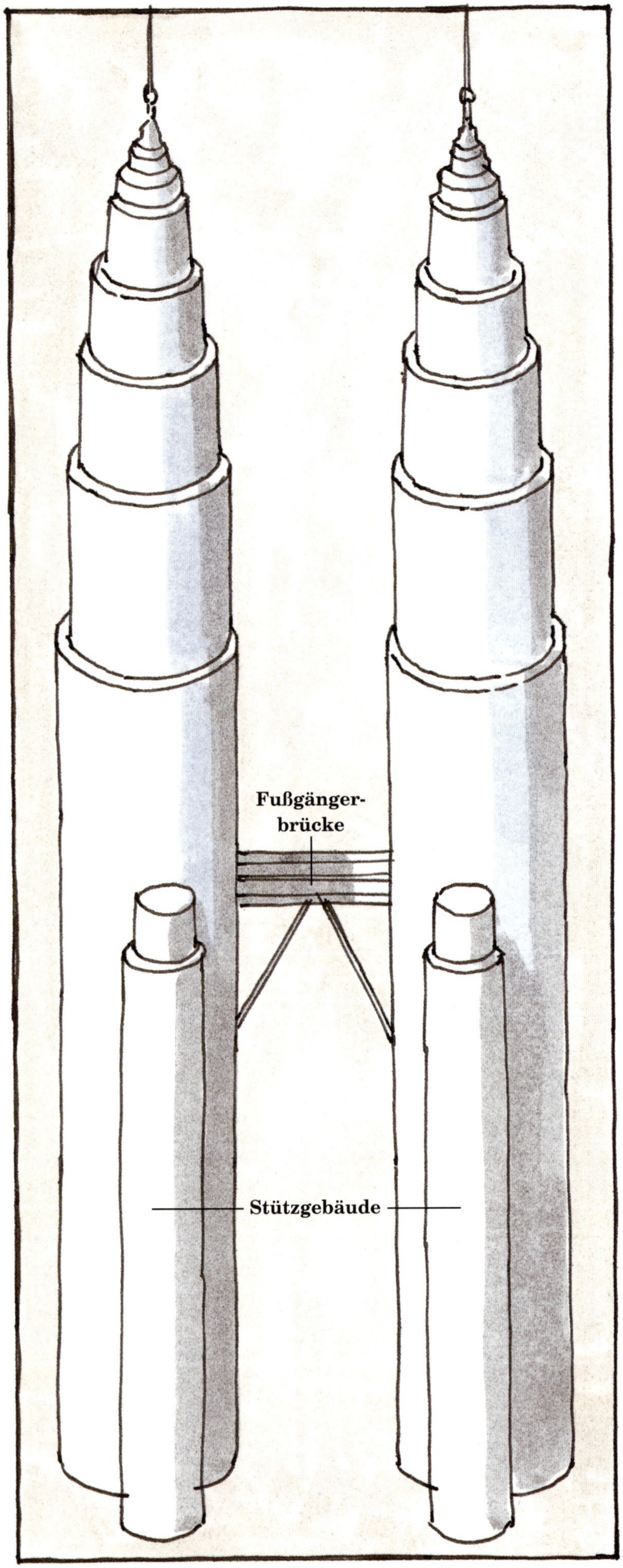

# PETRONAS TOWERS

Kuala Lumpur, Malaysia, 1993–1997: 1991 wurde eine Reihe weltweit renommierter Architekturbüros gebeten, Pläne für ein Paar von Wolkenkratzern einzureichen, den zukünftigen Sitz der staatlichen Ölgesellschaft Petronas Oil Company. Die beiden Türme, das Kernstück eines neuen städtischen Sanierungsprojekts, sollten ursprünglich von ungleicher Höhe sein. In dem Entwurf von Cesar Pelli und Charles Thornton, die schließlich den Zuschlag bekamen, haben beide Türme, die sich wie riesige Minarette erheben, eine Höhe von 450 m. Diese Symmetrie wird zusätzlich dadurch betont, dass sie sehr dicht beieinander stehen. Eine zweigeschossige Fußgängerbrücke in der 41. Etage bietet im Notfall nicht nur einen wichtigen Fluchtweg, sondern erleichtert auch den Verkehrsfluss zwischen den beiden Türmen und verleiht der ganzen Konstruktion das Erscheinungsbild eines riesigen symbolischen Tors.

Die Formen der Stockwerke selbst entwickelten sich aus einem achteckigen Stern – einer bekannten Figur in der islamischen Gebrauchsästhetik. Als jedoch der Raum für den Kern abgezogen wurde, war, besonders in den höheren Etagen, nicht mehr genug Nutzfläche vorhanden. Dieses Problem wurde schließlich gelöst, indem man jeweils zwischen die Spitzen des Sterns gerundete Vorsprünge auslegte.

Weil sie für ihre Höhe doch recht schmal waren, mussten die Türme sehr steif sein. Zwei angelehnte zylindrische Konstruktionen, so genannte Stützgebäude, schaffen etwas Stabilität und sorgen dafür, dass die erforderliche Nutzfläche zur Verfügung steht. Die nötige Steifheit wurde bei den beiden Wolkenkratzern vor allem durch die Verwendung von hochfestem Beton erzielt. Bei allen Betongebäuden sind die Verbindungen zwischen Trägern und Pfeilern automatisch steif. Jeder Turm ist im Wesentlichen eine Röhre innerhalb einer anderen Röhre. Die äußere Röhre ist ein geräumiges Gitternetz von dicken kreisförmigen Pfeilern (2,4 m Durchmesser am Fußende), die in jedem Stockwerk ein durchgehender Ringträger zusammenhält. Die Kräfte, die seitlich auf das Gebäude einwirken, werden zwischen der Außenröhre und den dicken Mauern des inneren Kerns von den stahlgerahmten Betondecken bzw. -böden und von dicken Betonträgern gehalten, so genannten Auslegern, die auf halber Höhe angebracht sind.

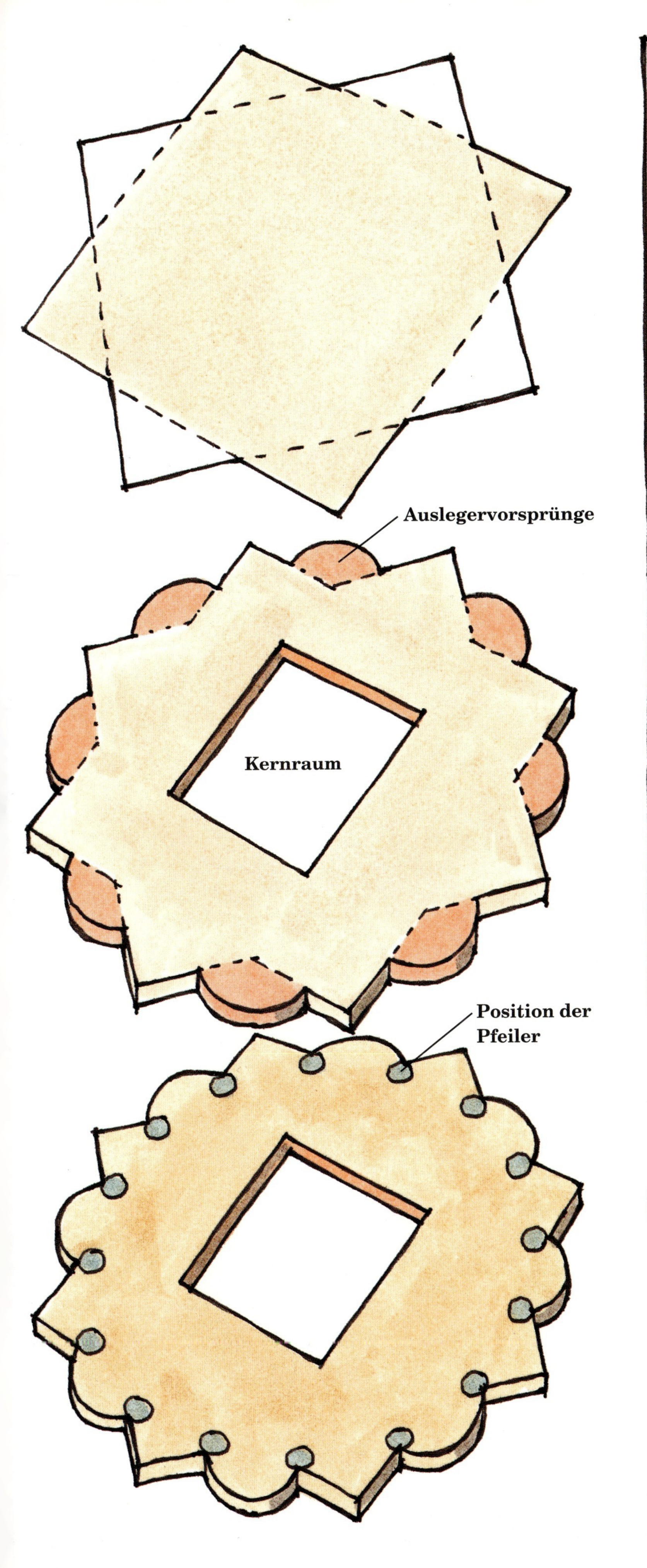
Auslegervorsprünge
Kernraum
Position der
Pfeiler

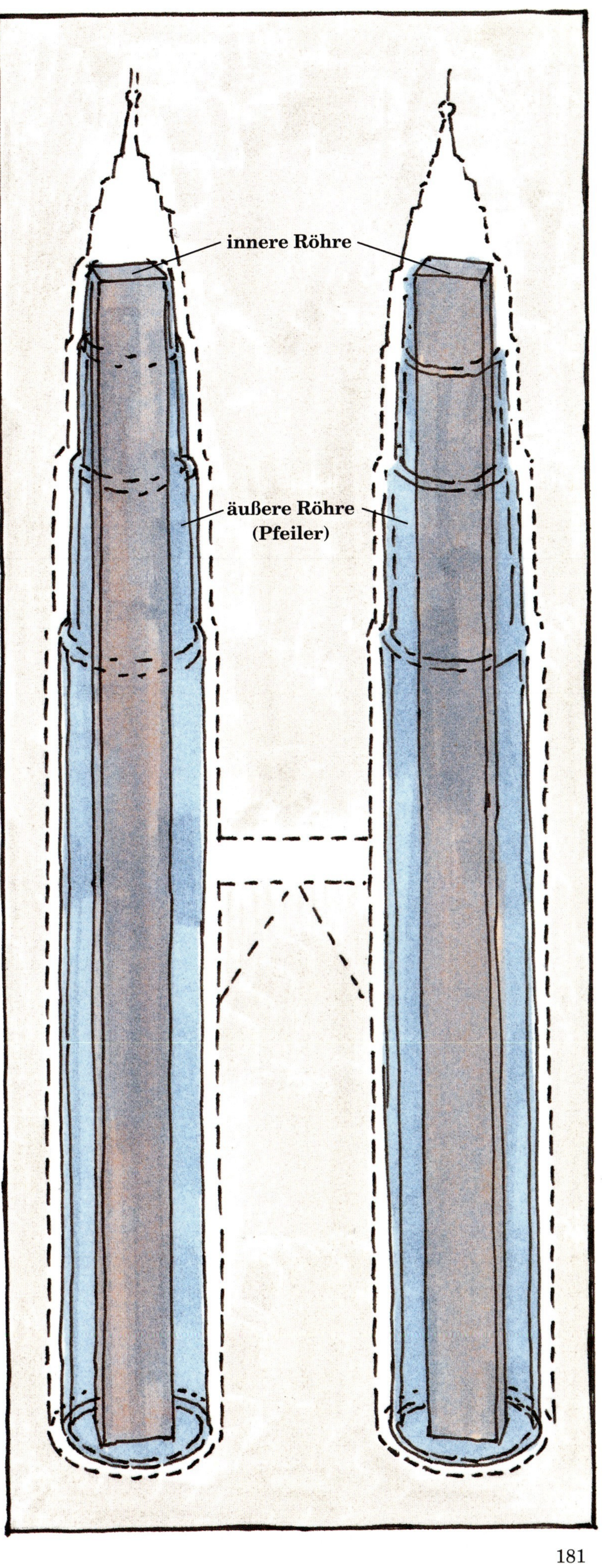
innere Röhre
äußere Röhre
(Pfeiler)

Die Petronas Towers mögen ja einen eindrucksvollen Eindruck gemacht haben, aber es ist schade, dass wir nicht sehen können, was sich unter ihnen tut. Das Fundament dieser beiden Gebäude ist mindestens so spannend wie die Konstruktion, die es trägt.

Da von Anfang an bekannt war, wie schwach der Boden in diesem Gebiet war, hatte man ursprünglich geplant, die Pfeiler beider Türme auf Stützpfeiler zu stellen, die ihr Gewicht hinunter an die Felssohle weitergeben sollten. Weitere Untersuchungen ergaben aber, dass die Stützpfeiler am einen Ende des Fundaments zwar nur 15 m in die Tiefe gehen müssten, am anderen Ende waren es aber fast 180 m. Da Stützpfeiler mit der Zeit etwas kürzer werden (wie übrigens auch Beton- und Stahlpfeiler), bestand einige Ungewissheit darüber, ob die daraus resultierende Absenkung gleichmäßig erfolgen würde. Ein schiefer Glockenturm in Italien ist eine Sache, aber bei einem so teuren Prestigeobjekt und Nationalsymbol wollte niemand dieses Risiko eingehen. Glücklicherweise war der Standort – eine ehemalige Rennbahn – groß genug, um die Türme an eine günstigere Stelle zu setzen.

Schließlich entschied man sich dafür, jeden Turm auf eine dicke Platte aus Stahlbeton zu stellen, die wiederum von etwa hundert rechteckigen Reibungsstempeln getragen werden sollte. Diese Stempel waren verschieden groß, aber die größten von ihnen hatten eine Grundfläche von 1,2 m mal 2,4 m und reichten 120 m in die Tiefe. Der Druck, der sich um die Stempel aufbaut, wenn das Gewicht des Gebäudes den Erdboden zwischen der Unterseite der Platte und der Oberfläche des Grundgesteins zusammenpresst, hindert das Fundament daran einzusinken. Tatsächlich ist die Reibung so groß, dass die unteren Enden der Stempel sich zwar dem Profil des Grundgesteins anpassen, es aber nicht berühren müssen. In den Boden wurde Auspressmörtel gepumpt, damit sich an den Seiten der Stempel Klumpen bildeten und die Reibung so weiter verstärkt wurden.

FUNDAMENTPLATTEN FÜR TÜRME UND STÜTZGEBÄUDE

Verstärkung
für Pfeiler
Verstärkung für Betonplatte
Verstärkung für
Reibungsstempel

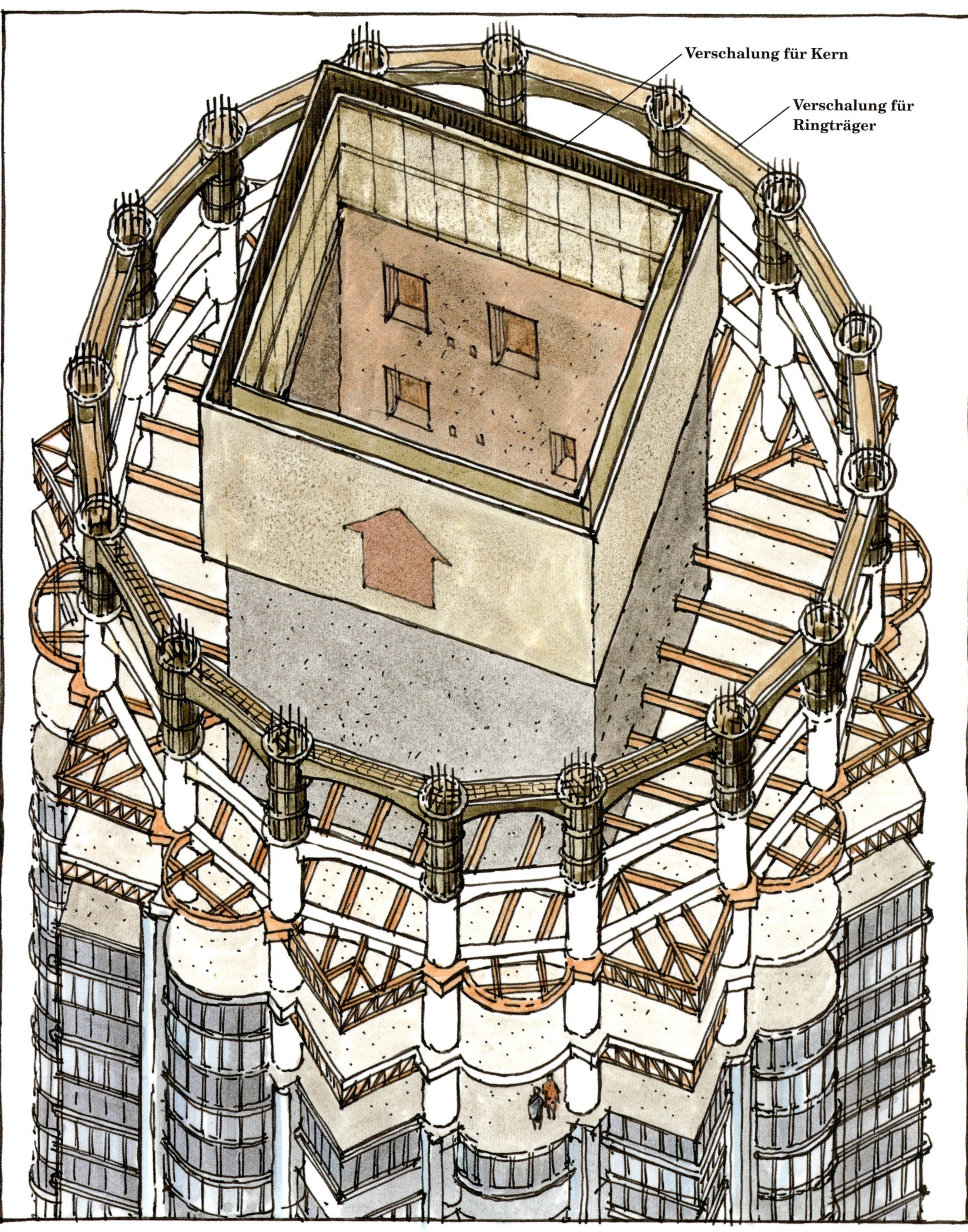
Verschalung für Kern
Verschalung für Ringträger

Als Hauptmaterial für die Türme wählte man Beton. Zum einen ist er enorm fest und steif, zum anderen ist er ein gängiger Baustoff in Malaysia. Die Wände des Kerns wurden zuerst gebaut. Dabei benutzte man eine riesige Verschalungsform, die nach jedem Betonguss ein Stück hochgewuchtet werden konnte. Als Nächstes wurden die Pfeiler verschalt und anschließend der Ringträger, der sie zusammenhält. Zu guter Letzt wurden die Ausleger und Stahlträger verlegt und die Bodenplatten gegossen. Um die Versorgung zu gewährleisten und um sicherzustellen, dass der Beton immer dieselbe hohe Qualität haben würde, wurden in der Nähe der Baustelle eine Reihe von Betonfabriken errichtet. Während die Türme noch in die Höhe wuchsen, begannen unten schon Arbeiter damit, die rauen Betonflächen hinter einer glatten Hülle aus rostfreiem Stahl und getöntem Glas verschwinden zu lassen.

Die Masten an den Turmspitzen wurden mit Winden durchs Innere des Baus an ihren Platz gehievt, genauso wie seinerzeit der Mast des Chrysler Building. Man fragt sich, ob der Architekt nicht schon Vorkehrungen gegen das nächste »höchste Gebäude der Welt« getroffen hat. Würde es denn wirklich so schwierig sein, noch ein paar mehr Teilstücke über die Fahrstuhlschächte nach oben zu hieven? Bis dahin können sich die beiden Türme ja schon einmal um die Wette recken, um in Übung zu bleiben.

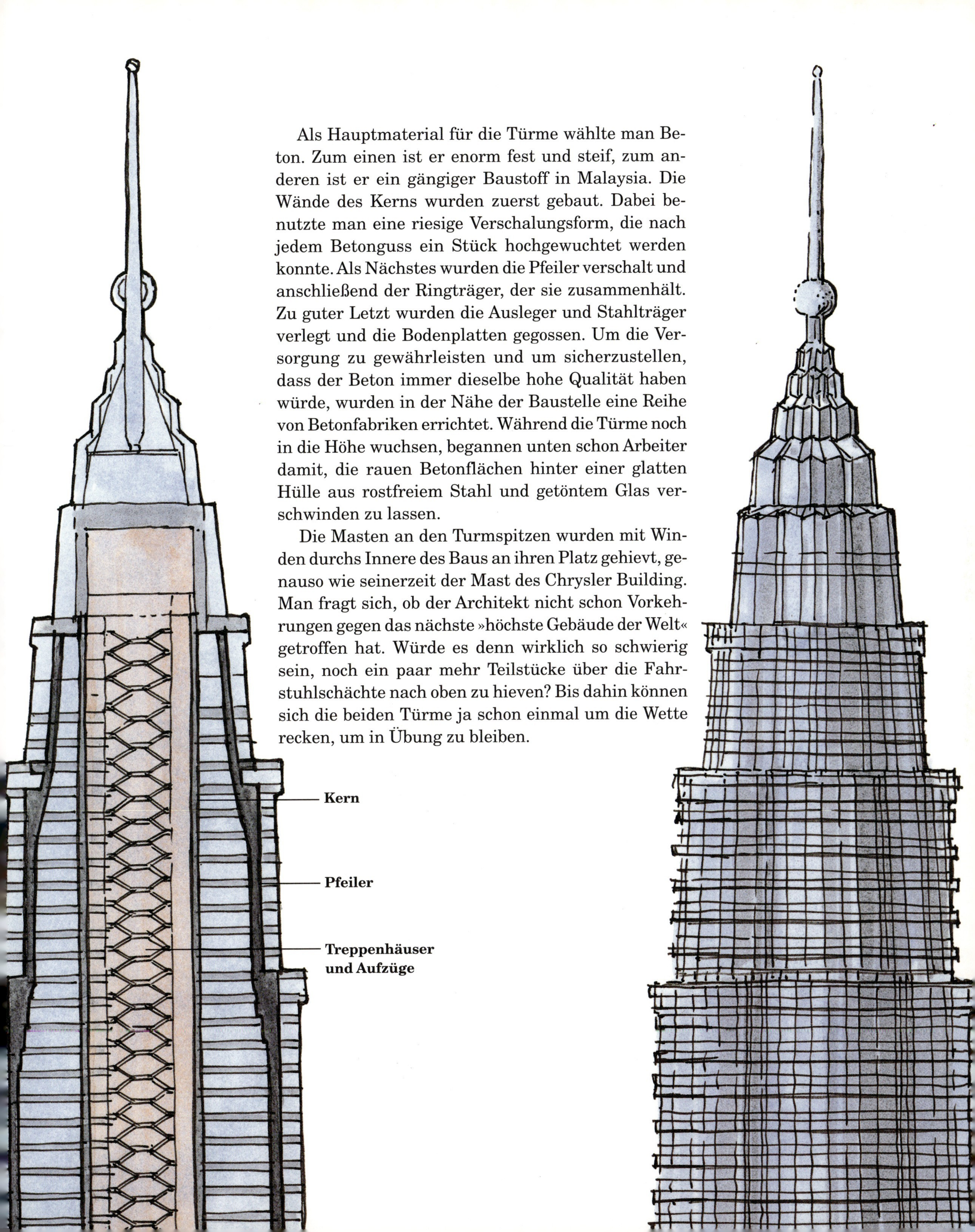

# COMMERZBANK IN FRANKFURT

Frankfurt am Main, Deutschland, 1991–1997: Das an dieser Stelle geplante Gebäude sollte, so war es von Anfang an beabsichtigt, in der Mitte offen sein und eine Zwiesprache mit der Natur ermöglichen. Die Angestellten der Bank sollten viel Licht, frische Luft und einen Blick nach draußen haben, egal wo sich ihr Arbeitsplatz befand. Das Gebäude sollte auch einladend von außen wirken, anstatt imposant und unnahbar wie die meisten Firmenzentralen. Die eigentliche Grundfläche konnte praktisch jede beliebige Form haben. Am Ende schien ein leicht gerundetes gleichseitiges Dreieck die besten Möglichkeiten zu bieten. Aus jeder der drei Ecken ergab sich jeweils ein »natürlicher« Schacht für Aufzüge, Treppenhäuser und Versorgungsleitungen, und die innere Fläche, das Atrium, blieb frei von irgendwelchen Hindernissen.

Da er die erforderliche Nutzfläche kannte, war es für den Architekten Lord Norman Foster und sein Team (zu dem die Ingenieure Arup, Krebs und Kiefer gehörten) eine recht simple Aufgabe, die Anzahl der erforderlichen Etagen zu schätzen. Doch Höhe allein ergibt noch keinen herausragenden Wolkenkratzer. Und wenn die Natur, in Form eines Gartens, am Boden des Atriums blieb, würde niemand oberhalb des vierten Stockwerks wirklich Notiz von ihr nehmen.

Um den Garten zu den Angestellten zu bringen, unterteilten die Architekten das Gebäude in vertikale Etagenblöcke, die so weit voneinander entfernt waren, dass in den Zwischenräumen Bäume stehen konnten. Anfangs ergaben sich aus dieser Methode zwei Probleme. Zum einen würden nur die obersten und untersten Etagen eines jeden Blocks Sichtkontakt mit diesen Gärten haben.

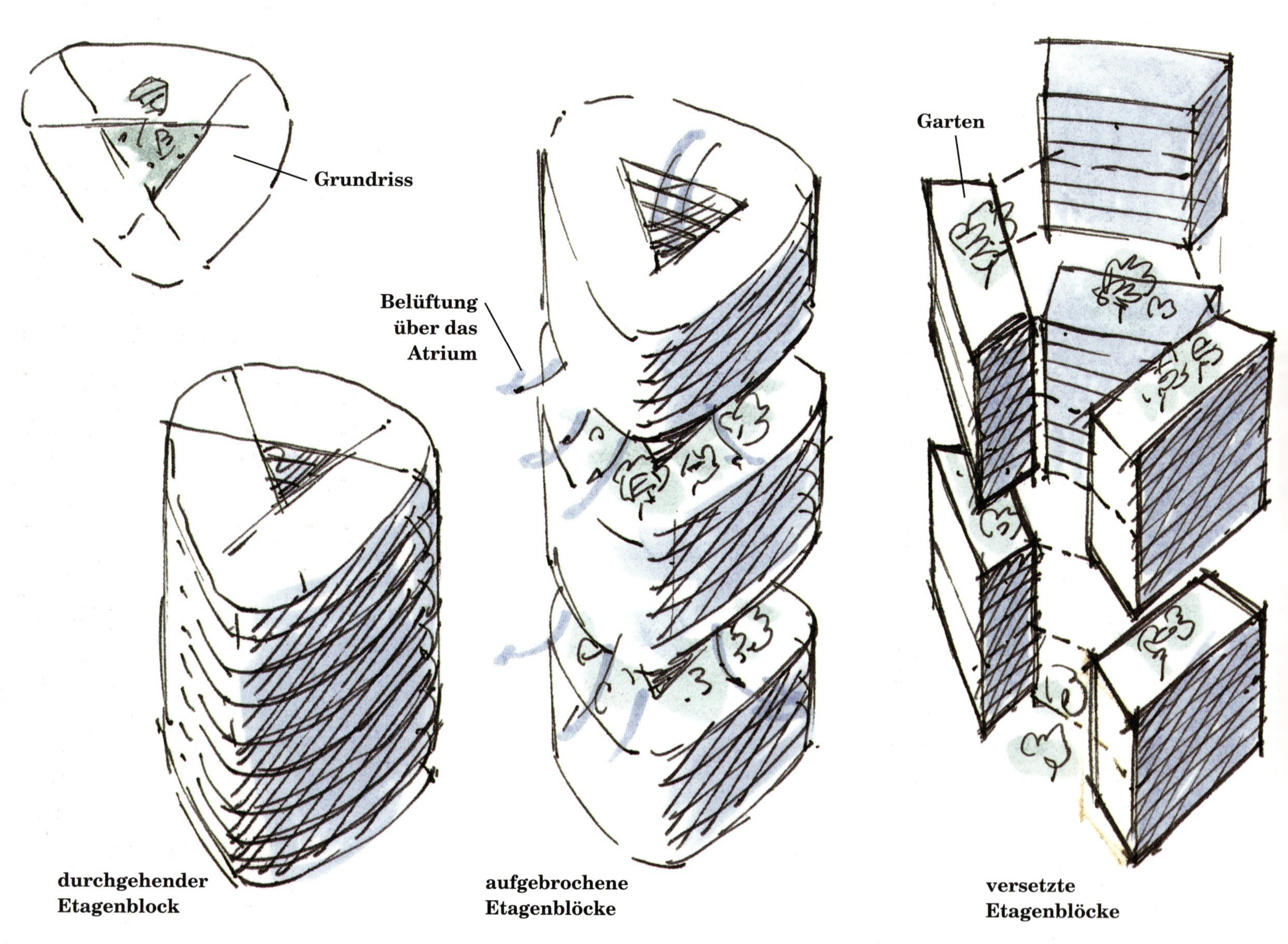

Zum anderen würde es die Konstruktion schwächen, wenn sich diese Blöcke bei allen drei Seiten des Gebäudes auf derselben Höhe befänden. Beide Probleme wurden schließlich gelöst, indem man die Blöcke in einer Art Spiralmuster anordnete. Jetzt konnte jeder im Gebäude, egal in welchem Stockwerk er sich befand, den Blick über das Atrium, durch einen Garten und schließlich über die Stadt schweifen lassen.

Nachdem die Verteilung von Büros und freien Flächen festgelegt worden war, mussten sich die Ingenieure überlegen, wie das Ganze denn nun halten sollte. Die relativ geringe Grundfläche des Gebäudes – bei einer Länge von 47 m pro Seite – im Vergleich zu seiner Höhe von 256 m machte Steifigkeit zu einer kritischen Kernfrage. Man entschied sich dafür, einen möglichst großen Teil der tragenden Struktur aus Stabilitätsgründen vom Zentrum zum Rand des Gebäudes zu verlagern. Dies wurde erreicht, indem man alle Pfeiler des Gebäudes an den drei Ecken platzierte, zusammen mit Aufzugschächten, Treppenhäusern und Versorgungsleitungen. De facto schuf man so drei einzelne Kerne.

Jeder Kern bestand aus zwei senkrechten Stahlfachwerken, so genannten Megapfeilern, und drei kleineren Pfeilern mit dreieckiger Grundfläche. Waren die Pfeiler erst einmal in jedem Stockwerk zusammengebunden, so entstand ein sehr starker Kern. Der Raum zwischen jedem Kernpaar konnte dann mit Decken überbrückt werden. Die Außenränder dieser Decken sollten auf einem geradlinigen Gitterwerk ruhen, das sich über acht Etagen erstreckte, einem so genannten Vierendeel-Fachwerk. Die Enden der Fachwerke sollten in den Megapfeilern verankert werden.

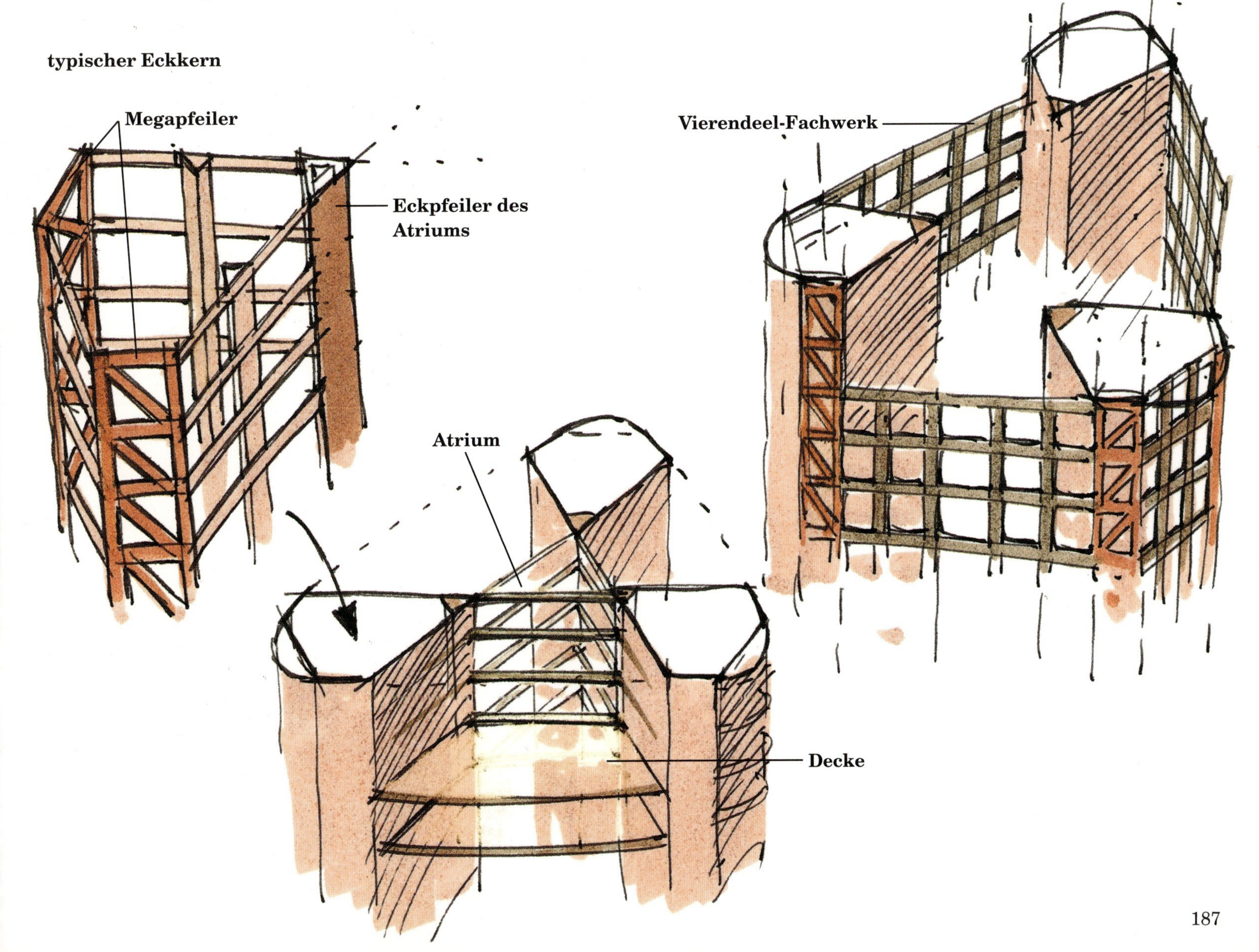

Das Fundament des Gebäudes besteht aus dicken Betonkästen, die an jeder Ecke des Dreiecks auf Gruppen von Stempeln stehen. Nach etwa elf Monaten waren sie bereit für das Stahlgerüst.

An zwei der Ecken des Gebäudes wurden Kletterkräne aufgestellt, ein weiterer an einer der Hauptmauern. Den ersten Teil des Rahmens baute man für das Atrium, das während der ganzen Bauzeit einen gewissen zeitlichen Vorsprung vor dem Rest haben sollte. Dann kamen die Megapfeiler. Während oben ständig neue Stahlteile hinzugefügt wurden, verschwand der Fuß bereits in einer dicken Betonwand. Im Gegensatz zu den Pfeilern der meisten Gebäude blieben die vertikalen Stahlteile der Megapfeiler von oben bis unten gleich lang. Lediglich der Stahlanteil des sie umgebenden Stahlbetons verringerte sich mit wachsender Höhe. Zehn Monate nachdem sie mit der Errüstung des Stahlrahmens begonnen hatten, stellten die Arbeiter das 51. und letzte Stockwerk des Haupttturmes fertig.

Der Sears Tower verbirgt das Ausmaß und, in gewissem Maße, sogar die Existenz seines Strukturgerüsts hinter einer relativ ebenmäßigen Oberfläche, wodurch das Gebäude noch größer erscheint, als es ohnehin schon ist. Die Verkleidung des Commerzbankgebäudes sollte, ganz im Gegenteil, seine Struktur nicht nur nicht verleugnen, sondern die Aufmerksamkeit auf sie lenken. Der Farbunterschied zwischen den Metallpaneelen und den Fenstern ist einerseits so fein, dass die Fläche einheitlich wirkt. Andererseits ist er deutlich genug, um uns daran zu erinnern, was und wie die Konstruktion im Inneren zusammenhält. Ohne Frage ist der Turm der Commerzbank ein beeindruckendes Gebäude, aber gerade dieses besondere Zugeständnis an uns außenstehende Betrachter gibt ihm ein etwas freundlicheres Gesicht.

Im Gegensatz zu den meisten Wolkenkratzern, in denen eine Etage von der nächsten getrennt ist, und alle zusammen von der Außenwelt, gelingt es dem Atrium des Commerzbank-Gebäudes, in augenfälliger Weise zwischen den einzelnen Ebenen eine räumliche Verbindung herzustellen. Dabei lässt es Tageslicht in das Herz des Gebäudes und fördert eine natürliche Belüftung, denn die Fenster zu allen Terrassen lassen sich öffnen.

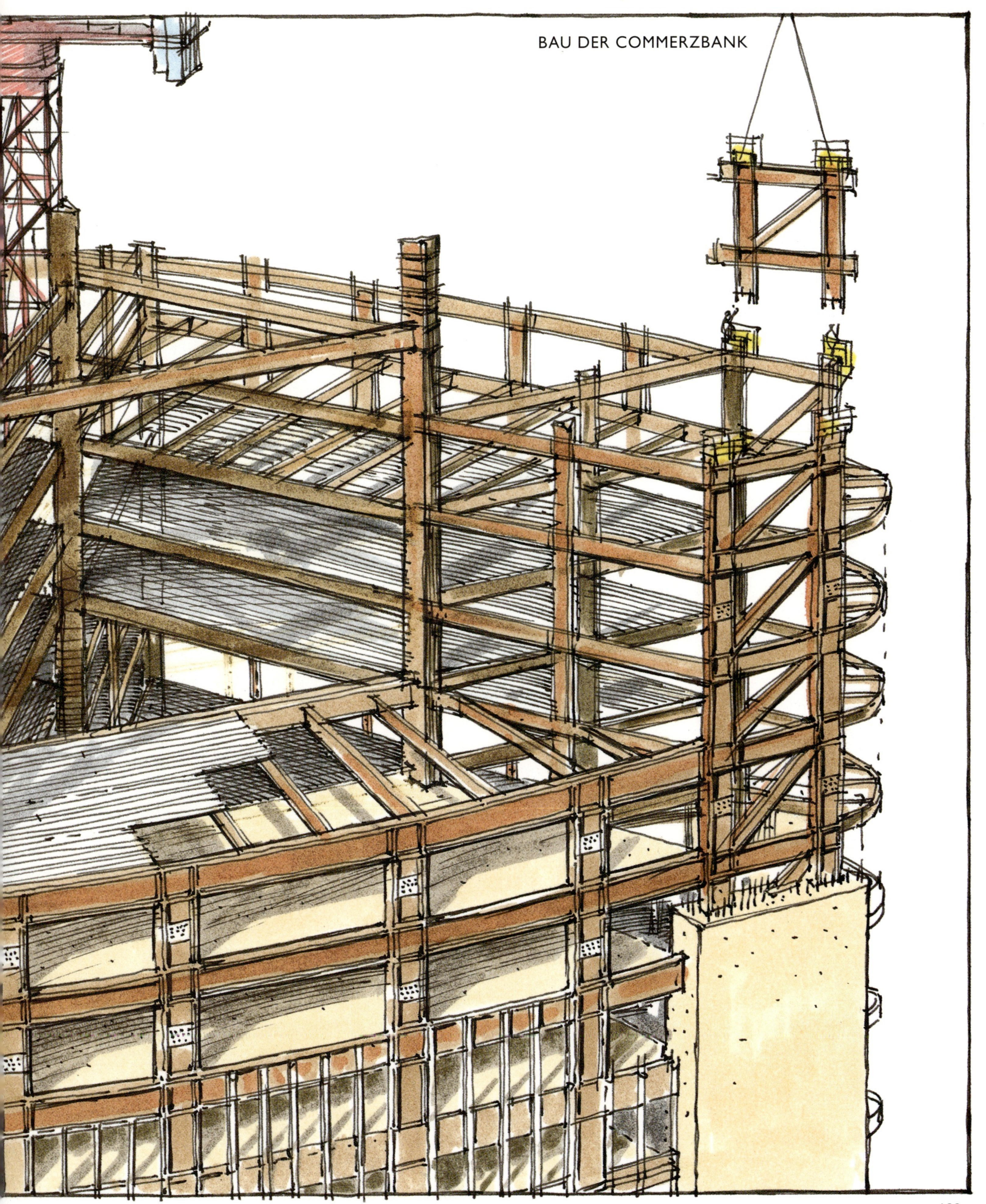
BAU DER COMMERZBANK

Zweifellos sind sie Triumphe der Technik; aber von allen großen Dingen, die wir bauen, stellen Wolkenkratzer für mich am wenigsten eine Bereicherung der Landschaft dar. Die Behörden in Chicago hatten seinerzeit Recht. Wo diese mächtigen Bauwerke Seite an Seite in die Höhe schießen, verwandeln sie die Straßen unserer Städte wirklich in dunkle, windige, unwirtliche Schluchten. Selbst einzeln scheinen sie es darauf anzulegen, uns zu überwältigen, klein zu machen, oder doch zumindest zu ignorieren. Wir unsererseits können sie kaum ignorieren, das ist das Problem.

Den größten Einfluss auf die Gestaltung der meisten in diesem Kapitel vorgestellten Wolkenkratzer hatte verständlicherweise die Notwendigkeit, so viel Nutzfläche wie möglich aus den jeweiligen Standorten zu ziehen, ohne das Budget zu überschreiten. Das heißt nicht, dass solche Überlegungen nicht auch ganz oben auf Fosters Liste standen, als er begann, sich über das Commerzbankgebäude Gedanken zu machen. Aber da mich sein Gebäude ein klein wenig hoffen lässt, scheint es mir geeignet, dies Buch zu einem positiven, und doch realistischen Ende zu bringen.

Als zusätzliche Fragen in den eigentlichen Planungsprozess des Commerzbankgebäudes einbezogen wurden, entstand für Architekten und Ingenieure die Notwendigkeit, eine rein mechanische Herangehensweise zu vermeiden. Letztlich arbeiteten Auftraggeber und Planungsstab zusammen und schufen so einen Wolkenkratzer der etwas anderen Art. Anstatt zum Ausgang des 20. Jahrhunderts einen weiteren mittelalterlichen Turm in die Höhe zu ziehen, brachten sie eine Lösung zustande, die zeigt, dass hohe Gebäude sehr wohl anregend auf diejenigen wirken können, die in ihnen arbeiten, und auch jene nicht abschrecken müssen, die mit ihrem Anblick leben.

Wenn man erfolgreich groß bauen will, dann scheint es angebracht, die Fantasie nicht erst dann ins Spiel zu bringen, wenn es Probleme zu lösen gilt, sondern bereits, wenn der Rahmen festgelegt wird, in dem sie sich stellen.

# GLOSSAR

**Abraum** Das beim Ausschachten anfallende, zu entsorgende Material.

**Ausleger** Eine Konstruktion, die über ihren Auflagepunkt hinausragt.

**Auslegerkran** Eine Hebevorrichtung, die im Wesentlichen aus einem Ausleger und einem Mast besteht. Das untere Ende des Masts ist fest verankert, das obere entweder durch Stahlkabel oder Stahlfüße gesichert.

**Auspressmörtel** Eine Mischung aus Zement, Zuschlagstoffen und Wasser, die in Hohlräume gepumpt oder gegossen werden kann, um die Festigkeit zu erhöhen, oder die dazu verwendet werden kann, eine wasserdichte Barriere zu schaffen, wie beim Dichtungsschleier.

**Beton** Ein Baumaterial, das man herstellt, indem man Steine oder Sand mit Zement und Wasser mischt. Beton ist sehr stark unter Druck, aber sehr schwach unter Spannung.

**Biegung** Eine Kombination von Kräften, die dazu führt, dass ein Teil eines Körpers unter Druck und gleichzeitig ein anderer unter Spannung steht.

**Blendmauer** Eine nicht tragende Wand, die dazu dient, ein Strukturgerüst zu umhüllen.

**Bogen** Eine gekrümmte Konstruktion, bei der vertikale Kraft in Winkelkräfte umgewandelt wird, die über ihre Seiten zum Fundament hinabwandern.

**Druck** Eine Druckkraft, die Material zusammenpresst.

**Eigenlast** Das Gewicht der permanenten, nicht beweglichen Teile einer Konstruktion.

**Fachwerk** Ein steifer Rahmen, der aus kurzen, geraden Teilstücken besteht, die so zusammengefügt wurden, dass sie eine Folge von Dreiecken oder anderen stabilen Formen ergeben.

**Fangdamm** Eine in einem Fluss aufgestellte wasserdichte Barriere oder Einfriedung. Das Wasser wird abgepumpt, sodass die Arbeiter das Flussbett erreichen können.

**Grundgestein** Die feste Erdkruste, die oft Hunderte von Metern unter der Oberfläche liegt.

**Gusseisen** Eisen, das zum Schmelzen gebracht wurde und in eine frei gewählte Form gegossen wird, in der es dann auskühlt.

**Hängezwickel** Eine leicht kugelförmige Dreiecksform, die einer Kuppel, die auf einem Gebäude mit eckigem Grundriss sitzt, eine durchgehende kreisförmige Basis verschafft.

**Kletterkran** Ein Kran, der angehoben oder abgesenkt werden kann, um mit dem Bau oder Abriss eines Gebäudes Schritt zu halten.

**Kraft** Schub oder Zug, der auf ein Objekt einwirkt.

**Lehrgerüst** Eine provisorische Form, über die ein Bogen oder ein Gewölbe gebaut wird.

**Nutzlast** Das Gewicht der beweglichen Teile oder Inhalte einer Konstruktion, das nur zeitweise wirkt, sowie die durch Wind, Regen und Erdbeben entwickelten Kräfte.

**Ortsbrust** Der Teil eines Tunnels, der ständig vorangetrieben wird.

**Pfeiler** Eine senkrechte Stütze, die sich, im Gegensatz zur Säule, nicht verjüngt.

**Rohbaugerüst** Ein dreidimensionales Gitter aus Balken und Pfeilern, das alle Lasten bei einem Gebäude tragen soll.

**Schacht** Eine senkrechte, bis zur Tiefe eines geplanten Tunnels ausgehobene Passage für Arbeiter, Material und Geräte.

**Schildvortrieb** Eine bewegliche, meist zylinderförmige Konstruktion, die Menschen, die in unstabilem Erdreich einen Durchgang ausschachten oder ausmauern, bei der Arbeit schützen soll.

**Schlussstein** Der mittlere keilförmige Stein oben im Bogen.

**Schmiedeeisen** Eine Eisenlegierung, die weniger spröde ist als Gusseisen.

**Senkkasten** Eine wasserundurchlässige Kammer, in der Menschen unter Wasser arbeiten können.

**Spannung** Eine dehnende Kraft, die an einem Material zieht.

**Spannungsring** Ein um das Äußere einer Kuppelbasis gelegter Ring aus Baumaterial, der ein Ausbrechen nach außen verhindert.

**Ständerbau** Eine einfache Konstruktion aus waagerechten Balken und senkrechten Pfählen oder Säulen.

**Stahl** Eine Legierung aus Eisen und Kohlenstoff, die hart und fest ist und in die gewünschte Form gewalzt oder gehämmert werden kann.

**Stahlbeton** Beton, in den Stahlstäbe eingebettet sind, um seine Widerstandsfähigkeit gegenüber Spannkräften zu verbessern.

**TBM (Tunnelbohrmaschine)** Eine hoch automatisierte Maschine, die einen Tunnelstollen gräbt, Abraum entsorgt und den Tunnel ausmauert.

**Theodolit** Ein Landvermessungsinstrument, das vertikale und horizontale Winkel misst.

**Träger** Ein großer Balken, der oft aus kleineren Teilen zusammengebaut ist. Träger stützen in der Regel kleinere Balken.

**Tragende Wand** Eine Wand, die das ganze oder einen Teil des Gewichts eines Gebäudes tragen soll.

**Verschalung** Die provisorische Gussform, in die flüssiger Beton gegossen wird, damit er eine bestimmte Form bekommt.

**Zementmilch** Ein beim Grabenbau verwendetes, wässriges Gemisch aus nichtlöslichem Material. Man gießt es in den Graben, wo es den Druck des ihn umgebenden Erdreichs ausgleicht. So verhindert man den Einsturz des Grabens.